ENSAIOS MECÂNICOS DE MATERIAIS METÁLICOS
FUNDAMENTOS TEÓRICOS E PRÁTICOS

Blucher

SÉRGIO AUGUSTO DE SOUZA
Eng. Chefe do Laboratório de Ensaios Mecânicos
do Instituto de Pesquisas Tecnológicas

ENSAIOS MECÂNICOS DE MATERIAIS METÁLICOS
FUNDAMENTOS TEÓRICOS E PRÁTICOS

5ª edição

Ensaios mecânicos de materiais metálicos: fundamentos teóricos e práticos

© 1982 Sérgio Augusto de Souza

5ª edição – 1982

18ª reimpressão – 2022

Editora Edgard Blücher Ltda.

Blucher

Rua Pedroso Alvarenga, 1245, 4º andar

04531-934 – São Paulo – SP – Brasil

Tel.: 55 11 3078-5366

contato@blucher.com.br

www.blucher.com.br

Dados Internacionais de Catalogação na Publicação (CIP)
(Câmara Brasileira do Livro, SP, Brasil)

Souza, Sérgio Augusto de

S698e   Ensaios mecânicos de materiais metálicos – Fundamentos teóricos e práticos / Sérgio Augusto de Souza – São Paulo : Blucher, 1982.

304 p. ilust.

Bibliografia.
ISBN 978-85-212-0012-3

1. Metais – Testes I. Título.

| 74-414 | 17. e 18. CDD-620.16 |
| | 18. CDD-620.163 |

Índices para catálogo sistemático:

1. Ensaios : Materiais metálicos : Engenharia 620.16 (17. e 18.)

2. Materiais metálicos : Ensaios : Engenharia 620.16 (17. e 18.)

3. Metais : Ensaios : Engenharia   620.16 (17. e 18.)

4. Metais : Ensaios mecânicos : Engenharia 620.163 (18.)

5. Metais : Mecânica dos materiais : Engenharia   620.163 (18.)

À MINHA ESPOSA, VERA LÚCIA

Conteúdo

Prefácio

A idéia de escrever este trabalho nasceu da necessidade de se ter uma obra, em português, que englobasse grande parte da matéria referente a ensaios mecânicos de materiais metálicos, para auxiliar o ensino nas escolas de Engenharia e nas escolas técnicas, e o trabalho nos institutos de pesquisa e nos laboratórios de ensaios em geral.

Procurou-se relatar a maneira como se realizam os ensaios mecânicos para se obter as propriedades dos metais, e também fornecer, de um modo geral, a aplicação de cada ensaio, suas vantagens e limitações. A interpretação física das propriedades, bem como alguns efeitos mecânicos, metalúrgicos e térmicos que influenciam a obtenção dessas propriedades, também foram fornecidos.

Devido à enorme variedade de tipos de máquinas para os diferentes ensaios e à modernização progressiva a que essas máquinas estão sujeitas, não foram feitas descrições detalhadas das mesmas. Apenas foram fornecidas certas características fundamentais do funcionamento de algumas máquinas de ensaio.

O estudo da fratura dos corpos de prova ensaiados foi apresentado sumariamente, indicando somente aquilo que possa interessar para a interpretação dos resultados dos ensaios, a fim de não aumentar em demasia o número de páginas desta obra.

O presente trabalho é uma ampliação do livro *Ensaios Mecânicos de Materiais Metálicos*, que atingiu a quarta edição. Foram introduzidos novos ensaios, ampliados alguns conceitos teóricos e fornecidas mais informações práticas relativas a ensaios de produtos acabados. Dessa maneira, foram tratados não apenas os ensaios de rotina, mas também alguns ensaios tecnológicos mais complexos, de interesse cada vez maior no Brasil. A ordem dos capítulos também foi modificada, em relação à quarta edição, para tornar a obra mais didática.

S.A.S.

Capítulo 1 ─────────
Introdução –
Noções Preliminares

1.1. Significado de ensaio mecânico

A determinação das propriedades mecânicas de um material metálico é realizada por meio de vários ensaios. Geralmente esses ensaios são destrutivos, pois promovem a ruptura ou a inutilização do material. Existem ainda os ensaios chamados não-destrutivos, utilizados para determinação de algumas propriedades físicas do metal, bem como para detectar falhas internas do mesmo. Na categoria dos ensaios destrutivos, estão classificados os ensaios de tração, dobramento, flexão, torção, fadiga, impacto, compressão e outros. O ensaio de dureza, que, embora possa, em certos casos, não inutilizar a peça ensaiada, também está incluído nessa categoria. Dentre os ensaios não-destrutivos, estão os ensaios com raios X, ultra-som, Magnaflux, elétricos e outros. O assunto deste livro refere-se somente aos ensaios mecânicos destrutivos.

Quando os ensaios visam controlar a produção de determinada indústria, eles são chamados ensaios de rotina. Esses ensaios podem ser efetuados em máquinas industriais, em laboratórios de análise ou de indústria, e não necessitam de uma precisão muito grande; em geral, admite-se um erro da máquina de até 1% para os ensaios de rotina. Entretanto, quando se pretende determinar propriedades mecânicas com finalidades de estudo ou pesquisa de materiais, devem-se utilizar máquinas mais precisas, que possuam aparelhagem de controle bem mais sensíveis que as máquinas comuns dos ensaios de rotina.

Os ensaios mecânicos são realizados pela aplicação, em um material, de um dos tipos de esforços possíveis (tração, compressão, flexão, torção, cisalhamento e pressão interna), para determinar a resistência do material a cada um desses esforços.

A escolha do ensaio mecânico mais interessante ou mais adequado para cada produto metálico depende da finalidade do material, dos tipos de esforços que esse material vai sofrer e das propriedades mecânicas que se deseja medir. Em geral, existem especificações para todo o tipo de produto metálico fabricado e nestas especificações constam os ensaios mecânicos que devem ser realizados para se saber se tal produto está em conformidade com a finalidade proposta. Dois fatores determinantes para a realização de um dado tipo de ensaio mecânico são a quantidade e o tamanho das amostras a serem testadas. A especificação do produto deve mencionar estes fatores, bem como a maneira de retirar as amostras para os testes, a fim de que os mesmos sejam representativos do material a ser ensaiado, devido a possibilidade de variações nas propriedades, conforme a região do material de onde foi retirada a amostra.

O controle de produção pode ser realizado através de ensaios mecânicos e o aperfeiçoamento de um material metálico pode ser estudado pelas suas propriedades mecânicas. Analogamente, o projeto de uma peça e a seleção do seu material são feitos tomando-se por base as propriedades mecânicas do material a ser usado.

Os ensaios mecânicos podem também servir para a comparação de materiais distintos e, juntamente com a análise química do material, avaliar a grosso modo a história prévia de um material desconhecido, sem a necessidade de um exame metalográfico mais demorado, isto é, avaliar o tipo de material, o processo de fabricação e sua aplicação possível.

Alguns dos ensaios mencionados permitem obter dados ou elementos numéricos que podem ser utilizados no cálculo das tensões de trabalho e no projeto de uma peça. Outros, porém, fornecem apenas resultados comparativos ou qualitativos do material e servem somente para auxiliar ou completar o estudo ou o projeto. No estudo de cada ensaio serão mostrados os resultados que são obtidos de cada um deles e as suas limitações.

A matéria teórica para a compreensão de cada ensaio é dada sumariamente, apenas o imprescindível para que o leitor possa entender o significado desses ensaios e assim aplicá-los convenientemente para a exata finalidade dos mesmos. Não se procurou sempre deduzir fórmulas para não aumentar em demasia o volume de páginas da presente obra. A bibliografia no final do livro pode servir como um guia para o prosseguimento do estudo mais profundo sobre a matéria.

1.2. Noções sobre normas técnicas

A expressão "norma técnica" é utilizada de modo genérico e inclui especificações de materiais, métodos de ensaio e de análise, normas de cálculo e de segurança, terminologia técnica de materiais, de componentes, de processos de fabricação, simbologias para representação em fórmulas e desenhos, padronizações dimensionais, etc.

Quando se trata da realização de ensaios mecânicos, o que mais se utiliza são as normas referentes à especificação de materiais e ao método de ensaio.

Um método descreve o correto procedimento para se efetuar um determinado ensaio mecânico. Desse modo, seguindo-se sempre o mesmo método, os resultados obtidos para um mesmo material são semelhantes e reprodutíveis onde quer que o ensaio seja executado. O método de ensaio fornece ainda os requisitos exigidos para o equipamento que vai ser usado, além do tamanho e forma dos corpos de prova a serem ensaiados. O método de ensaio define também os conceitos importantes relacionados ao ensaio em questão e menciona como os resultados devem ser fornecidos em um relatório final. Para um mesmo ensaio, não há diferenças significativas entre os métodos das várias associações mundiais de normas técnicas. Todos eles procuram dar a mesma técnica de realização do ensaio.

A especificação do material fornece os valores mínimos ou os intervalos de valores das propriedades mecânicas ou físicas que o material deve atender para a finalidade a que se destina. Algumas especificações indicam ainda, em muitos casos, as composições químicas, os requisitos metalográficos e os tratamentos térmicos necessários para serem conseguidas as propriedades desejadas. Outros dados importantes fornecidos pelas especificações são: tipo de acabamento da peça, maneira de acondicionamento, marcação e identificação da peça, número de corpos de prova a serem ensaiados, informações sobre a inspeção do material e, finalmente, os critérios de aceitação e de rejeição do material. Pela especificação, pode se verificar quais os únicos ensaios exigidos para o material, não havendo, pois, a necessidade de se efetuar ensaios sem importância ou descabidos. É, então, importante ressaltar que a escolha de um ensaio mecânico não é aleatória. Sempre que possível, deve-se procurar saber qual a especificação do material que se vai usar ou comprar, a fim de se realizar somente os ensaios e as análises necessários.

As normas técnicas mais utilizadas pelos laboratórios de ensaios pertencem às seguintes associações: ABNT (Associação Brasileira de Normas Técnicas), ASTM (American Society for Testing and Materials), DIN (Deutsches Institut für Normung), AFNOR (Association Française de Normalisation), BSI (British Standards Institution), ASME (American Society of Mechanical Engineers), ISO (International Organization for Standardization), JIS (Japanese Industrial Standards), SAE (Society of Automotive Engineers), COPANT (Comissão Pan-americana de Normas Técnicas), além de diversas normas particulares de indústrias ou companhias governamentais.

1.3. Unidades — Sistema Internacional (SI)

De acordo com o Decreto n.º 81.621, de 03 de maio de 1978, ficou estabelecido o uso, em todo o território brasileiro, do Sistema Internacional de Unidades, que compreende sete unidades de base: metro (m), quilograma (kg), segundo (s), ampère (A), kelvin (K), mol (mol) e candela (cd), além de duas unidades suplementares: radiano (rd) e esterradiano (sr), estas últimas para ângulos plano e sólido, respectivamente. As demais unidades usadas são derivadas dessas mencionadas, podendo ser empregados múltiplos e submúltiplos decimais das unidades. Existem ainda outras unidades aceitas para uso com o SI que ainda são admitidas, algumas sem restrição de prazo e outras apenas temporariamente.

As unidades derivadas mais comumente usadas em ensaios mecânicos são as seguintes: área (mm^2 ou cm^2, submúltiplos do m^2); força (newton, N); pressão (N/mm^2); tensão (pascal, Pa, ou o múltiplo megapascal, MPa); energia (joule, J); todas elas dentro do SI. Além dessas, emprega-se também a unidade de pressão bar (bar), em vigor apenas temporariamente, porém uma unidade muito cômoda para o caso de ensaio de pressão interna. A unidade quilograma-força (kgf) ainda é empregada neste livro, pois seu uso ainda é muito grande no Brasil, e também porque a grande maioria das máquinas disponíveis ainda possui suas escalas nesta unidade. O mesmo se pode dizer quanto às unidades quilogrâmetro, kgf · m, para energia, e kgf/cm^2 e atmosfera (atm), para pressão ou tensão. A Tab. 1 fornece os fatores de conversão

Tabela 1. Fatores de conversão de algumas unidades de medida

$1\ N = 0,102\ kgf$
$1\ kgf = 0,454\ lb = 9,807\ N$
$1\ MPa = 0,102\ kgf/mm^2$
$1\ kgf/mm^2 = 1\ 422,27\ psi = 9,807\ MPa = 9,807\ N/mm^2$
$1\ J = 0,102\ kgf · m$
$1\ kgf · m = 7,233\ ft\text{-}lb = 9,807\ J$
$1\ kgf/cm^2 = 1\ atm = 14,222\ psi = 0,09807\ MPa =$
$= 0,9807\ bar$

$$1° = \frac{\pi}{180}\ rd$$

dessas unidades, além de algumas unidades norte-americanas, que são a libra por polegada quadrada (psi) para tensão, e a libra-pé (ft-lb) para energia, mencionadas em livros sobre ensaios mecânicos.

1.4. Planejamento do livro

Nos capítulos seguintes serão vistos os principais ensaios mecânicos utilizados em materiais metálicos. Em cada ensaio, serão dadas as propriedades mecânicas possíveis de serem obtidas, a retirada de corpos de prova quando necessário, a forma e as dimensões desses corpos de prova, e a teoria metalúrgica resumida, para dar um conhecimento teórico das propriedades mecânicas dos metais. A fratura dos metais, assunto longo e complexo, será dada também em forma resumida, mas fornecendo os subsídios mais importantes para o conhecimento da matéria. Dessa maneira, os ensaios a serem tratados são os seguintes: tração, ensaios relacionados à fratura frágil dos metais, dureza, dobramento e flexão, torção, compressão, fadiga e fluência. Além desses, serão tratados ainda os ensaios geralmente realizados em diversos produtos metálicos acabados, onde o corpo de prova não tem forma nem dimensões especiais. Nessa parte, serão vistos ensaios em chapas, molas, válvulas, fios, tubos, cabos, parafusos, porcas, barras, cordoalhas, forjados, fundidos, soldados e outros. Os capítulos finais são reservados à maneira de modificar as propriedades mecânicas de um metal por processos metalúrgicos e aos critérios de escoamento, quando uma peça metálica é submetida a esforços combinados.

Capítulo 2
Ensaio de Tração

2.1. Generalidades

A facilidade de execução e a reprodutividade dos resultados tornam o ensaio de tração o mais importante de todos os ensaios citados na introdução.

A aplicação de uma força num corpo sólido promove uma deformação do material na direção do esforço e o ensaio de tração consiste em submeter um material a um esforço que tende a esticá-lo ou alongá-lo. Geralmente, o ensaio é realizado num corpo de prova de formas e dimensões padronizadas, para que os resultados obtidos possam ser comparados ou, se necessário, reproduzidos. Este corpo de prova é fixado numa máquina de ensaio que aplica esforços crescentes na sua direção axial, sendo medidas as deformações correspondentes por intermédio de um aparelho especial (o mais comum é o extensômetro), o qual será visto com maior detalhe em outro item. Os esforços ou cargas são medidos na própria máquina de ensaio e o corpo de prova é levado até a sua ruptura.

Com esse tipo de ensaio, pode-se afirmar que praticamente as deformações promovidas no material são uniformemente distribuídas em todo o seu corpo, pelo menos até ser atingida uma carga máxima próxima do final do ensaio e, como é possível fazer com que a carga cresça numa velocidade razoavelmente lenta durante todo o teste, o ensaio de tração permite medir satisfatoriamente a resistência do material. A uniformidade da deformação permite ainda obter medições precisas da variação dessa deformação em função da tensão aplicada. Essa variação, extremamente útil para o engenheiro, é determinada pelo traçado da curva tensão-deformação, a qual pode ser obtida diretamente pela máquina ou por pontos, conforme será visto mais adiante.

A uniformidade de deformações termina no momento em que é atingida a carga máxima suportada pelo material, quando começa a aparecer o fenômeno da estricção ou diminuição da secção do corpo de prova, nos casos de metais com certa ductilidade. A ruptura sempre se dá na região estrita do material, a menos que um defeito interno no material, fora dessa região, promova a ruptura do mesmo, o que raramente acontece.

A precisão de um ensaio de tração depende, evidentemente, da precisão dos aparelhos de medida de que se dispõe. Com pequenas deformações, pode-se conseguir uma precisão maior na tensão do que quando são atingidas grandes deformações do material, onde a leitura dos valores numéricos fica mais difícil, devido à grande variação da deformação em função da tensão aplicada. Mesmo no início do ensaio, se esse não for bem conduzido, grandes erros poderão ser cometidos, como por exemplo, se o corpo de prova não estiver bem alinhado, os esforços assimétricos que aparecerão levarão a falsas leituras das deformações para uma mesma carga aplicada. Deve-se portanto centrar bem o corpo de prova na máquina para que a carga seja efetivamente aplicada na direção do seu eixo longitudinal; a colocação do(s) extensômetro(s) também deve ser bem feita, para se evitar escorregamento ou falta de axialidade do aparelho.

A velocidade do ensaio é geralmente dada pelos métodos de ensaio estabelecidas pelas diferentes Associações de normas técnicas; quando, porém, se realiza um ensaio de tração para fins de estudo ou pesquisa, essa velocidade pode ser alterada, conforme o caso. O processo de variação da velocidade de ensaio depende da máquina que se está usando. Essa velocidade é muito importante e dela dependem alguns resultados numéricos de propriedades mecânicas obtidos pelo ensaio, conforme será visto depois. Em geral, os métodos de ensaio especificam a velocidade em torno de 1 kgf/mm² por segundo.

2.2. Ensaio de tração convencional

2.2.1. Tensão e deformação na tração

Tensão é definida genericamente como a resistência interna de um corpo a uma força externa aplicada sobre ele, por unidade de área. Deformação é definida como a variação de uma dimensão qualquer desse corpo, por unidade da mesma dimensão, quando esse corpo é submetido a um esforço qualquer.

Considere-se uma barra metálica cilíndrica de secção transversal uniforme, S_0, onde é marcada uma distância, L_0, ao longo de seu comprimento (Fig. 1). Se essa barra é submetida a uma única força de tração Q, isto é, a uma força normal à secção transversal da barra e coincidente com o seu eixo longitudinal, a tensão média de tração, σ, produzida na barra é dada por

$$\sigma = \frac{Q}{S_0}. \tag{1}$$

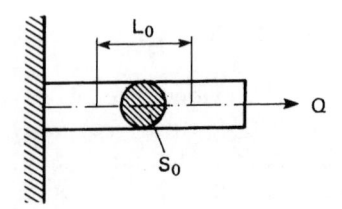

Figura 1. Barra submetida a esforço de tração.

O termo "tensão média" provém do fato de a tensão não ser completamente uniforme sobre a área, S_0, do espécime, ou seja, cada elemento longitudinal na barra não sofre a mesma deformação. A anisotropia inerente aos grãos de um metal policristalino impede uma completa uniformidade da tensão num corpo de tamanho macroscópico. A própria estrutura interna do metal ou liga metálica produz uma não-uniformidade, em escala microscópica. Entretanto, como a variação é extremamente pequena, pode-se excluir, daqui para frente, o termo "tensão média", chamando-o de apenas "tensão". No presente caso, como o esforço é axial e normal a uma seção transversal da barra, essa tensão é também uma tensão normal. A tensão normal é considerada positiva quando o esforço é de tração, e negativa quando de compressão.

Com a aplicação da tensão, σ, a barra sofre uma deformação, ε. A carga, Q, produz um aumento da distância, L_0, de um valor, ΔL. A deformação linear média é dada então por

$$\varepsilon = \frac{\Delta L}{L_0}. \tag{2}$$

Verifica-se que a tensão tem a dimensão de força por unidade de área e a deformação é uma grandeza adimensional.

2.2.2. Propriedades mecânicas obtidas pelo ensaio de tração convencional

O termo "ensaio de tração convencional" é empregado para diferenciá-lo do ensaio de "tração real". A diferença entre essas duas expressões será vista mais adiante (item 2.3) e, por enquanto, pode-se omitir a palavra "convencional".

Quando um corpo de prova metálico* é submetido a um ensaio de tração, pode-se construir um gráfico tensão-deformação, pelas medidas diretas da carga (ou tensão) e da deformação que crescem continuamente até quase o fim do ensaio (Fig. 2).

---

*As características dos corpos de prova para tração serão vistas no item 2.2.3.

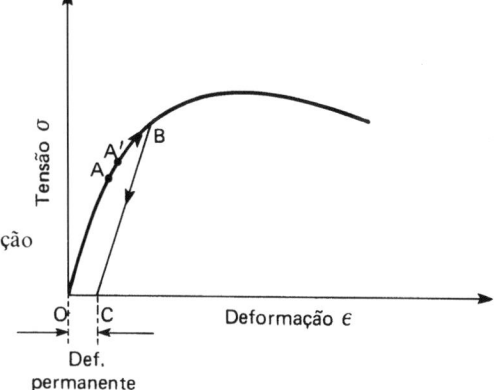

Figura 2. Gráfico tensão-deformação de um metal ou liga metálica.

Verifica-se inicialmente que o diagrama é linear e é representado pela equação

$$\sigma = E \cdot \varepsilon$$

ou

$$E = \frac{\sigma}{\varepsilon}, \tag{3}$$

que corresponde à lei de Hooke (descoberta em 1678 por Sir Robert Hooke). A constante de proporcionalidade, E, é conhecida por módulo de elasticidade ou módulo de Young.

A linearidade do diagrama termina num ponto A, denominado limite elástico, definido como a maior tensão que o metal pode suportar, sem deixar qualquer deformação permanente quando o material é descarregado.

Verifica-se então que, na parte OA da curva (Fig. 2), o material está dentro de sua zona elástica, isto é, além de obedecer à lei de Hooke, se, em qualquer ponto dentro da linha OA, a carga for aliviada, o descarregamento seguirá também a mesma reta OA e, para um descarregamento total, o metal volta à origem (ponto O), sem apresentar qualquer deformação residual ou permanente. A estrutura de um metal no estado sólido é constituída de átomos dispostos segundo um arranjo cristalino uniforme nas três dimensões. Quando o metal é solicitado com um esforço de intensidade tal que a deformação fique no intervalo da linha OA, os átomos são deslocados de sua posição inicial de uma distância muito pequena e, assim que o esforço é retirado, os átomos voltam à sua posição inicial, devido às forças de ligação entre os mesmos, desaparecendo a deformação.

Ao ser atingida uma tensão em que o material já não mais obedece à lei de Hooke, ou seja, a deformação não é proporcional à tensão, chega-se ao ponto A' (Fig. 2) denominado limite de proporcionalidade. A posição relativa entre A e A' é muito discutível e alguns autores colocam A' abaixo de A. Na verdade, esses dois pontos muitas vezes se confundem e torna-se muito difícil determiná-los com precisão, devido ao fato de que o desvio da linearidade é sempre gradual e não há precisamente um ponto bem determinado para cada um desses limites mencionados. O limite elástico pode mesmo estar na parte curva do gráfico. O metal pode ter o ponto A fora da zona onde o material obedece à lei de Hooke e então o limite elástico é definido [3]*, nesse caso, como a tensão máxima que permite ainda ao material possuir, para todos os fins práticos, sua total elasticidade. Admite-se que uma deformação residual de 0,001% seja o limite da zona elástica. Essas considerações são mais aplicáveis aos metais dúcteis ou moles. Metais extremamente duros podem romper dentro da zona elástica e daí, esses conceitos deixam de ser importantes.

Terminada a zona elástica, atinge-se a zona plástica, onde a tensão e a deformação não são mais relacionados por uma simples constante de proporcionalidade e em qualquer ponto do diagrama, havendo descarregamento do material até tensão igual a zero, o metal fica com uma deformação permanente ou residual. A Fig. 2 mostra um descarregamento do ponto B na zona plástica até a linha das abscissas. Nota-se que a linha BC é paralela à linha OA, pois o que se perde é a deformação causada na zona plástica, restando a deformação ocorrida na zona elástica.

O início da plasticidade é verificado em vários metais e ligas dúcteis, principalmente no caso dos aços de baixo carbono, pelo fenômeno do escoamento. O escoamento é um tipo de transição heterogênea e localizada, caracterizado por um aumento relativamente grande da deformação com variação pequena da tensão durante a sua maior parte. Depois do escoamento, o metal está encruado [item 2.2.4(h)]. Vários outros metais e ligas não exibem esse fenômeno ou o escoamento em certos casos não é nítido, isto é, nem sempre pode ser observado numa máquina comum (máquina "mole") para ensaio de tração [9], [10], porque sua ocorrência pode se dar tão ligeiramente, que a sensibilidade da máquina não consegue acusá-lo com precisão suficiente [ver item 2.2.4(e)]. Isso acontece, por exemplo, quanto mais duro é o material. O escoamento é caracterizado praticamente por uma oscilação ou uma parada do ponteiro da máquina

---

*Os números entre colchetes referem-se à Bibliografia, no fim do trabalho.

durante toda a duração do fenômeno. Denomina-se limite de escoamento, à tensão atingida durante o escoamento e é dado pela expressão

$$\sigma_e = \frac{Q_e}{S_0}, \qquad (4)$$

onde Q_e é a carga de escoamento. O limite de escoamento é dado em kgf/mm². Freqüentemente, a oscilação do ponteiro acima mencionada começa após serem atingidas uma tensão mais alta chamada limite de escoamento superior e uma tensão menor chamada limite de escoamento inferior. No item 2.2.4(e) esse fato será discutido mais acuradamente e será visto que o limite de escoamento inferior é o usado para se caracterizar o limite de escoamento do metal ensaiado.

Quando não for possível determinar o limite de escoamento com precisão suficiente, adotar-se-á, por convenção, o limite convencional n de escoamento ou simplesmente limite n, definido pela expressão

$$\sigma_n = \frac{Q_n}{S_0} ; \qquad (5)$$

onde Q_n é a carga em que se observa uma deformação de $n\%$ do material. Na prática, n pode tomar os valores de $0,2\%$ no caso mais geral, $0,5\%$ para cobre e suas ligas e $0,1\%$ em casos especiais (para ligas metálicas muito duras, com pequena zona plástica). No item 2.2.4(f) o limite n será visto novamente, inclusive o método mais usado para a sua determinação. Também o limite n é dado em kgf/mm².

Terminado o escoamento, o metal entra na fase plástica e o ensaio prossegue até ser atingida uma tensão máxima suportada pelo metal, que caracteriza o final da zona plástica. O limite de resistência, σ_r, do metal (dado em kgf/mm²) é determinado pela expressão

$$\sigma_r = \frac{Q_r}{S_0}, \qquad (6)$$

onde Q_r é a carga máxima atingida durante o ensaio.

Após ser atingida a carga, Q_r, entra-se na fase de ruptura do material, caracterizada pelo fenômeno da estricção, que é uma diminuição muitas vezes sensível da secção transversal do corpo de prova, numa certa região do mesmo. Quanto mais mole é o material, mais estrita se torna a secção nessa fase. É nessa região que se dá a ruptura do corpo de prova, finalizando o ensaio. Durante essa fase, a deformação torna-se não-uniforme e a força deixa de agir unicamente na direção normal à secção transversal do corpo de prova.

Conforme foi visto, o cálculo do limite de escoamento, limite n e limite de resistência [Exprs. (4), (5) e (6)] é baseado na secção transversal inicial do corpo de prova, de modo que o gráfico tensão-deformação da Fig. 2 pode ser substituído pelo gráfico carga-deformação, sem que a forma da curva seja alterada, pois nesse último, as cargas são obtidas multiplicando-se os valores de σ por uma constante S_0. Isto é muito importante, porque os gráficos fornecidos por uma máquina de tração comum são referidos à carga *versus* deformação e não à tensão *versus* deformação e para o cálculo do limite *n*, conforme será visto, é muito mais simples construir-se o gráfico carga-deformação.

Mais duas outras propriedades mecânicas podem ser facilmente determinadas pelo ensaio de tração, que são o alongamento total do corpo de prova e a estricção. O alongamento A é calculado pela expressão

$$A = \frac{L - L_0}{L_0} \cdot 100, \tag{7}$$

onde L_0 é uma distância inicial marcada no corpo de prova antes do ensaio, geralmente especificada pelas normas técnicas e L é a distância final após a ruptura do corpo de prova. O alongamento é expresso em %.

A estricção é medida, também em porcentagem, pela diminuição da secção transversal do corpo de prova após a ruptura. A expressão que calcula a estricção, φ, é

$$\varphi = \frac{S_0 - S}{S_0} \cdot 100, \tag{8}$$

onde S é a secção final estrita.

As propriedades dadas pelas Exprs. (4) a (8) constituem as propriedades mecânicas geralmente fornecidas por um ensaio de tração, sendo também as mais simples para se determinar. Entretanto, outras propriedades dos materiais podem ser calculadas pelo ensaio de tração, como por exemplo o limite elástico, o limite de proporcionalidade e outras que serão vistas nos itens seguintes.

2.2.3. Corpos de prova

A melhor maneira para se determinar as propriedades mecânicas de um metal por tração é ensaiar um corpo de prova retirado da peça. Assim, os ensaios de tração geralmente são feitos em corpo de prova normalizados pelas várias associações de normas técnicas. A Associação Brasileira de Normas Técnicas (ABNT) tem o método MB-4, onde são indicadas as formas e dimensões dos corpos de prova para cada caso.

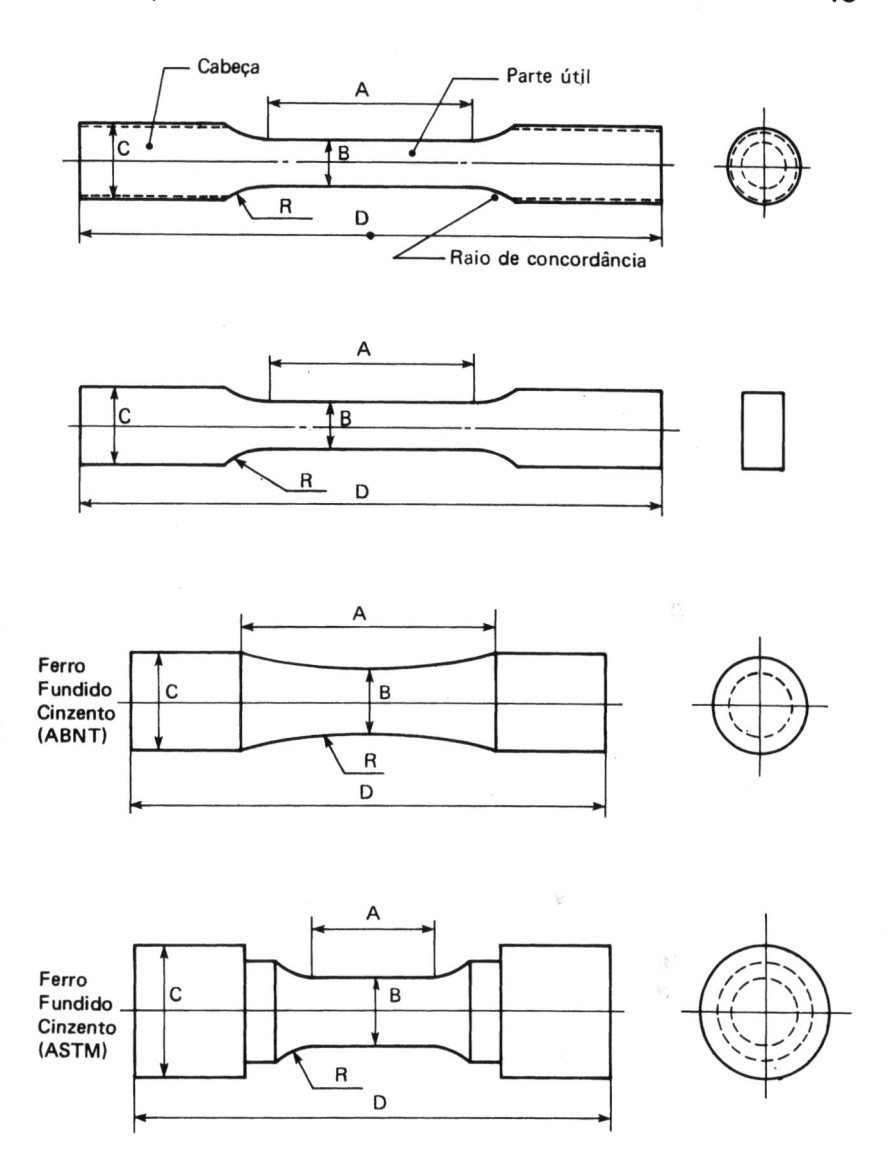

Figura 3. Corpos de prova para ensaio de tração.

Um corpo de prova pode ter sua parte útil (Fig. 3) com secção circular ou retangular, dependendo da forma e tamanho do produto acabado do qual foi retirado. Em particular, corpos de prova retirados de placas, chapas ou lâminas têm secção retangular, com a espessura igual à espessura da placa ou chapa ou lâmina e corpos de prova circulares serão feitos se o produto acabado for de secção circular ou irregular, ou produzido por fundição, ou ainda, que tenha espessura excessivamente grande que exija um esforço muito grande para rompê-lo. No caso de peças fundidas, costuma-se, conforme as normas, fundir um tarugo anexo ao produto fundido, para que dele seja usinado um corpo de prova. Em produtos trabalhados mecanicamente (laminados, forjados, etc.) as propriedades mecânicas podem variar, conforme a direção de onde foram extraídos os corpos de prova, de modo que deve-se verificar pelas especificações do material, qual a direção exata para se retirar·o corpo de prova.

A parte útil de um corpo de prova é a região onde são feitas as medidas das propriedades mecânicas do metal e a cabeça do corpo de prova é a parte destinada apenas à fixação na máquina de ensaio, podendo ou não ser rosqueada, conforme o tipo das garras da máquina.

A utilização de corpos de prova normalizados é importante por vários motivos a saber: 1) facilidade de adaptação na máquina de ensaio e de execução do ensaio; 2) permite sempre a ruptura do material, porque se fosse ensaiada uma amostra de tamanho excessivo, a capacidade da máquina poderia ser insuficiente para romper o material; 3) permite o fácil cálculo das propriedades mecânicas pelas expressões fornecidas no item 2.2.2; 4) permite a comparação dos alongamentos e estricções, que são propriedades dependentes da forma dos corpos de prova ensaiados; 5) ausência de irregularidades nos corpos de prova que poderiam afetar os resultados, caso fosse feito em corpo de prova não padronizado.

Quando a peça é muito pequena para se retirar dela um corpo de prova de tamanho normal, os métodos de ensaio sempre fornecem opções de corpos de prova de tamanhos reduzidos.

Esses corpos de prova são usados para quase todos os metais ou ligas metálicas. Uma única exceção é o caso do ferro fundido cinzento, onde a forma e o tamanho do corpo de prova são diferentes dos demais. Uma vez que, para os ferros fundidos cinzentos, a única propriedade mecânica importante é o limite de resistência, a parte útil tem comprimento reduzido, em comparação ao comprimento da cabeça, conforme mostra a Fig. 3.

A Tab. 2 fornece os valores numéricos dos métodos MB-4 da ABNT e E8 da ASTM para as dimensões assinaladas da Fig. 3 para os corpos de prova metálicos normais. Nessa tabela também estão as dimensões para o caso de ferro fundido cinzento, conforme o método EB-126 da ABNT e A-48 da ASTM.

Tabela 2. Dimensões dos corpos de prova da Fig. 3

Corpo de prova	A (mm)	B (mm)	C (mm) (aprox.)	D (mm) (aprox.)	R (mm) (mín.)
Redondo − ABNT	70	10	18	150	15
Redondo − ASTM	60	12,5	18	130	15
Chapa fina − ABNT	75	12,5	20	200	20
Chapa grossa − ABNT	240	40	50	400	25
Chapa fina − ASTM	60	12,5	20	200	12,5
Chapa grossa − ASTM	225	40	50	450	25
Ferro fundido − ABNT − tipo *A*	30	20	30	100	25
Ferro fundido − ABNT − tipo *B*	105	20	30	180	25
Ferro fundido − ASTM − tipo *A*	32	12,5	22	95	25
Ferro fundido − ASTM − tipo *B*	38	19	32	100	25
Ferro fundido − ASTM − tipo *C*	57	31,5	47	160	50

Existem produtos acabados em que não há necessidade ou possibilidade de serem retirados corpos de prova. No primeiro caso, estão, por exemplo, as barras metálicas, que podem ser presas diretamente nas garras da máquina. Entretanto, quando uma barra possui um diâmetro excessivamente grande, às vezes a máquina de ensaio não consegue rompê-la por ter ultrapassada sua capacidade. Nesse caso, há a necessidade de se retirar um corpo de prova usinado. No caso de fios e arames, não há possibilidade de retirada de corpo de prova usinado e, portanto, ensaiam-se esses produtos diretamente. Note-se que, nos casos de barras, fios e arames, o segmento ensaiado deve ter comprimento suficiente para que se possa medir o alongamento na parte útil, conforme exige a especificação do produto, e para que possa ser fixado na máquina de ensaio. A parte da amostra presa na máquina é considerada como cabeça (Fig. 3). Em particular, nos ensaios de tração em barras de aço para construção civil, a secção inicial, S_0, deve ser medida através da densidade do aço (7,85 kg/dm^3), de seu peso e do comprimento total do segmento a ser ensaiado, porque, em certas barras, a existência de nervuras, mossas e outras irregularidades impedem a determinação de S_0 através da medida direta do diâmetro da barra, como deve ser feito nos casos de corpos de prova de secção circular, arames e barras lisas. (Ver Prob. 1 do Anexo I).

Quando é feito ensaio de tração em produtos compostos como cabos, correntes, cordoalhas, etc., não é necessário usinar corpo de prova, mas os conceitos de limite de escoamento, de resistência, de alongamento total e estricção devem ser abandonados e devem ser aplicadas, a cada caso, medições diferentes constantes das especificações de cada produto.

Em materiais soldados, pode-se retirar corpos de prova com a solda no meio, mas o único valor que é registrado é a carga de ruptura.

pois em materiais heterogêneos a determinação da parte que sofre o escoamento é duvidosa, o alongamento é afetado pela solda e não se pode precisar o local da ruptura para se medir de antemão a secção inicial; a menos que não haja nenhuma irregularidade entre a solda e o metal-base, pode-se calcular o limite de resistência e a estricção com finalidades apenas práticas. Pode-se medir também em qualquer caso, a eficiência da solda, que seria o quociente entre a carga de ruptura do material soldado e a carga de ruptura do material-base, em %.

Caso a solda seja mais resistente que o metal-base, usa-se nos projetos o σ_e e o·alongamento do metal-base. Caso contrário, usa-se as propriedades do material da solda, que podem ser medidas confeccionando-se corpos de prova do material da solda, os quais são ensaiados normalmente à tração. No item 2.4, serão tratados os ensaios em vários produtos metálicos acabados e esse assunto será novamente abordado.

2.2.4. Estudo detalhado das propriedades mecânicas

(a) Gráfico carga(tensão)-deformação

O gráfico traçado num ensaio de tração, pela própria máquina ou por meio de leituras sucessivas de deformação e carga crescentes, tem como abscissas as deformações, ε, e como ordenadas as cargas, Q, e, como foi visto tem a mesma forma que o gráfico tensão-deformação.

A carga é fornecida pelo dinamômetro da máquina de ensaio e a deformação é obtida mais comumente por meio de um extensômetro. Os instrumentos para medir deformação são numerosos e não poderão ser discutidos neste trabalho. Eles podem ser mecânicos, ópticos, elétricos e eletrônicos [4]. Dentre eles, o mais simples é o extensômetro mecânico com relógio comparador, do qual é oportuno que se faça uma breve descrição. Esse tipo de extensômetro consiste resumidamente num micrômetro com precisão de 0,001 mm montado num dispositivo formado por dois tubos metálicos interpenetrantes, contendo cada um uma garra (uma em cada tubo) que serve para fixar o extensômetro no corpo de prova. O micrômetro é fixado nos tubos e o seu ponteiro indica a deformação, à medida que o tubo externo desliza sobre o interno, pela ação crescente da força de tração no corpo de prova imposta pela máquina. A distância entre as duas garras é denominada braço do extensômetro e é unicamente nessa distância que é medida a deformação, isto é, relativamente ao gráfico carga-deformação, tudo se passa como se o corpo de prova tivesse o comprimento do braço do extensômetro. Por essa razão, deve-se utilizar um braço suficientemente grande para que se possa medir a deformação numa distância a maior possível, a fim de se obter resultados mais fiéis e representativos da deformação do corpo de prova. Desta maneira, constrói-se a curva por pontos, lendo-se a deformação periodicamente (por exemplo de 20 em 20 milésimos de milímetro de deformação), simultaneamente observando-se a carga que produziu cada deformação lida.

As máquinas de tração possuem dois cabeçotes acoplados, podendo um deles impor velocidades constantes de deformação. Essas máquinas podem ser do tipo hidráulico ou acionadas por parafuso e a carga é então medida hidráulica ou mecanicamente (por sistema de alavancas ou por pêndulo) ou ainda eletricamente por meio de uma célula de carga. O esforço imposto no corpo de prova é transmitido para toda a máquina, que se deforma elasticamente junto com o corpo de prova.

Quando a rigidez da máquina (também chamada "constante de mola") for alta, a máquina é chamada de "dura"; caso contrário, tem-se uma máquina "mole". Assim, a máquina dura (com célula de carga) pode imprimir uma velocidade constante de deformação sobre o corpo de prova, e a máquina mole (máquinas hidráulicas, por exemplo) pode manter um aumento de carga constante. Sobre esse assunto serão feitas posteriormente novas considerações.

Pelo aspecto do gráfico, pode-se avaliar a ductilidade do metal. Um metal é mais dúctil que outro, se possui uma zona plástica mais extensa; isto é, ele pode se deformar plasticamente mais do que o outro até romper-se. Um material frágil possui a zona plástica muito pequena ou mesmo nula (caso dos ferros fundidos cinzentos e brancos). A ductilidade será considerada com mais pormenores em outro capítulo.

(b) Módulo de elasticidade

O valor de E (Expr. 3) é constante para cada metal ou liga metálica. Valores aproximados desse módulo para alguns metais e ligas são dados na Tab. 3.

O módulo de elasticidade é a medida da rigidez do material; quanto maior o módulo, menor será a deformação elástica resultante da aplicação de uma tensão e mais rígido será o metal. No caso da Fig. 4, a liga A é mais rígida que a liga B, porque $E_A > E_B$, devido à deformação, ε_A, ser menor que a deformação, ε_B, para a mesma tensão.

Comparando-se por exemplo, os módulos de elasticidade do aço e de uma liga de alumínio, nota-se que o aço é cerca de três vezes mais rígido que a liga de alumínio, isto é, a deformação do aço é cerca de $1/3$ da deformação da liga para a mesma tensão na zona elástica.

Tabela 3. Módulo de elasticidade de alguns metais e ligas à temperatura ambiente [1] [2] [6] [7]

Metal	Módulo de elasticidade (kgf/mm²)	Liga	Módulo de elasticidade (kgf/mm²)
Ferro, níquel, cobalto	21 000	Aços-carbono e aços-liga em geral	21 000
Molibdênio, tungstênio	35 000	Aços inoxidáveis austeníticos	19 600
Cobre	11 900	Ferro fundido nodular	14 000 (média)
Alumínio	7 000	Bronzes e latões	7 700-11 900
Magnésio	4 550	Bronzes de manganês e ao silício	10 500 (média)
Zinco	9 800	Bronzes de alumínio	8 400-13 300
Zircônio	10 150	Ligas de alumínio	7 000- 7 450
Estanho	4 200	Monel (liga de níquel)	13 000-18 200
Berílio	25 700	Hastelloy (liga de níquel)	18 900-21 500
Ósmio	56 000	Invar (liga níquel-ferro)	14 000
Titânio	10 000	Inconel (liga de níquel)	16 000
Chumbo	1 750	Illium (liga de níquel)	18 700
Ródio	29 750	Ligas de titânio	11 200-12 100
Nióbio	10 500	Ligas de magnésio	4 550 (média)
Ouro, prata	7 850	Ligas de estanho	5 100- 5 400
Platina	15 800	Ligas de chumbo	1 400- 2 950

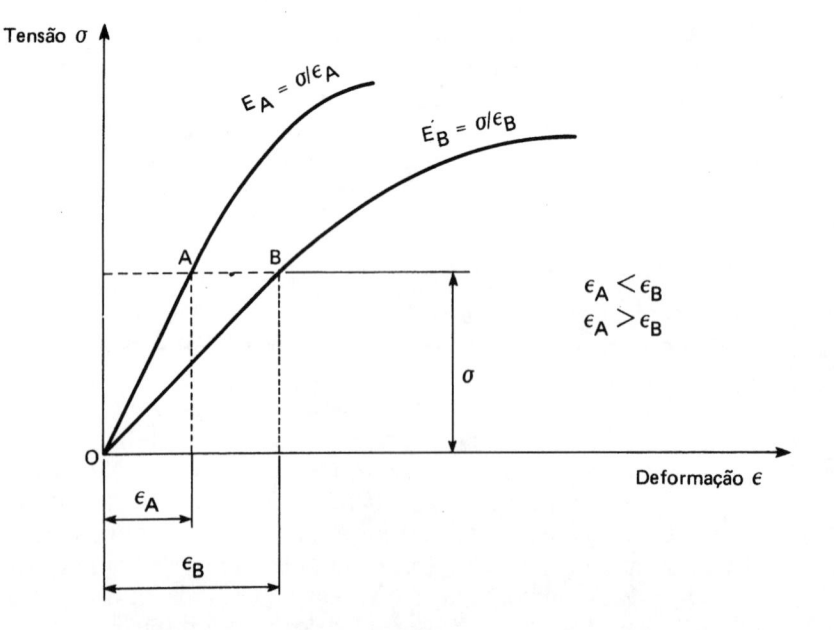

Figura 4. Avaliação da rigidez entre dois materiais [2].

Para projetos onde a deformação deve permanecer baixa, o módulo de elasticidade é um valor importante a se levar em conta, devendo-se escolher um material que tenha esse valor suficientemente alto para suportar grandes tensões com pequena deformação elástica. O módulo de elasticidade é determinado pelas forças de ligação entre os átomos de um metal. Como essas forças são constantes para cada estrutura que apresente o metal, o módulo de elasticidade é uma das propriedades mais constantes dos metais, embora possa ser levemente afetado por adições de elementos de liga, em certos casos, ou por variações alotrópicas, tratamentos térmicos ou trabalho a frio que alterem a estrutura metálica. Entretanto o módulo de elasticidade é inversamente proporcional à temperatura, ou seja, aumentando-se a temperatura, decresce o valor de E. Para os aços-carbono, por exemplo, o valor de E decresce 90% a $200\,°C$, 75% a $425\,°C$, 65% a $540\,°C$ e 60% a $650\,°C$ [1]. Para os aços inoxidáveis austeníticos, a porcentagem de queda é menor e, para ligas de alumínio, ocorre redução semelhante aos aços-carbono até $450\,°C$ aproximadamente.

A medida de E é feita pela tangente da reta característica da zona elástica, traçando-se a curva tensão-deformação na zona elástica com a maior precisão possível em corpos de prova feitos conforme os métodos de ensaio das normas técnicas. Caso essa reta seja muito pequena (limite de proporcionalidade baixo), ou mesmo inexistente na prática, pode-se medir E pela tangente da reta que é tangente à curva no ponto O da origem ou num ponto B especificado da curva ou ainda pela tangente da reta que é secante à curva, que vai do ponto O até um ponto A especificado da curva (Fig. 5).

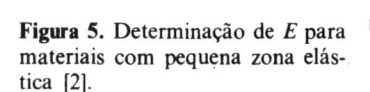

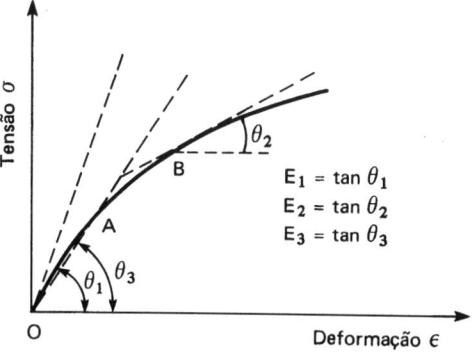

Figura 5. Determinação de E para materiais com pequena zona elástica [2].

$E_1 = \tan \theta_1$
$E_2 = \tan \theta_2$
$E_3 = \tan \theta_3$

Como o valor de E é uma constante para cada material, sua determinação é útil também para se saber se o gráfico carga-deformação traçado num determinado ensaio está bem feito ou é falso, devido por exemplo a leituras erradas da carga ou da deformação ou a algum escorregamento do extensômetro durante o ensaio. Um método rápido para a determinação, nos ensaios de rotina, de E pelo gráfico carga-deformação pode ser deduzido da Expr. 3, $E = \sigma/\varepsilon$. De (1) e (2) tem-se os valores de σ e de ε, portanto

$$E = \frac{Q \cdot L_0}{S_0 \, \Delta L} \,.$$

Os valores de S_0 e L_0 são conhecidos, pois S_0 é a secção inicial e L_0 é o braço do extensômetro. Tomando-se, por exemplo, ΔL igual a $0,1\%$ de L_0 e levantando-se a perpendicular até atingir a curva, obtém-se a carga Q. Portanto,

$$E = \frac{Q \, L_0}{S_0 \, 0,001 \, L_0} \qquad \text{ou} \qquad E = \frac{1\,000 \, Q}{S_0} \,. \tag{9}$$

A escolha do valor $0,1\%$ de L_0 é conveniente, porque representa a metade da distância tomada para se calcular o limite de escoamento convencional $0,2\%$, o qual é sempre determinado nos ensaios de tração, quando não há escoamento nítido, conforme foi visto no item 2.2.2. Esse valor tomado para ΔL simplifica as operações gráficas e de cálculo numérico. Evidentemente nos ensaios de rotina, a precisão dos instrumentos não é grande, de modo que nesses ensaios, esse método dá um valor aproximado de E.

(c) Determinação dos limites elástico e de proporcionalidade

A determinação do limite elástico e do limite de proporcionalidade, para se conhecer o final de zona elástica do material, é feita por carregamentos e descarregamentos sucessivos do corpo de prova até que seja alcançada uma carga onde se possa observar, com uma precisão suficientemente boa, uma deformação permanente, no caso do limite elástico, ou uma tensão onde a deformação deixa de ser proporcional a ela, no caso do limite de proporcionalidade (Fig. 6) [8]. Esse processo é muito laborioso e não faz parte dos métodos de ensaios de rotina, pois depende essencialmente da precisão do extensômetro e da máquina usados; ou seja, o valor desses dois limites diminui à medida que cresce a sensibilidade dos instrumentos de medida da deformação.

Johnson em 1939 propôs um método para a determinação de um ponto A na curva tensão-deformação (Fig. 7) [2], chamado limite elástico aparente ou limite Johnson, que pode substituir o limite elástico ou o limite de proporcionalidade, por ser de determinação relativamente fácil. O ponto A corresponde à tensão na qual a velocidade de deformação é 50% maior do que na origem, ou em outras palavras, é a tensão onde a inclinação da tengente à curva, no ponto A, é 50%

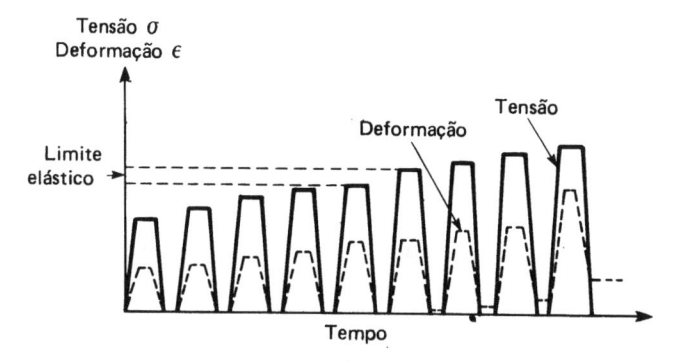

Figura 6. Determinação do limite elástico [8].

menor que a inclinação da reta inicial *OD*. Para determinar o ponto *A*, traça-se uma reta horizontal *CE*, onde $DE = 0,5\ CD$, conforme a figura, obtendo-se a reta *OE*. A seguir, traça-se a reta *FG* que tangencia a curva no ponto *A* e é paralela à reta *OE*.

Outro processo para determinar o ponto *A* (Fig. 8) [3] é traçar uma reta *FD* fora da curva, onde $FD = 1,5\ FE$, no qual o ponto *E* está na continuação da reta da zona elástica. O ponto *A* é o ponto de tangência à curva da reta *MN* paralela a *OD*.

Variações desse método podem ser feitas, fazendo-se por exemplo a inclinação da reta *OD* da Fig. 8 ser de apenas 25 % maior que a inclinação da reta *DE* (proposta por Moore) [3] ou então, fazendo-se $DE = CD$ na Fig. 7, em vez de $DE = 0,5\ CD$, e nesse último caso, o ponto de tangência obtido é chamado ponto limite elástico útil [2].

Todos esses métodos podem ser usados, mas têm a limitação de que o ponto de tangência entre a linha reta e a curva tem pouca precisão e não é sempre bem definido.

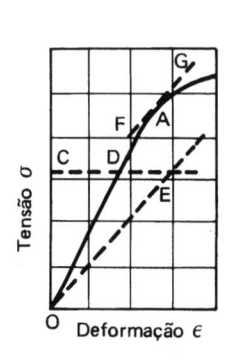

Figura 7. Determinação do limite Johnson [2].

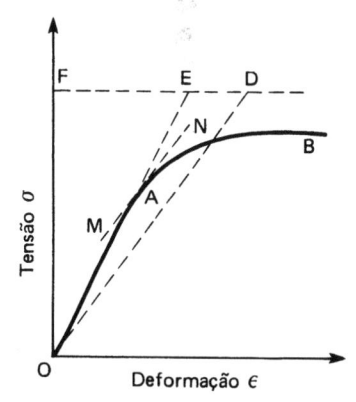

Figura 8. Determinação do limite Johnson [3].

(d) Conceitos de elasticidade e plasticidade dos metais e ligas

Um material metálico possui uma estrutura critalina, ou seja, os átomos estão arrumados de forma a constituírem uma rede cristalina regular no espaço, com posições definidas entre si. Os elétrons das camadas externas estão livres para caminhar por toda a rede cristalina (donde a elevada condutibilidade térmica e elétrica dos metais) e o metal pode então ser configurado como um arranjo de íons carregados positivamente envolvidos por uma nuvem de elétrons livres. A ligação entre os átomos é feita principalmente pela atração dos íons positivos com os elétrons livres e assim, essas forças de ligação não são orientadas no espaço, isto é, não têm direção preferencial e os íons se agrupam entre si na forma de um empacotamento mais econômico, que lhes dê a menor energia. Daí, observa-se que as redes cristalinas encontradas nos metais são de forma cúbica ou hexagonal (cúbica de corpo centrado, CCC, ou de faces centradas, CFC, e hexagonal compacta, HC). Entretanto, quando dois íons se aproximam um do outro, cria-se uma força repulsiva que limita o grau de empacotamento, podendo-se dizer que os íons metálicos são como esferas duras arranjadas num modelo repetido tridimensionalmente (Fig. 9) [27].

Quando um metal sofre um esforço dentro de sua zona elástica, isso significa que o esforço provoca um deslocamento dos átomos (ou íons) de suas posições primitivas no espaço, de modo que ao cessar esse esforço, os átomos voltam às suas posições originais sem deixar qualquer deformação permanente. Com o aumento do esforço, chega-se a um ponto que os átomos se distanciam de tal forma que não conseguem mais voltar e daí, entra-se na zona plástica. O advento da zona plástica seria impossível de se conseguir por meio de esforços fornecidos pelas máquinas comuns, não fossem certos defeitos encontrados no interior da rede cristalina. Tais defeitos podem ser de dois tipos: puntuais ou lineares. Os defeitos puntuais são ocasionados pela falta de um átomo que deveria se localizar numa dada posição do reticulado cristalino, denominados lacunas ou vazios, ou são ocasionados por átomos que ocupam posições intersticiais, isto é, entre os átomos regulares do arranjo (fenômeno que ocorre mais freqüentemente com átomos muito pequenos no interior de uma rede de átomos maiores, como por exemplo nos aços comuns, que são ligas ferro-carbono, onde o carbono ocupa posições intersticiais). Os defeitos puntuais não são, entretanto, os defeitos mais importantes para a deformação plástica. Os defeitos lineares, denominados discordâncias, são aqueles que promovem essa deformação pelo escorregamento de planos atômicos sob esforços relativamente pequenos, que podem ser produzidos pelas máquinas em geral. As discordâncias são planos de átomos do metal fora da sua posição normal no reticulado cristalino; em outras

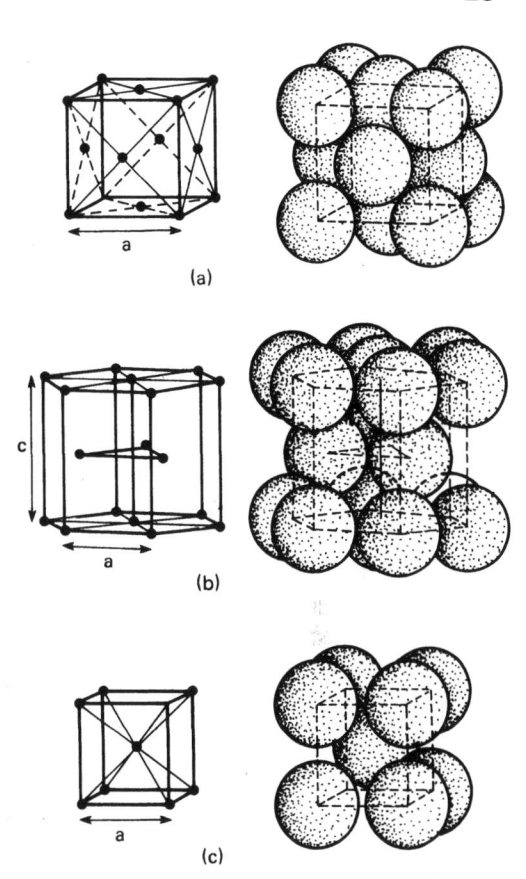

(a)

Figura 9. Arranjo dos átomos nas estruturas cúbicas de faces centradas (a), hexagonal compacta (b) e cúbica de corpo centrado (c) [27].

(b)

(c)

palavras, são linhas de descontinuidade na rede cristalina, possuindo por isso um campo de tensões internas. Cada grau de movimentação de uma discordância requer somente um leve rearranjo dos átomos nas vizinhanças desse plano extra, fazendo com que o esforço para a movimentação geral dos átomos (zona plástica) seja muito menor. A discordância separa a região escorregada da região não-escorregada.

Não é escopo deste trabalho entrar em detalhes sobre a teoria das discordâncias, mas no decorrer do livro, serão mencionados alguns fenômenos que ocorrem com as discordâncias que interessam para explicar as propriedades mecânicas dos metais. O leitor pode encontrar na bibliografia deste trabalho algumas fontes para o estudo pormenorizado das discordâncias [1] [28] [30]. No entanto, deve-se salientar que a deformação plástica acontece em virtude da movimentação das discordâncias no interior da rede cristalina na maioria dos casos.

A deformação por escorregamento, facilitada pela existência de discordâncias, não é, entretanto, a única forma de deformação plástica.

Os metais que se cristalizam no sistema hexagonal compacto (Fig. 9) possuem preferencialmente um processo ʼde deformação plástica chamado maclação (*twinning*, em inglês). A maclação é um cisalhamento localizado dentro de um volume pequeno, porém bem-definido, dentro do cristal, ao contrário do escorregamento de um plano cistalográfico em uma distância relativamente grande. Quando se solicita um metal que se cristaliza no sistema cúbico, a deformação por escorregamento predomina, pois os metais dessa classe possuem vários sistemas de escorregamento. A rede hexagonal compacta, entretanto, possui apenas um único sistema de escorregamento (sistema basal) e, portanto, os metais que se cristalizam dessa maneira deformam-se preferencialmente por maclação, como, por exemplo, os metais zinco, cádmio, magnésio e zircônio. A baixas temperaturas, porém, metais cúbicos de faces centradas e de corpo centrado e tetragonais também se deformam por maclação porque, nesse caso, o esforço para maclação é menor que o esforço para escorregamento. Ocorre a maclação quando uma porção do cristal adquire uma orientação diferente de uma outra porção adjacente (porção não-maclada) devido ao esforço externo (maclação mecânica). A porção deformada fica, no entanto, em uma posição simétrica com relação à porção não-deformada, como se uma fosse uma imagem especular da outra. O plano de simetria das duas porções chama-se plano de maclação. A maclação pode ocorrer também durante um aquecimento (recozimento) após a deformação plástica (maclação por recozimento). A maclação mecânica também costuma ocorrer quando o esforço aplicado é dinâmico, como, por exemplo, uma deformação rápida por choque a baixas temperaturas, preferencialmente, porque o escorregamento é menos favorável em condições dinâmicas a baixa temperatura (Cap. 3).

(e) Limite de escoamento

Nos ensaios de rotina, a determinação do limite de proporcionalidade é substituída pelo limite de escoamento, que se observa nitidamente no aço doce, ou aço de baixo carbono, recozido, ou pelo limite *n*, quando não é possível observar-se o escoamento nos outros metais. No entanto, além dos aços doces, foram observados escoamentos nítidos também em outros metais e ligas, como molibdênio, titânio, nióbio, tântalo, ligas de alumínio policristalinos e em monocristais de ferro, cádmio, zinco, latões alfa e beta, e alumínio.

Quando um projeto requer um metal dúctil, onde a deformação plástica deva ser evitada, o limite de escoamento é o critério adotado para a resistência do material. Para aplicações estruturais, desde que as cargas sejam estáticas, as tensões de trabalho são geralmente baseadas no valor do limite de escoamento.

O escoamento, como já foi mencionado, é um tipo de transição heterogênea e localizada entre a deformação elástica e plástica. Quando um material exibe o fenômeno do escoamento, a forma da curva tensão-deformação é a dada pela Fig. 10(a). A tensão *A* é chamada de limite de escoamento superior, que é a tensão máxima atingida antes da queda repentina da carga (começo da deformação plástica no escoamento). Após a estabilização da carga ou da tensão, o material sofre uma deformação relativamente grande sem aumento da tensão, que é o patamar de escoamento. A tensão *B* constante estabelecida é o limite de escoamento inferior do material e durante o fenômeno, o alongamento que o metal sofre é chamado alongamento durante o escoamento [Figs. 10(a) e 11]. Alguns autores, porém, consideram o limite de escoamento inferior como a menor tensão, designada por *C* na Fig. 10(a), atingida durante o escoamento, que pode vir a ser inferior à tensão do patamar.

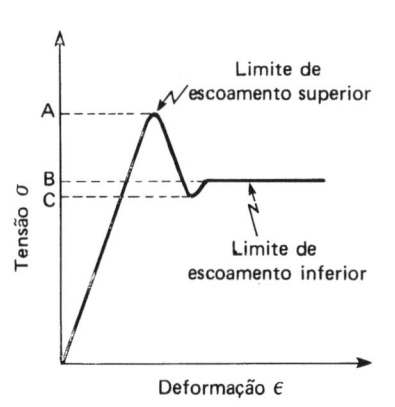

Figura 10. (a) Curva teórica mostrando os limites de escoamento superior e inferior [13].

Figura 10. (b) Efeito da constante de mola, *K*, na curva tensão-deformação.

Esses dois limites não são constantes para um determinado metal, mas dependem de diversos fatores como a geometria e condições do corpo de prova, do método de ensaio, da velocidade de deformação e principalmente das características da máquina de ensaio [9] [10] [13].

Quando há escoamento nítido, a deformação plástica começa em um ou em alguns pontos do corpo de prova e uma deformação apreciável (alongamento) do corpo de prova deve acontecer para fazer com que a região deformada lasticamente se espalhe por toda a parte util do corpo de prova; daí pode-se observar que a forma e dimensões do corpo de prova afetam o escoamento. Geralmente, corpos de prova redondos tendem a aumentar o limite de escoamento superior mais do que os corpos de prova retangulares. Sob condições excepcionais (completa ausência de concentrações de tensões provocadas pela usinagem ou um acabamento superficial extremamente bom), pode-se obter um limite de escoamento superior comparável ao limite de resistência do metal. Uma grande concentração de tensões, ou seja, raio de concordância mal preparado e mau acabamento superficial, pode até fazer desaparecer o limite superior. Entre esses dois extremos, obtêm-se variados valores para o limite superior de escoamento, enquanto que o limite inferior é muito menos afetado. A falta de axialidade e a não-uniformidade de deformação também afetam particularmente o limite de escoamento superior. Quando a axialidade do corpo de prova na máquina de ensaio é má, surgem tensões de flexão superimpostas no corpo de prova. Se essas tensões forem moderadas, haverá uma diminuição no limite de escoamento superior; porém, quando essas tensões forem mais altas, ocorrerá mesmo um desaparecimento dos limites de escoamento superior e inferior, que passam a ser não-nítidos ou de difícil determinação.

A velocidade de deformação (velocidade do ensaio) afeta o escoamento de um modo geral, fazendo com que se observe tensões de escoamento mais altas, quanto maior for a velocidade de deformação. Essa afirmação é mais válida quanto mais sensível é o material à velocidade de deformação. Para velocidades geralmente aplicadas nos ensaios normais de tração, o limite de escoamento inferior cresce quase linearmente com o logaritmo da velocidade de deformação. Cada aumento de dez vezes da velocidade de deformação, aumenta o limite de escoamento inferior de 1,4 kgf/mm^2 e com velocidades muito altas, a "inércia" da máquina de ensaio promove um aumento considerável também no limite de escoamento superior. O patamar de escoamento é afetado pela máquina de ensaio, caso ela seja "dura" (a tensão do patamar decresce) ou "mole" (a tensão do patamar aumenta). A "dureza" de uma máquina de ensaio depende da sua rigidez elástica [item 2.2.4(a)], isto é, uma máquina "mole" não acusa prontamente o escoamento repentino de um material. Para medidas precisas no estudo do escoamento, é necessária uma máquina "dura", pois esta reduz a sua própria deformação durante o ensaio, tornando mais precisa a observação da queda produzida pelo escoamento no corpo de prova. Na queda do limite superior para o limite inferior de escoamento, a inclinação da curva é determinada inteiramente pela característica da máquina de ensaio, chamada "constante de mola", K [Fig. 10(b)]. É impossível observar-se uma diminuição da carga com alongamento, se a velocidade de diminuição (supondo-se velocidade de deformação constante) é maior que a "constante de mola" da máquina. Uma certa movimentação dos êmbolos da máquina (ou equivalente) é necessária para relaxar a carga. O quociente entre a diminuição da carga e a movimentação dos êmbolos para produzir essa diminuição é a "constante de mola" [7]. Uma máquina "mole" tem um valor baixo da "constante de mola" e uma máquina "dura" tem um valor alto. A primeira impede a queda brusca, ao passo que a máquina dura permite a observação de uma queda acentuada. Em outras palavras, uma máquina dura é sensível à velocidade de deformação e a "mole" é sensível somente à variação da carga.

As observações resumidas acima mostram que o limite de escoamento inferior é relativamente menos afetado pelos fatores apontados do que o superior; desse modo, a Expr. (4) pode ser modificada para

$$\sigma_e = \frac{Q_{ei}}{S_0} \quad \text{ou} \quad \sigma_e = \frac{Q_y}{S_0}, \tag{10}$$

onde Q_{ei}, ou simplesmente Q_y, é a carga correspondente ao escoamento inferior no gráfico carga-deformação [correspondente à tensão *B* da Fig. 10(a)].

Os métodos de ensaio existentes nas diversas Associações de normas técnicas de todos os países especificam os fatores que influem no escoamento, de modo que a determinação do σ_e fique padronizada nos ensaios de laboratório.

A deformação que ocorre durante o alongamento do escoamento [Fig. 11(a)] é heterogênea. No limite de escoamento superior uma faixa (banda) discreta do metal deformado aparece numa concentração de tensões, causada pelo esforço durante o ensaio, como um filete ou um cordão e, coincidente com a formação da banda, a carga cai até o limite de escoamento inferior. A faixa então se propaga ao longo do comprimento do corpo de prova, causando o alongamento durante o escoamento. Em geral, várias bandas se formam em diversos pontos de concentração de tensões, estando essas bandas sempre alinhadas

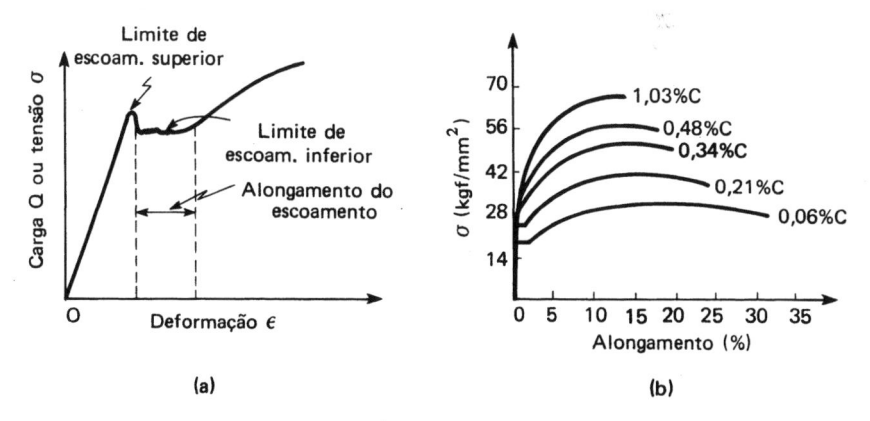

Figura 11. (a) Gráfico mostrando o alongamento do escoamento e os limites de escoamento superior e inferior. (b) Curvas tensão-deformação de alguns aços-carbono [15].

a 45° do eixo longitudinal do corpo de prova. As faixas de deformação, que em corpos de prova muito bem polidos podem ser observadas, são conhecidas como bandas de Lüders [1]. Cada oscilação da carga durante o escoamento corresponde à formação de uma nova banda de Lüders. O escoamento termina depois que todas as faixas cobrem o comprimento total do corpo de prova. O alongamento durante o escoamento pode chegar até a 10% sob condições apropriadas; ele depende da ductilidade do material e da sua granulação. Quanto maior for a ductilidade (aços-doces) e quanto mais fina for a granulação, maior será o alongamento do escoamento. Assim, a deformação plástica no escoamento ocorre pela propagação das bandas que varrem as regiões ainda não-escoadas, até que seja completado o escoamento de todo o material.

O escoamento pode também se dar em pequenas regiões do metal, sem a propagação de bandas. Quando cada elemento sofrer a tensão que provoque o seu escoamento, ele escoa, o processo se transmite para o elemento seguinte e assim sucessivamente por todo o material. Quando acontece esse processo, o escoamento se produz quase que sob uma mesma tensão constante e os limites de escoamento superior e inferior são muito próximos. Esse processo ocorre em aços-liga com níquel e cromo (por exemplo, o aço AISI 4340 normalizado).

O limite de escoamento pode ser associado a pequenas quantidades de impurezas intersticiais ou substitucionais existentes no metal. Um metal 100% puro não apresenta escoamento [1]. Diversas teorias foram propostas para explicar o escoamento; dentre elas, a teoria de Cottrell (1949) [1] [27] [28] [30] afirma que o escoamento aparece em virtude da interação dos átomos de soluto (ou impurezas) com as discordâncias existentes no metal, formando "atmosferas" em torno das mesmas, que tendem a bloqueá-las em seu início de movimento (como foi visto, a deformação plástica dos metais ocorre pela movimentação das discordâncias que promovem o deslizamento dos planos atômicos em planos de escorregamento). A tensão que livra as discordâncias da ancoragem das "atmosferas" de átomos intersticiais (Cottrell-Bilby) ou que cria novas discordâncias livres (teoria de Gilman-Johnson) corresponde ao limite de escoamento superior, após o que, a tensão cai devido ao desaparecimento do bloqueio oferecido pelas impurezas às discordâncias, que podem então se movimentar, até serem empilhadas num obstáculo qualquer, como por exemplo no contorno de grão do metal policristalino. A concentração de tensões na ponta do empilhamento combina com a tensão aplicada no grão seguinte do metal para livrar as discordâncias nesse novo grão e assim, uma banda de Lüders se propaga sobre o corpo de prova (limite de escoamento inferior). Para o caso de ligas substitucionais onde ocorra o fenômeno do escoamento, existem várias teorias a respeito. Uma delas, a teoria de Suzuki, propõe que acontece uma segregação de átomos de soluto em certos locais do reticulado (falhas de empilhamento), que agiria como retenção à movimentação das discordâncias. Para que fosse iniciada essa movimentação, seria necessário criar novas discordâncias, que se libertariam dessa retenção, dando origem ao escoamento. Essa teoria seria válida em temperaturas acima de 500 K. Abaixo dessa temperatura, o escoamento seria governado por um processo de retenção de discordâncias semelhante ao proposto por Cottrell-Bilby ou por Gilman-Johnson, por meio de atmosferas de soluto. Outras teorias foram desenvolvidas, e o leitor deve consultar a Bibliografia para maiores esclarecimentos sobre o assunto [29] [9].

O limite de escoamento é uma propriedade muito sensível à anisotropia existente em metais trabalhados mecanicamente. No Cap. 12 serão analisados os critérios de escoamento para os casos encontrados na prática de solicitação de uma peça a esforços combinados de tensão, diferentes do caso estudado neste capítulo, onde o esforço único é o de tração simples.

(*f*) Determinação do limite n

Em geral, nos ensaios de tração, a probabilidade de não ser possível a observação do escoamento nítido é grande, de modo que se deve estar sempre preparado para a determinação do limite n. A Fig. 11(b) mostra o desaparecimento do patamar de escoamento para os aços-carbono, à medida que aumenta o teor de carbono.

O limite convencional n de escoamento é um valor convencionado internacionalmente para substituir o limite de escoamento. Como foi visto que a determinação dos limites elástico e de proporcionalidade é muito trabalhosa, a substituição pelo limite n é conveniente, porque esse último é determinado mais rapidamente, é mais prático e atende a todos os fins de aplicação dos materiais metálicos na Engenharia, quanto ao conhecimento do início da plasticidade dos metais. O limite n define mais realisticamente a plasticidade em termos de tensão necessária para produzir uma deformação mensurável ou que seja praticamente significante.

Quando o desvio da proporcionalidade é expressa em termos de um aumento da deformação, tem-se o chamado "limite de desvio (*offset*) n'''", isto é, o limite n, nesse caso, é calculado por meio de um aumento de $n\%$ na deformação, após a fase elástica. Geralmente o valor de n é especificado para $0,2\%$ (para os metais e ligas metálicas em geral), o que significa uma deformação plástica de 0,002, por unidade de comprimento depois que ultrapassa o limite de proporcionalidade. Para ligas metálicas que possuem uma região de plasticidade muito pequena (aços ou ligas não-ferrosas muito duros), pode-se tomar para n o valor de 0,1% ou mesmo 0,01% (aço para molas). Para cobre e diversas ligas de cobre, entretanto, devido à grande plasticidade que esses materiais apresentam, o cálculo não é baseado pelo "limite de desvio", mas pelo ponto da curva correspondente a uma deformação total (desde a origem) de 0,5% ou seja, de 0,005.

Os limites convencionais de escoamento 0,01%, 0,1%, 0,2% e 0,5% estão mostrados na Fig. 12. A deformação de $n\%$ é calculada tomando-se por base o braço do extensômetro usado. Para determinar a tensão correspondente ao limite 0,2%, por exemplo, uma deformação, ε_0, igual a 0,2% é medida a partir da origem, O, do diagrama tensão-deformação, obtendo-se o ponto G (Fig. 12) e uma linha GD é traçada paralelamente à porção reta da curva da zona elástica. A intersecção D da reta com a curva determina a tensão $\sigma_{0,2\%}$ que é o limite de escoamento convencional 0,2% (método do "desvio"). Se o diagrama for carga-deformação, calcular-se-á esse limite pela Expr. (5) do item 2.2.2: $\sigma_{0,2\%} = Q_{0,2\%}/S_0$ e o ponto D corresponderá então à carga $Q_{0,2\%}$.

Para determinar o limite convencional 0,5% (método da deformação total), toma-se a partir do ponto O uma deformação, ε_0', igual a 0,5%, obtendo-se o ponto H (Fig. 12). Levanta-se a perpendicular ao eixo das abscissas até encontrar a curva no ponto E, que corresponderá ou à tensão $\sigma_{0,5\%}$ (gráfico tensão-deformação) ou à carga $Q_{0,5\%}$ (gráfico carga-deformação), que, conforme a Expr. (5), fornecerá $\sigma_{0,5\%}$.

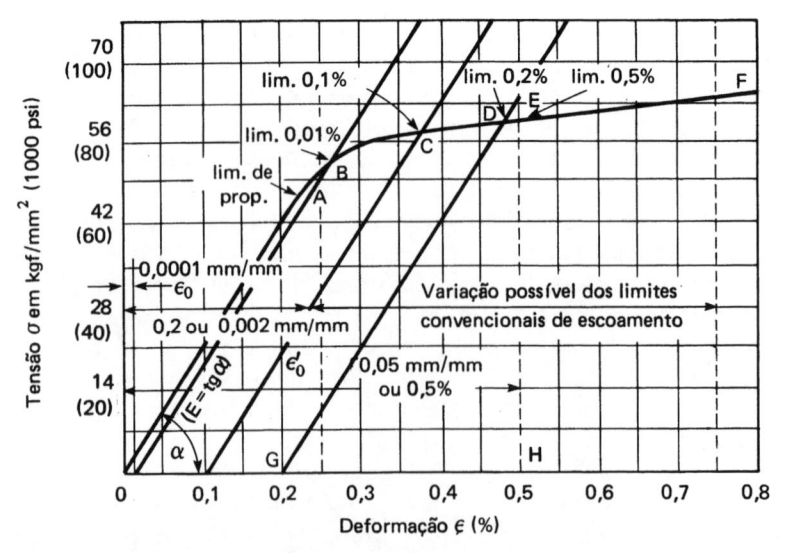

Figura 12. Determinação dos limites convencionais de escoamento 0,01%, 0,1%, 0,2% e 0,5%. Os valores numéricos dos eixos referem-se a aço trabalhado a frio [6].

(g) Resiliência e coeficiente de Poisson

Resiliência é a capacidade de um metal de absorver energia quando deformado elasticamente, isto é, dentro da zona elástica, e liberá-la quando descarregado. A sua medida é feita pelo módulo de resiliência, que é a energia de deformação por unidade de volume, necessária para tensionar o metal da origem até a tensão do limite de proporcionalidade. Para a determinação do módulo de resiliência, U_R, considere-se a Fig. 13[2], que representa a unidade de volume de um espécime tensionado. Uma vez que a tensão é aplicada gradualmente, o trabalho exercido para tensionar até o limite de proporcionalidade é igual à tensão média multiplicada pela deformação, ε_p, causada ou seja,

$$U_R = \frac{\sigma_p}{2} \cdot \varepsilon_p = \frac{\sigma_p}{2} \cdot \frac{\sigma_p}{E} \; ;$$

portanto,

$$U_R = \frac{\sigma_p^2}{2E}, \tag{11}$$

onde σ_p representa o limite de proporcionalidade, o qual, na prática, pode ser substituído pelo limite de escoamento ou pelo limite, *n*. U_R é dado em kgf $\cdot$ mm/mm^3.

A Eq. (11) indica que um material com baixo módulo de elasticidade e alto limite de proporcionalidade tem um grande módulo de resiliência. Para o caso de várias molas mecânicas feitas com aços diferentes, isso é muito importante e deve ser levado em consideração. Comparando uma liga de alumínio e um aço com o mesmo limite de escoamento, pela Eq. (11) mudada para σ_e^2 no lugar de σ_p^2, a resiliência da liga de alumínio é cerca de três vezes maior que a do aço.

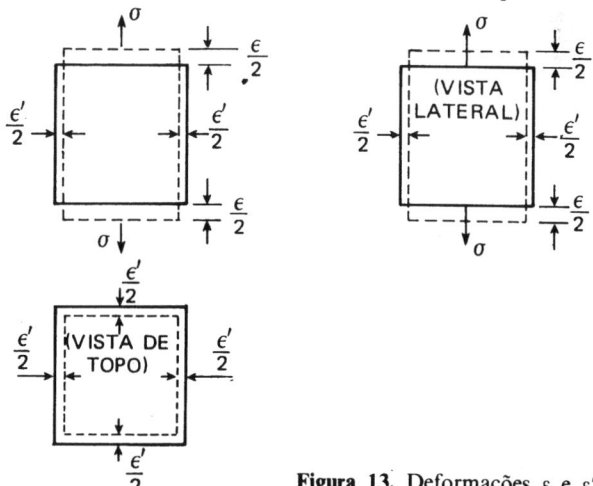

Figura 13. Deformações ε e ε' [2].

A Fig. 13 mostra também a deformação, ε', de compressão lateral, que acompanha um material tensionado que sofreu uma deformação, ε, na direção da tensão, σ. O coeficiente de Poisson, v, é definido como

$$v = \frac{\varepsilon'}{\varepsilon}. \tag{12}$$

Esse coeficiente mede a rigidez do material na direção perpendicular à direção da carga de tração uniaxial aplicada. A maioria dos metais tem o valor de v entre 0,25 (para materiais perfeitamente isotrópicos) e 0,35, sendo 0,33 o valor adotado na maioria dos casos.

O módulo de resiliência pode também ser obtido, considerando a parte elástica do diagrama tensão-deformação (Fig. 14) aplicado ao espécime da Fig. 13. Tensionando o espécime do ponto P até o ponto P', o trabalho executado é $\sigma d\varepsilon$; então, até o limite de proporcionalidade A, o trabalho será

$$U_R = \int_0^{\varepsilon_p} \sigma d\varepsilon = \int_0^{\varepsilon_p} E\varepsilon d\varepsilon = E \left[\frac{\varepsilon^2}{2} \right]_0^{\varepsilon_p} = E \frac{\varepsilon_p^2}{2}$$

ou

$$U_R = \left(\frac{E}{2} \right) \left(\frac{\sigma_p^2}{E^2} \right) = \frac{\sigma_p^2}{2E}$$

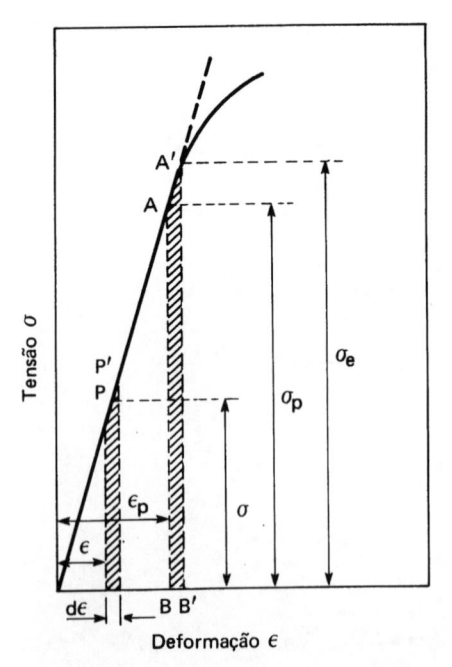

Figura 14. Determinação gráfica do módulo de resiliência [2].

Desde que $\int_0^{\varepsilon_p} \sigma d\varepsilon$ representa a área OAB do diagrama da Fig. 14, o módulo de resiliência também pode ser calculado pela área do triângulo OAB. O erro em se substituir o valor do limite de proporcionalidade pelo limite de escoamento ou limite n pode ser avaliado, observando-se que a área do triângulo $OA'B'$ daria o módulo de resiliência caso fosse calculado pelo limite de escoamento. Então, o erro seria

$$\text{erro } R = \frac{U_{R_y} - U_{R_p}}{U_{R_p}} \cdot 100 = \frac{\text{área de } BAA'B'}{\text{área de } OAB} \cdot 100,$$

onde U_{R_p} é o módulo, U_R, calculado pelo limite de proporcionalidade e U_{R_y}, o calculado pelo limite de escoamento.

A Tab. 4 fornece valores do módulo de resiliência de alguns materiais [3].

Tabela 4. Módulo de resiliência para alguns materiais [3]

Material	E (kgf/mm^2)	σ_e (kgf/mm^2)	U_R (kgf $\cdot$ mm/mm^3)
Aço de médio C	21 000	31,5	0,0236
Aço alto C para molas	21 000	98,0	0,2240
Duralumínio	7 530	12,6	0,0119
Cobre recozido	11 200	3,0	0,0037
Borracha	0,105	0,2	0,2100
Ferro fundido	10 500	4,0 (σ_P)	0,0007
Bronze laminado	10 800	28,0	0,0420

(h) Encruamento

A zona plástica caracteriza-se pelo endurecimento por deformação a frio, ou seja, pelo encruamento do metal. Quanto mais o metal é deformado, mais ele se torna resistente. A Fig. 15 ilustra esquematicamente esse efeito do encruamento, para um aço de baixo carbono. Se durante um ensaio de tração nesse material a tensão for elevada até o ponto M na zona plástica e depois descarregado e reensaiado logo após, o escoamento, que ocorreu no primeiro carregamento não mais existirá, porque as discordâncias já se libertam da atmosfera de átomos intersticiais de carbono e nitrogênio; porém, a zona plástica só aparecerá a uma tensão, σ_2, mais alta que no primeiro carregamento $(\sigma_2 > \sigma_1)$. Novos procedimentos iguais a esse elevarão ainda mais a tensão que provoca o início da plasticidade. A área da parte tracejada indicada na figura representa a perda de energia de deformação dissipada na forma de calor produzido por fricção interna durante o descarregamento e recarregamento sucessivos. Essa perda de energia é chamada histerese mecânica.

No descarregamento até N fica uma deformação permanente, ε_p, igual a ON. No carregamento posterior é produzida uma deformação elástica, ε_e, igual a NQ, como se o ensaio começasse novamente, isto é, o ponto de origem passasse a ser o ponto N. A curva a partir do ponto M retoma a mesma posição, como se o descarregamento não tivesse acontecido. Assim, verifica-se que o limite de resistência é muito pouco afetado por qualquer descarregamento durante o ensaio.

Considere-se agora um descarregamento feito quando a curva atinge o ponto T (Fig. 15) na zona plástica, até o ponto R. Se o carregamento posterior for realizado após algum tempo, o escoamento nítido reaparecerá. Esse é o processo de envelhecimento que, à temperatura ambiente necessita vários dias de permanência para ocorrer, mas a uma temperatura mais alta (como por exemplo 150 ºC para esses aços), pode se dar em algumas horas. A volta do escoamento significa que os átomos intersticiais se difundem novamente para as discordâncias durante o período de envelhecimento.

Esse fenômeno do encruamento mostra que ao ser ensaiado um metal, uma interrupção do ensaio só pode ser admitida desde que a carga não tenha atingido o escoamento, pois caso contrário, as propriedades mecânicas obtidas serão afetadas pelo encruamento. O tempo de interrupção pode aumentar ainda mais o escoamento do metal (ver envelhecimento no Cap. 11).

O grau de encruamento de um metal determina a forma de sua curva do diagrama tensão-deformação correspondente na zona plástica. Enquanto que na zona elástica, cada igual acréscimo de tensão, $\Delta\sigma$, produz um aumento igual de deformação, $\Delta\varepsilon$, na zona plástica, para um mesmo aumento de deformação, $\Delta\varepsilon$, em diversos metais (aços I, II e III), são necessários aumentos diferentes da tensão ($\Delta\sigma'$, $\Delta\sigma''$, $\Delta\sigma'''$) para cada um dos metais (Fig. 16). No item 2.3, esse assunto será de novo abordado, quando será visto o coeficiente de encruamento n.

O encruamento de um modo geral é explicado pelas interações das discordâncias com outras discordâncias ou com outras barreiras que impedem a sua livre movimentação. Um metal recozido sem sofrer deformação plástica possui de 10^6 a 10^8 discordâncias por centímetro quadrado, enquanto que um metal severamente deformado plasticamente contém cerca de 10^{12} discordâncias pela mesma unidade de área. Assim, a interferência de discordâncias ocorre muito mais freqüentemente devido ao maior número de sistemas de escorregamento operando e é necessário oferecer maior energia para que as discordâncias vençam as barreiras citadas e possam se movimentar. Os contornos de grão são exemplos específicos de barreiras à movimentação das discordâncias, que são empilhadas nesses contornos. O aumento da temperatura de ensaio diminui o encruamento, fazendo com que a

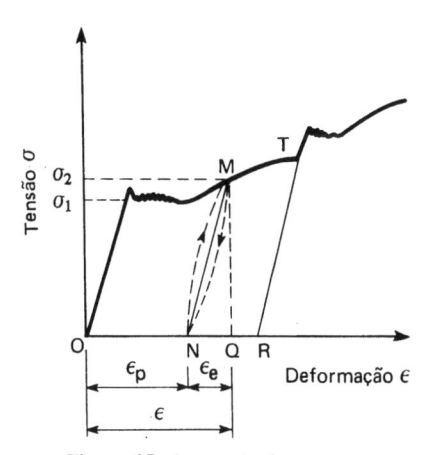

Figura 15. Aumento do escoamento pelo encruamento e histerese mecânica.

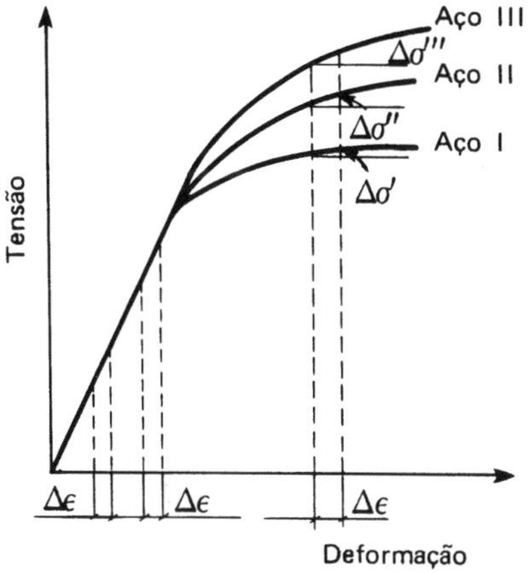

Figura 16. Variação do aumento de tensão para um mesmo aumento de deformação na zona plástica, para três aços diferentes, devido ao encruamento distinto para cada aço.

curva da zona plástica fique mais achatada (da forma do aço I da Fig. 16).

(i) Limite de resistência

O limite de resistência é calculado, como foi visto, pela carga máxima atingida no ensaio. Embora o limite de resistência seja uma propriedade fácil de se obter, seu valor tem pouca significação com relação à resistência dos metais dúcteis. Para esses, o valor do limite de resistência dá a medida da carga máxima que o material pode atingir sob a restrita condição de carregamento uniaxial. Mesmo nesse caso, a tensão que o material sofre ao ser atingida a carga máxima é maior que o σ_r calculado pela Expr. (6), devido à diminuição da área, que não é computada naquela fórmula. O limite de escoamento ou o limite n hoje em dia, é mais usado nos projetos, do que o limite de resistência, para os metais dúcteis. Entretanto, o limite de resistência serve para especificar o material, do mesmo modo que a análise química identifica o material. Por ser fácil de se calcular e ser uma propriedade bem determinante, o limite de resistência é especificado sempre com as outras propriedades mecânicas dos metais e ligas. Para os metais frágeis, porém, o limite de resistência é um critério válido para projetos, pois nesse caso, o escoamento é muito difícil de ser determinado (como por exemplo para os ferros fundidos comuns) e a diminuição da área é desprezível por causa da pequena zona plástica que esses materiais apresentam. Desse modo, o limite de resistência para os metais frágeis caracteriza bem a resistência do material.

O limite de resistência é influenciado pela anisotropia de metais trabalhados mecanicamente, se bem que em menor grau, comparativamente ao limite de escoamento.

No Cap. 4 será dada uma relação empírica que correlaciona o limite de resistência, σ_r, com a dureza Brinell dos aços.

(j) Alongamento, estricção e limite de ruptura

O alongamento pode ser medido em qualquer estágio do ensaio. Mesmo no caso da Fig. 15, que mostra uma deformação permanente, ε_p, e uma deformação elástica, ε_e, que é recuperada, depois de um descarregamento da zona plástica, o alongamento dado pela deformação, ε, é determinado pela soma das duas partes $\varepsilon_p + \varepsilon_e$. Como a linha MN da figura é uma reta, ε_e também é igual a σ/E, pela Eq. (3), de modo que

$$\varepsilon = \frac{\sigma}{E} + \varepsilon_p.$$

No ensaio de tração convencional, porém, o cálculo do alongamento leva em conta a deformação total até a ruptura do corpo de prova. Assim, o valor de L da Expr. (7) é composto pela deformação elástica (recuperada após a ruptura) + deformação durante o escoamento + deformação plástica + deformação após atingir a carga máxima. A deformação durante o escoamento + deformação plástica constituem o chamado alongamento uniforme, devido à uniformidade da deformação até ser atingida a carga Q_r (Eq. 6). Depois de se ultrapassar Q_r, a deformação deixa de ser uniforme ao longo do comprimento do corpo de prova, por causa do aparecimento nítido da estricção, que surge em virtude da maioria da deformação ficar concentrada numa região mais fraca do material, aparecendo então contrações laterais concentradas nessa região, eliminando a uniformidade da deformação. No item 2.3 será visto com mais detalhes que a deformação ou alongamento uniforme, ε_u, é de maior importância que o alongamento total, principalmente em poder predizer a estampabilidade de uma chapa metálica. É de se notar que quando o alongamento uniforme é medido, ao ser atingida a carga máxima (antes da ruptura), a deformação elástica também é computada (ver item 2.3.5).

Em resumo,

alongamento total   = alongamento uniforme + alongamento até a ruptura;

alongamento uniforme = alongamento do escoamento + alongamento da zona plástica.

O alongamento total, A, é calculado pela Eq. (7), juntando da melhor maneira possível as duas partes do corpo de prova fraturado e medindo-se o valor de L_1, estabelecendo-se de antemão o valor de L_0 (comprimento inicial de medida). A melhor maneira de se medir L é dividir o comprimento útil do corpo de prova em partes iguais por meio de pequenos riscos transversais (chamados referências auxiliares). Esses riscos devem ser traçados levemente para evitar a localização da ruptura em um deles.

Supondo que o comprimento L_0 contenha n divisões, se a ruptura ocorrer no meio ou próximo ao meio da parte útil do corpo de prova, juntando-se as duas partes, contam-se $n/2$ divisões de cada lado e mede-se o comprimento, L. Caso a ruptura ocorra próximo do fim da parte útil, de modo a não ser possível a contagem de $n/2$ divisões de um dos lados, conforme as normas, acrescenta-se ao comprimento de $n/2$ divisões do lado oposto o número de divisões que faltava para completar as divisões do lado mais curto. O comprimento, L, é a soma do número total de divisões obtidas (L') mais o comprimento dado pelo número de divisões adicionais juntadas do lado mais longo (L'') (Fig. 17). Exemplificando, os dois casos, se o comprimento de medida inicial, L_0, adotado for de 50 mm de os riscos estiverem afastados entre si de 5 em 5 mm, L_0 compreenderá 10 divisões. Após o ensaio, procura-se o risco mais próximo da ruptura, contam-se 5 divisões de cada lado da ruptura e tem-se o valor de L. No caso da ruptura ocorrer próximo ao fim da parte útil do corpo de prova, de modo a não haver 5 divisões em um dos lados, conta-se o número máximo de riscos possíveis (exceto o risco localizado junto à ruptura), por exemplo, 3 divisões; do outro lado da ruptura contam-se as 3 divisões correspondentes mais as 2 divisões que ficaram faltando do outro lado. O comprimento, L, será dado pela medida das 8 divisões totais (L') mais as 2 divisões finais (L'') do lado maior. A Fig. 17 mostra claramente o processo.

Esse processo permite sempre obter o valor do alongamento, desde que a ruptura ocorra na parte útil do corpo de prova, isto é, fora da

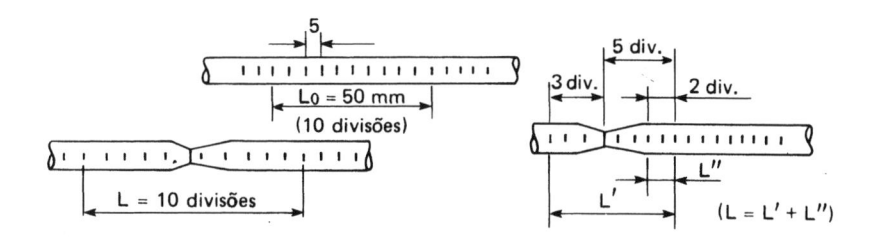

Figura 17. Método para determinação do valor de L para o alongamento.

parte que é fixada nas garras da máquina de ensaio. O processo também usado de se marcar apenas dois pontos no corpo de prova, afastados de uma distância igual a L_0 tem a desvantagem da possibilidade da ruptura ocorrer fora da região compreendida entre os dois pontos, de modo que se torna impossível medir o alongamento do corpo de prova, sendo então necessário repetir o ensaio.

O alongamento dá uma medida comparativa da ductilidade de dois materiais. Quanto maior for o alongamento, mais dúctil será o metal.

Após ser atingida a carga máxima, ocorre a estricção do material, que é uma diminuição da secção transversal do corpo de prova na região onde vai se localizar a ruptura, devido a um alongamento um pouco maior numa porção levemente mais fraca do corpo de prova. A estricção, φ, calculada pela Eq. (8), também é uma medida de ductilidade. Quanto maior for a porcentagem de estricção, mais dúctil será o metal. A estricção é medida pela variação do diâmetro dos corpos de prova circulares, pois da Expr. (8) vem

$$\varphi = \frac{\dfrac{\pi}{4}(D_0^2 - D^2)}{\dfrac{\pi}{4} D_0^2} \cdot 100,$$

ou seja,

$$\varphi = \frac{D_0^2 - D^2}{D_0^2} \cdot 100.$$

Para corpos de prova retangulares, a estricção é medida pela variação das dimensões transversais, conforme mostra a Fig. 18, porém essa determinação raramente é feita.

Como o estado de tensões numa secção estrita depende da forma da secção transversal do corpo de prova e como a fratura depende não só do estado de tensões e deformações, mas também de como ela se desenvolveu, a deformação após a carga máxima não é a mesma sempre e portanto, a estricção não pode ser considerada uma propriedade específica do material, mas somente uma caracterização de seu

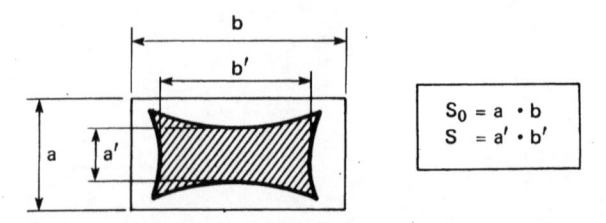

Figura 18. Método para determinação da estricção de corpos de prova retangulares.

comportamento durante o ensaio de tração. Pela facilidade de medida, ela é, entretanto, mencionada e especificada correntemente para vários materiais. Pode-se ainda dizer que se não houvesse o encruamento dos metais, a estricção começaria imediatamente após o escoamento (ver item 2.4.1).

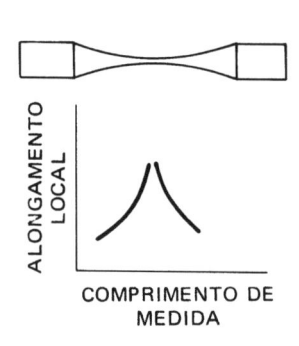

Figura 19. Distribuição do alongamento com a posição, ao longo do comprimento inicial de medida.

ALONGAMENTO LOCAL

COMPRIMENTO DE MEDIDA

Quanto mais dúctil for o material, mais não-uniforme será a distribuição da deformação ao longo do corpo de prova, particularmente depois que começa a estricção. A Fig. 19 [1] mostra a distribuição do alongamento de um modo esquemático. A distribuição exata depende, como foi dito, da ductilidade do metal, além da forma da secção transversal do corpo de prova e principalmente do comprimento inicial de medida. Quanto menor é o valor adotado para L_0, maior é o valor do alongamento, por causa da influência da grande deformação localizada na região estrita. Assim, ao ser dado um valor do alongamento, A, de um metal, deve-se mencionar o comprimento inicial de medida, para que o alongamento possa ser uma propriedade comparativa. Para o aço, o alongamento de um corpo de prova, tendo $L_0 = 5D_0$, é geralmente 1,22 vezes maior que o alongamento do mesmo corpo de prova tendo $L_0 = 10D_0$, onde D_0 é o diâmetro inicial do corpo de prova. O método A-370 da ASTM fornece uma relação entre alongamentos encontrados na prática, relação essa que pode ser útil em vários casos, e que será dada mais adiante.

Em conseqüência disso, os corpos de prova têm comprimento padronizado pelas diversas Associações de normas técnicas, para que o comprimento de L_0 seja sempre o mesmo, conforme o método usado. Segundo a Lei de Barba, os alongamentos medidos sobre corpos de prova de secção S_0 e S_0' são comparáveis, desde que os comprimentos iniciais de medida L_0 e L_0' satisfaçam a relação

$$\frac{L_0}{L_0'} = \frac{\sqrt{S_0}}{\sqrt{S_0'}},$$
(13)

Mudando a Expr. (13) para

$$\frac{L_0}{\sqrt{S_0}} = \frac{L_0'}{\sqrt{S_0'}} = K,$$

vem

$$L_0 = K \sqrt{S_0} \tag{14}$$

ou para o caso de corpo de prova de secção circular:

$$L_0 = K' D_0 \tag{15}$$

O valor de K é fixado nos métodos de ensaio de cada país. A Tab. 5 mostra alguns valores para K e K'.

Tabela 5. Valores de K e K' para as normas técnicas de alguns países

Brasil e Alemanha	ou	$K = 11,3$	$K' = 10$
		$K = 5,65$	$K' = 5$
Estados Unidos		$K = 4,51$	$K' = 4$
França e Bélgica		$K = 8,16$	$K' = 7,23$
Grã-Bretanha		$K = 4$	$K' = 3,54$

Para o caso de corpos de prova retangulares, há grande divergência entre as normas, dependendo da espessura das chapas de onde são retirados os corpos de prova. Nos países de língua inglesa adota-se L_0 igual a $2''$ ou a $8''$ (principalmente nos Estados Unidos), dando valores diferentes para K, conforme a espessura. No Brasil, usa-se os mesmos valores para L_0 transportados para o sistema métrico, mas há também tabelas que mostram os diversos valores que se devem tomar para L_0 para diferentes espessuras das amostras (método MB-4).

O método A-370 da ASTM [17] padroniza uma fórmula de conversão para a porcentagem de alongamento, após ruptura em um corpo de prova-padrão circular de 12,7 mm de diâmetro, da parte útil, com um comprimento de medida igual a 50 mm (esses números são conversões de 0,5 polegada e 2 polegadas, respectivamente) para dois corpos de prova-padrão retangulares de 12,7 mm por 50 mm, e 38,1 mm (1,5 polegada) por 203 mm (8 polegadas), com espessuras maiores que 0,635 mm (0,025 polegadas). A fórmula, chamada de equação de Bertella, é a seguinte:

$$A = A' (4,47 \sqrt{S_0}/L_0)^a, \tag{16}$$

onde:

A = porcentagem de alongamento no corpo de prova-padrão circular, de 12,7 mm de diâmetro e 50 mm de comprimento de medida;

A' = porcentagem de alongamento no corpo de prova-padrão retangular, com comprimento de medida L_0 e seção S_0;

a = constante do material, igual a 0,4 para aços-carbono, aços--carbono ao manganês, aços ao molibdênio e ao cromo-molibdênio com limite de resistência entre 30 e 60 kgf/mm^2, nas condições de laminado a quente, com ou sem normalização, ou de recozido, com ou sem revenimento. Para os aços inoxidáveis austeníticos recozidos, o valor de a é 0,127.

O alongamento uniforme seria portanto um valor mais constante, que independeria do valor de L_0 praticamente; porém, é mais difícil de ser determinado, pois seria preciso interromper o ensaio ao ser atingida a carga máxima, o que nem sempre se pode fazer com precisão.

A carga que produz a ruptura do material é geralmente menor que a carga máxima do limite de resistência. A propriedade mecânica denominada limite de ruptura σ_f, é dada pela equação

$$\sigma_f = \frac{Q_f}{S_0}, \qquad (17)$$

onde Q_f é a carga de ruptura. Essa propriedade mecânica nunca é especificada por não caracterizar o material. Quanto mais dúctil é o material, mais ele se deforma ou se alonga antes de romper, mais a carga, Q_f, diminui pelo decréscimo da secção final. Além disso, a carga Q_f, é muito difícil de ser determinada com precisão, devido não ser possível interromper o ponteiro da máquina no instante exato da ruptura, para a leitura da carga. Quanto mais frágil o material, mais σ_f se aproxima de σ_r e, no estudo da fratura frágil, muitas vezes se menciona σ_f em lugar de σ_r (item 3.1).

Outra maneira de se avaliar a ductilidade de um metal é considerar o alongamento efetivo ou "alongamento com comprimento inicial, de medida igual a zero" [1], que representa o alongamento máximo possível, com L_0 o mínimo possível. Assumindo que a deformação seja uniformemente distribuída sobre a secção transversal da fratura e que o volume do material permaneça constante, pode-se calcular o alongamento efetivo, A_e, da seguinte maneira

$$S(1 + A_e) = S_0 \qquad \text{ou} \qquad A_e = \frac{S_0}{S} - 1.$$

Substituindo na Expr. (8), tem-se

$$A_e = \frac{\varphi}{100 - \varphi}. \qquad (18)$$

Se φ for medido num outro ponto do corpo de prova, fora da zona estrita, A_e dará o valor da redução de área uniforme do corpo de prova durante o ensaio.

No item 2.3 serão feitas mais considerações sobre estricção e alongamento durante o ensaio de tração real.

(l) Resiliência hiperelástica e tenacidade

Se se considera a resiliência dentro da zona plástica, a energia acumulada, por unidade de volume, no descarregamento de um ponto C (Fig. 20) é maior que o módulo de resiliência elástico e é chamada resiliência hiperelástica [2]. Essa energia é igual à área CDE da figura, onde a linha CD é paralela à linha OA da zona elástica e CE é perpendicular ao eixo das abscissas. A área CDE é maior que a área OAF.

Tenacidade de um metal é a sua capacidade de absorver energia na zona plástica. A tenacidade é medida através do módulo de tenacidade, que é a quantidade de energia absorvida por unidade de volume no ensaio de tração até a fratura, ou a quantidade de energia por unidade de volume que o material pode resistir sem causar a sua ruptura. Verifica-se que a primeira definição leva em conta a energia até o final do ensaio, ao passo que a segunda só vai até a carga máxima (limite de resistência) suportada pelo metal.

A Fig. 21 [3] mostra essa quantidade de energia dada pela área total sob a curva tensão-deformação. Pode-se observar que o módulo de tenacidade compreende tanto a resistência como a ductilidade do material. A Fig. 22 mostra um exemplo de dois materiais, um deles aço estrutural de médio carbono e o outro um aço para molas de alto carbono. Por essa figura, pode-se verificar que um material com alto módulo de resiliência tem, geralmente, um baixo módulo de tenacidade e vice-versa. Por causa do alto limite de escoamento do aço para molas, seu módulo de resiliência é alto e, por causa da maior ductilidade do aço estrutural, seu módulo de tenacidade é alto.

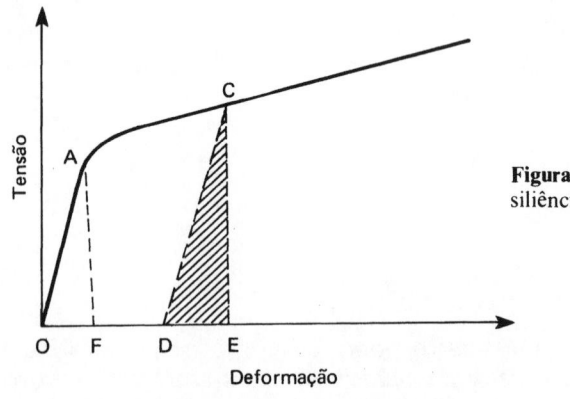

Figura 20. Determinação da resiliência hiperelástica [2].

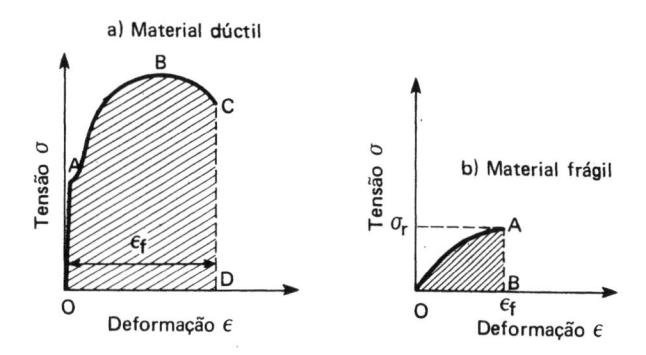

Figura 21. Energia para romper (módulo de tenacidade) um material (a) dúctil e (b) frágil [3].

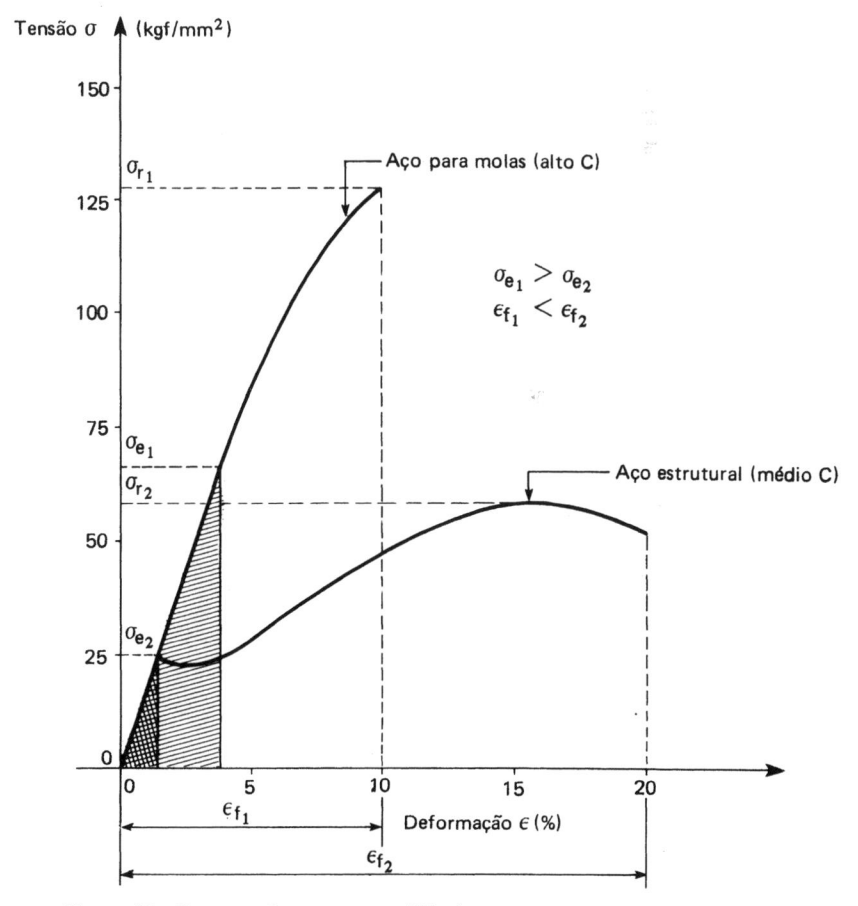

Figura 22. Comparação entre a resiliência e a tenacidade de dois aços.

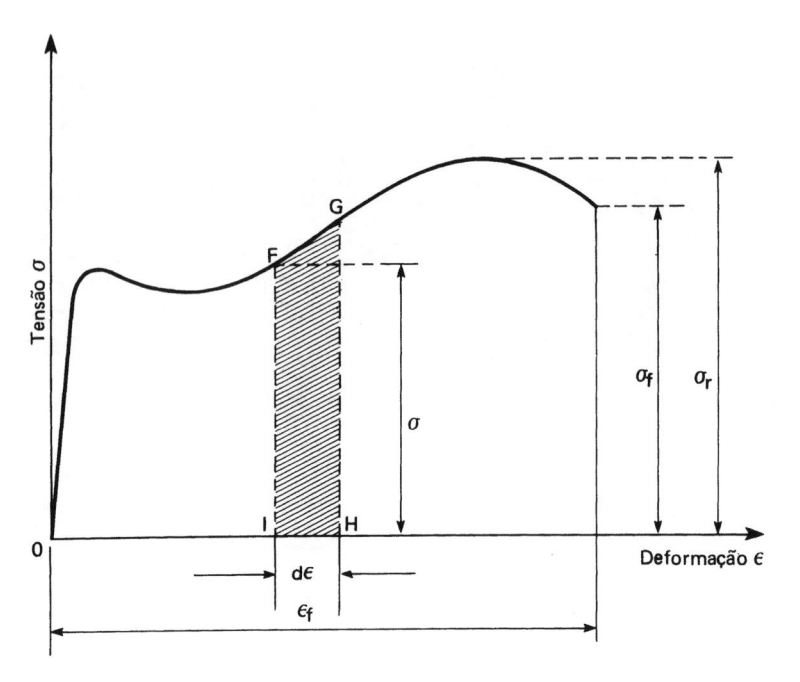

Figura 23. Determinação do módulo de tenacidade [2].

O conceito de tenacidade é importante para se projetar peças que devam sofrer tensões estáticas ou dinâmicas acima do limite de escoamento sem se fraturar, como é o caso por exemplo de engrenagens, engates, acoplamentos em geral, correntes, molas, ganchos de guindastes, eixos, estruturas de veículos, equipamentos para moinhos de pedra, martelos pneumáticos, etc.

Para determinar o módulo de tenacidade, U_T, considere-se a Fig. 23 [2]. A energia de deformação para ir do ponto F ao ponto G é $\sigma d\varepsilon$. Portanto, U_T é $\int_0^{\varepsilon_f} \sigma d\varepsilon$. Como $\sigma d\varepsilon$ é a área hachurada $FGHI$, então $\int_0^{\varepsilon_f} \sigma d\varepsilon$ é a área sob a curva tensão-deformação, como foi mencionado atrás, que pode ser determinada por intermédio de um planímetro.

Seely (1947) [3] propôs uma expressão aproximada para obter o valor de U_T para metais dúcteis,

$$U_T = \frac{\sigma_e + \sigma_r}{2} \cdot \varepsilon_f. \tag{19}$$

Um outro método, também para metais dúcteis, é usar uma medida aproximada da área sob a curva tensão-deformação igual a σ_r multiplicada pela deformação até a fratura ε_f, isto é,

$$U_T = \sigma_r \cdot \varepsilon_f. \tag{20}$$

Esse processo de medida da tenacidade é chamado "número índice de tenacidade". Esse valor de U_T é um pouco maior que a área efetiva sob a curva, mas para os metais dúcteis é um valor suficientemente preciso.

Para metais frágeis, como ferro fundido cinzento, com uma curva igual a mostrada na Fig. 21(b), o módulo de tenacidade é determinado pela expressão abaixo, assumindo que a curva seja uma parábola [1].

$$U_T = \frac{2}{3}\,\sigma_r \cdot \varepsilon_f. \tag{21}$$

A unidade de U_T é kgf · mm/mm³. Como as expressões acima envolvem o valor de ε_f, é conveniente especificar o comprimento inicial de medida para precisar bem a deformação do metal na fratura.

A tenacidade seria mais precisamente determinada pelo diagrama tensão-deformação traçado pelo ensaio de tração real, que será visto no item 2.3.

A Tab. 6 fornece alguns valores do módulo de tenacidade de algumas ligas. [3]

Tabela 6. Módulo de tenacidade de algumas ligas [3]

Liga	Condição	σ_e (kgf/mm²)	σ_r (kgf/mm²)	Alongamento unitário (mm/mm)	U_T (mm · kgf/mm³)
Aço (0,13 % C)	Sem tratamento	18,2	37,8	0,44	12,3
Aço (0,25 % C)	Sem tratamento	30,8	53,2	0,36	15,1
Aço (0,53 % C)	Têmpera em óleo e trefilado	60,2	93,8	0,11	8,4
Aço (1,2 % C)	Têmpera em óleo e trefilado	91,0	126,0	0,09	7,6
Aço de molas	Têmpera em óleo e trefilado	98,0	154,0	0,03	3,1
Ferro fundido	Sem tratamento		14,0	0,005	0,05
Fofo ao Niquel	Sem tratamento	14,0	35,0	0,10	2,4
Bronze Laminado	Sem tratamento	28,0	45,5	0,20	7,3
Duralumínio	Forjado e tratado	21,0	36,4	0,25	7,1

2.3. Ensaio de tração real

2.3.1. Justificativas para o ensaio réal

As propriedades mecânicas mais comuns definidas em 2.2.2 são usadas para avaliar e especificar as propriedades dos metais. Entre-

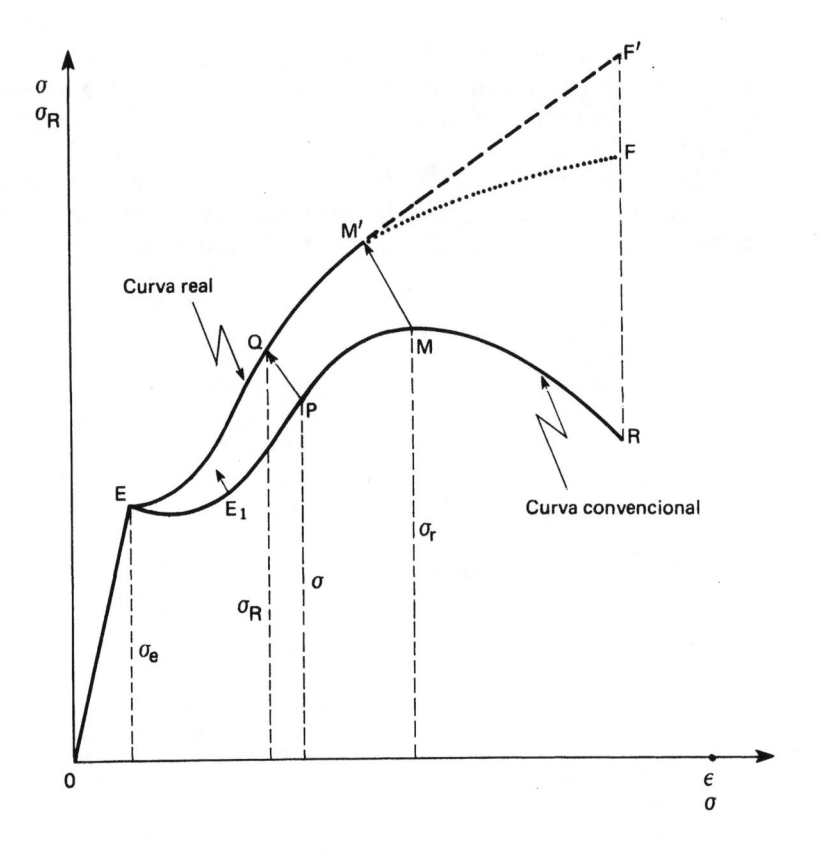

Figura 24. Curvas de tração real e convencional.

tanto, os resultados obtidos são valores sujeitos a erros, porque são baseados na secção inicial do corpo de prova, S_0, (limite de escoamento, limite n, limite de resistência e estricção) ou na base inicial de medida, L_0 (alongamento), dimensões essas que se alteram à medida que o ensaio prossegue. Entretanto, na zona elástica, principalmente para os metais dúcteis, onde a deformação é pequena, esses valores podem ainda ser considerados válidos porque S_0 e L_0 quase não se alteram; porém, após atingir a zona plástica, a mudança dos valores de S_0 e de L_0, sendo suficientemente grande, introduz erros consideráveis nos resultados, mesmo para os metais frágeis.

Assim, a curva convencional tensão-deformação não fornece uma indicação precisa das características de deformação do metal, principalmente nos metais dúcteis, onde ocorre ainda a estricção que instabiliza completamente a distribuição das deformações pelo estado triplo de tensões que se estabelece na região estrita.

Desse modo, foi estabelecido um novo método para se calcular os valores reais daquelas propriedades, denominado modernamente ensaio de tração real (ou verdadeiro) que se baseia nos valores instantâneos da secção do corpo de prova e da base de medida para o alongamento, quando da aplicação de uma carga, Q. O ensaio real nada mais é que o ensaio convencional corrigido. A Fig. 24 mostra os dois gráficos (real e convencional) superpostas para se poder avaliar as diferenças entre ambos.

O ensaio de tração real é, no entanto, mais trabalhoso de se realizar e nos ensaios industriais correntes ou de rotina, emprega-se o ensaio convencional, onde as propriedades mecânicas são especificadas, tendo-se em vista a rapidez e facilidade de obtenção das mesmas, ficando o ensaio real ainda confinado aos trabalhos de pesquisa e de estudo de novos materiais.

2.3.2. Definições

(a) Tensão e deformação reais

A tensão de tração real é definida (conforme Ludwik) [2] como o quociente entre a carga em qualquer instante e a área da secção transversal do corpo de prova no mesmo instante, S_i, isto é

$$\sigma_R = \frac{Q}{S_i}. \tag{22}$$

A deformação real é baseada na mudança do comprimento com relação ao comprimento-base de medida instantâneo, em vez do comprimento inicial de medida (método de Ludwik). Assim sendo, com a aplicação de uma carga, Q_i, o comprimento inicial passa de L_0 para L_i. Aumentando a carga, Q_i, de uma quantidade pequena, dQ_i, o comprimento, L_i, aumenta de dL_i. A deformação real unitária ou simplesmente deformação real será então igual a dL_i/L_i e para o caso de um aumento da carga de O até Q e do comprimento inicial indo desde L_0 até L, a deformação real, δ, fica

$$\delta = \int_{L_0}^{L} dL_i/L_i = \left[\ln L_i \right]_{L_0}^{L}$$

ou seja,

$$\delta = \ln \frac{L}{L_0}. \tag{23}$$

Um exemplo das vantagens em se usar δ em lugar de ε é aquele onde se medem as deformações num corpo de prova sujeito a uma deformação equivalente em tração e em compressão [10]. Se o corpo de prova é alongado até duas vezes seu comprimento, L_0, inicial ou comprimido, até que seu L_0 fique igual à metade, as deformações devem ser as mesmas, apenas com o sinal trocado. Usando-se a Expr. (23), tem-se $\delta = \ln 2 = +0{,}693$ para a tração e $\delta = \ln(1/2) = \ln 1 - \ln 2 = -0{,}693$ para a compressão. Por outro lado, usando-se a Expr. (2), ter-se-á $\varepsilon = +1$ para a tração e $\varepsilon = -0{,}5$ para a compressão.

(b) Correlação entre tensões e deformações reais e convencionais

Pela Eq. (2) pode-se obter a correlação entre as deformações real e convencional.

$$\varepsilon = \frac{\Delta L}{L} = \frac{L - L_0}{L_0} = \frac{L}{L_0} - 1,$$

ou

$$1 + \varepsilon = \frac{L}{L_0}.$$

Observando a Eq. (23) tem-se finalmente

$$\delta = \ln(1 + \varepsilon). \tag{24}$$

Os valores de δ e de ε são aproximadamente iguais até deformações de cerca de 0,1.

A correlação entre as tensões real e convencional pode ser determinada da seguinte maneira $\sigma_R = Q/S_i = Q/S_0 \, S_0/S_i$. Como o volume do material permanece aproximadamente constante na região plástica (podendo-se desprezar pequenas mudanças elásticas de volume), tem-se que $S_0 L_0 = S_i L$ ou $S_0/S_i = L/L_0$. Substituindo essa relação em (23), vem

$$\delta = \ln \frac{S_0}{S_i}. \tag{25}$$

Observando a Eq. (24), vem

$$\delta = \ln(1 + \varepsilon) = \ln \frac{S_0}{S}$$

ou

$$\frac{S_0}{S_i} = 1 + \varepsilon,$$

isto é,

$$S_i = \frac{S_0}{1 + \varepsilon}.$$

Substituindo o valor de S_i dessa última relação na Eq. (22), tem-se

$$\sigma_R = \frac{Q/S_0}{1 + \varepsilon}.$$

Como Q/S_0 é igual a σ (Eq. 1), conclui-se que

$$\sigma_R = \sigma(1 + \varepsilon). \tag{26}$$

Observa-se então que a tensão real é maior que a tensão convencional, mesmo porque, a área da secção transversal após a aplicação de uma carga na zona plástica diminui, e que a deformação convencional é maior que a real (Eqs. 24 e 26). Assim, verifica-se pela Fig. 24 que a cada ponto P da curva convencional corresponde um ponto Q da curva real, onde P está sempre à direita e abaixo de Q.

A curva real de tração é chamada curva de escoamento (*flow curve*), pois representa as características de plasticidade do metal. Qualquer ponto nessa curva pode ser considerado como a tensão de escoamento para um metal deformado por tração de uma quantidade dada pela curva, pois como já foi visto no item 2.2.4(h) (Fig. 15), se a carga é removida e depois reaplicada, o material se comportará elasticamente até atingir de novo o ponto de interrupção da carga.

A Fig. 24 [12] mostra em linha cheia a curva real até o ponto M', que é o ponto correspondente à carga máxima atingida no ensaio (ponto M na curva convencional). Após ultrapassar o ponto M', a curva deveria ser, na maioria dos casos, linear até o ponto de fratura F' (curva tracejada). O estado triplo de tensões promovido pela estricção faz com que aumente a tensão longitudinal média necessária para continuar a deformação plástica. Para se calcular a tensão que existiria na ausência desse estado triplo de tensões, é necessário introduzir um fator que reduz a tensão real medida durante o ensaio na menor seção da região estrita. Desse modo, obtém-se a tensão real corrigida mostrada pela curva pontilhada $M'F$. Bridgman, Aronofsky e Tegart apresentaram fórmulas de correção, que são adotadas atualmente [10] [1].

2.3.3. Propriedades mecânicas obtidas no ensaio real

A Eq. (23) é a expressão para se calcular o alongamento real. Analogamente ao método introduzido por Ludwik, McGregor [2] definiu a estricção real. Se com a aplicação de uma carga, Q_i, o corpo de prova ficar com uma secção transversal, S_i, um aumento na carga de dQ_i produzirá um decréscimo na secção de dS_i. Assim, a estricção real para a carga, Q_i, é dS_i/S_i e para uma variação da carga de O até até a carga, Q, a variação da secção será de S_0 até S e a estricção real será

$$\varphi_R = -\int_{S_0}^{S} \frac{dS_i}{S_i} = -\left[\ln S_i\right]_{S_0}^{S} = -\ln\left(\frac{S}{S_0}\right)$$

ou seja,

$$\varphi_R = \ln \frac{S_0}{S}. \tag{27}$$

Deve-se notar que S é a área medida quando o corpo de prova está submetido a uma carga Q.

Como foi visto no item 2.3.2(b) que $\delta = \ln S_0/S_i$ (Eq. 25), onde S_i pode ser mudado para S, pois ambos representam a secção do corpo de prova quando da aplicação de uma carga, Q, observa-se que

$$\delta = \varphi_R. \tag{28}$$

Essa expressão é importante na determinação do diagramá real, como será visto mais adiante, mas ela é válida somente porque foi estabelecido que o volume permanece constante durante a zona plástica.

O limite de resistência real, σ_m, é obtido pela tensão real na carga máxima atingida no ensaio. Sendo S_m a secção transversal do corpo de prova ao ser aplicada a carga máxima, Q_r, vem

$$\sigma_m = \frac{Q_r}{S_m}. \tag{29}$$

Para a maioria dos metais, a estricção começa quando é atingida a carga máxima. Pode-se ter boa aproximação, assumindo-se que a estricção começará ao ser atingido um valor de deformação onde a tensão real iguale a inclinação da curva real, pois como foi visto na Fig. 24, a linha $M'F'$ (teórica) é tangente à curva. Ao ser atingida a carga, Q_r, pode-se calcular o valor da deformação até essa carga (alongamento ou deformação uniforme), que será, conforme a Expr. (25)

$$\delta_m = \ln \frac{S_0}{S_m}, \tag{30}$$

e como o limite de resistência convencional é dado pela Eq. 6, tem-se

$$\sigma_r = \sigma_m \cdot e^{-\delta_m} \tag{31}$$

que correlaciona os limites de resistência real e convencional e a deformação real na carga máxima. Na Eq. (31), e é a base dos logaritmos neperianos.

A tensão que dá o limite de ruptura real (carga na fratura dividida pela secção do corpo de prova no momento da fratura, S_f) deve ser corrigida pela triaxialidade do estado de tensões, o que é muito trabalhoso para se fazer, de modo que essa propriedade fica sempre sujeita a erros consideráveis. Entretanto, a deformação real total (isto é, no momento da fratura), análoga ao alongamento total dado pelo ensaio convencional, pode ser calculada pela Expr. (25), mudando apenas o denominador,

$$\delta_f = \frac{S_0}{S_f}. \qquad (32)$$

Como a Expr. (24) não é válida depois que começa a estricção do material, ela não pode ser usada para calcular δ_f.

Para corpos de prova circulares, a estricção φ do ensaio convencional pode ser correlacionada como δ_f pela expressão

$$\varphi = 1 - e^{-\delta_f}. \qquad (33)$$

A deformação ocorrida durante a estricção (δ_e) pode ser deduzida da diferença entre as Exprs. (32) e (30) ou pela expressão derivada da Eq. (25)

$$\delta_e = \ln \frac{S_m}{S_f}. \qquad (34)$$

2.3.4. Métodos para a determinação da curva real [2]

Primeiro método. Pelas Eqs. (22) e (25) modificadas, pode-se configurar um método para a determinação da curva de tração real de um corpo de prova circular. Sabendo-se que

$$\delta = \ln \frac{S_0}{S_i},$$

ou seja que

$$\delta = \ln \frac{\dfrac{\pi D_0^2}{4}}{\dfrac{\pi D^2}{4}},$$

tem-se que

$$\delta = 2 \ln \frac{D_0}{D}, \qquad (35)$$

onde D_0 é o diâmetro inicial do corpo de prova e D é o diâmetro após a aplicação de uma carga Q. σ_R é determinado por

$$\sigma_R = \frac{4Q}{\pi D^2}. \qquad (36)$$

Assim, com as simples medidas dos diferentes diâmetros após a aplicação de cargas crescentes e com o diâmetro inicial, pode-se construir o gráfico até a ruptura do corpo de prova. Devem ser usados micrômetros ou outros dispositivos especiais para medir os diâmetros, D;

esses diâmetros devem ser sempre os mínimos observados ao longo do comprimento da parte útil do corpo de prova. Verifica-se isso percorrendo o micrômetro por todo o comprimento do corpo de prova desde o começo do ensaio. É aconselhável medir-se os diâmetros sempre nas mesmas regiões ou nos mesmos locais das medidas anteriores. Após a aparição da estricção, caso o corpo de prova não tenha secção circular, deve-se conhecer bem o contorno da região estrita para corrigir-se as tensões complexas que aparecem. Por exemplo, para secção retangular do corpo de prova, pode-se obter uma boa aproximação, assumindo que o lado maior do retângulo tome a forma parabólica, ficando reto o lado menor. Nesse caso, antes da estricção, a secção é medida pelo produto da largura e da espessura, sendo estas dimensões medidas em diversos pontos ao longo do comprimento útil do corpo de prova. Nos corpos de prova circulares, porém, a simples medida dos diâmetros até a ruptura do corpo de prova já fornece a curva exata. A Fig. 25 mostra a curva obtida por esse método para um aço inoxidável 304 em corpo de prova circular e também uma comparação com a curva convencional.

Esse método é limitado a ensaio de tração com velocidades de deformação bem lentas e sempre à temperatura ambiente.

Segundo método. As Eqs. (24) e (26) permitem calcular as tensões e deformações reais em função das tensões e deformações convencionais. Assim, o ensaio de tração convencional já visto pode servir também para traçar a curva real. Entretanto, essas expressões só são pre-

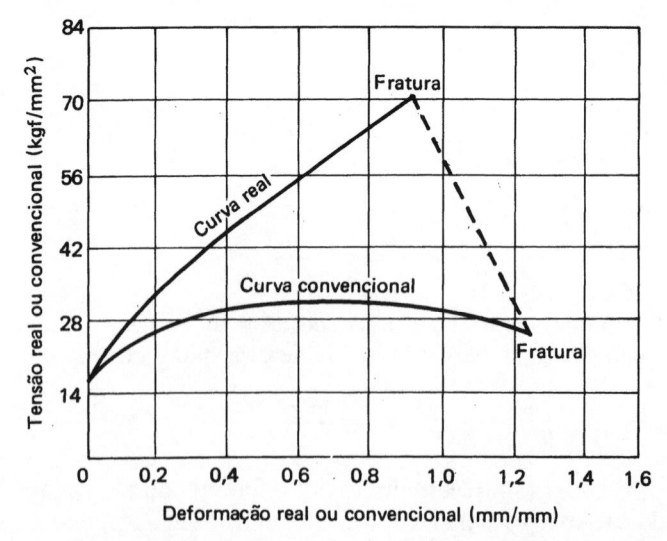

Figura 25. Curva convencional e curva real (pelo Primeiro método) para um aço inoxidável 304 [2].

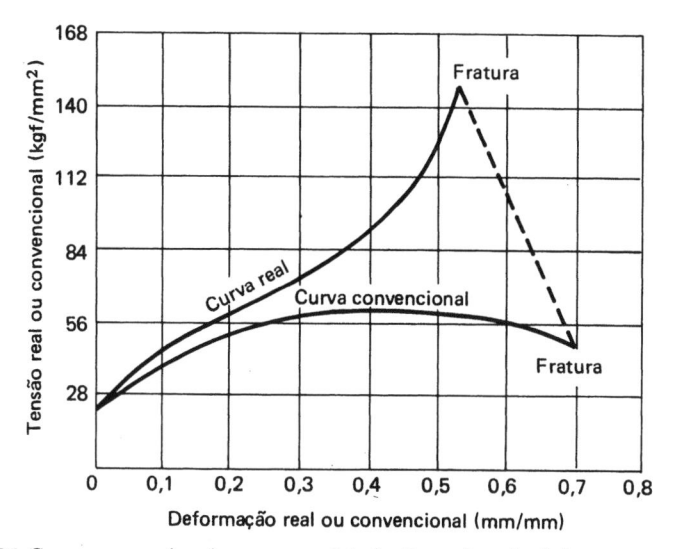

Figura 26. Curva convencional e curva real (pelo Segundo método) para um aço inoxidável 304 [2].

cisas e válidas até ser atingida a carga máxima. Com o aparecimento da estricção, elas deixam de ser aplicadas, uma vez que a maior porção da deformação se localizará na região estrita, como foi visto, e com isso dependerá essencialmente do comprimento inicial de medida (ou do braço do extensômetro usado). Esse método tem portanto grande limitação, além de exigir que a deformação axial seja, desde o início do ensaio, uniformemente distribuída pela parte útil do corpo de prova (ou pelo braço do extensômetro), pois essa restrição foi imposta pela condição de constância de volume para a dedução das expressões citadas. A Fig. 26 mostra um gráfico traçado por esse método para o mesmo material da Fig. 25 e também a curva convencional correspondente. Verifica-se a completa diferença entre a forma dos gráficos reais das duas figuras, após atingida a carga máxima.

Terceiro método. (McGregor − 1939). Nesse método é usado um corpo de prova circular, tendo a parte útil cônica (não-paralela) para localizar a ruptura na menor secção. A Fig. 27 apresenta a forma e dimensões do corpo de prova. Medem-se, com um micrômetro ou um calibre com mostrador ou um comparador, os diversos diâmetros, D_{iO}, em diversos locais do corpo de prova conforme a figura. O ensaio é realizado até a ruptura do mesmo e durante o carregamento são anotadas apenas a carga máxima atingida, Q_r, e a carga de ruptura, Q_f. Depois de rompida a amostra, são de novo medidos os diâmetros, D_i, nos mesmos locais medidos anteriormente. As tensões reais

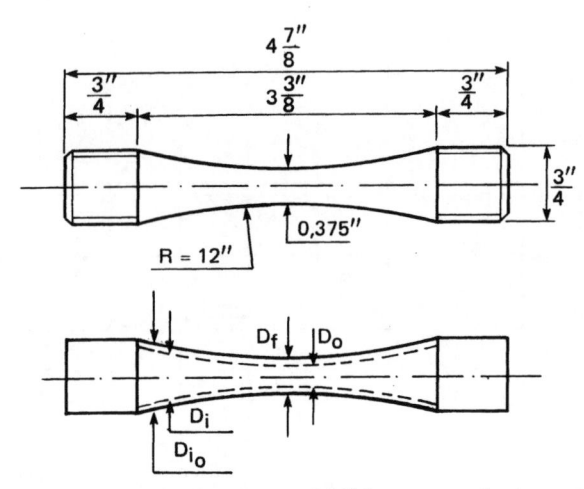

Figura 27. Corpo de prova circular com conicidade para ensaio de tração, conforme o Terceiro método (McGregor). As medidas são fornecidas em polegadas [2].

são calculadas pela carga máxima, Q_r, e pelos diâmetros, D_i, conforme a Expr. (36), isto é,

$$\sigma = \frac{4Q_r}{\pi D^2}.$$

Até ser atingida a carga, Q_r, a variação da sécção transversal do corpo de prova produz valores de tensões que cobrem toda a região plástica do material. Pela localização da ruptura, os diâmetros, D_i, medidos pérmanecem praticamente os mesmos depois de ser ultrapassada a carga, Q_r, até a carga de ruptura, Q_f. Assim, as tensões reais, desde o início da plasticidade até a carga Q_r, podem ser determinadas através da carga máxima e os valores dos diâmetros nos diversos pontos, conforme a expressão acima. As mesmas considerações são válidas para o cálculo das deformações reais, as quais são calculadas pela Expr. (35)

$$\delta = 2 \ln \frac{D_{io}}{D_i}.$$

Com os valores das tensões e das deformações reais determinados, obtém-se a curva até o ponto A correspondente ao σ_m (Fig. 28). Pode-se depois obter o ponto B, o qual é determinado pela tensão real na ruptura, através da Expr. (36), ou seja

$$\sigma_f = \frac{4Q_f}{\pi D_f^2}$$

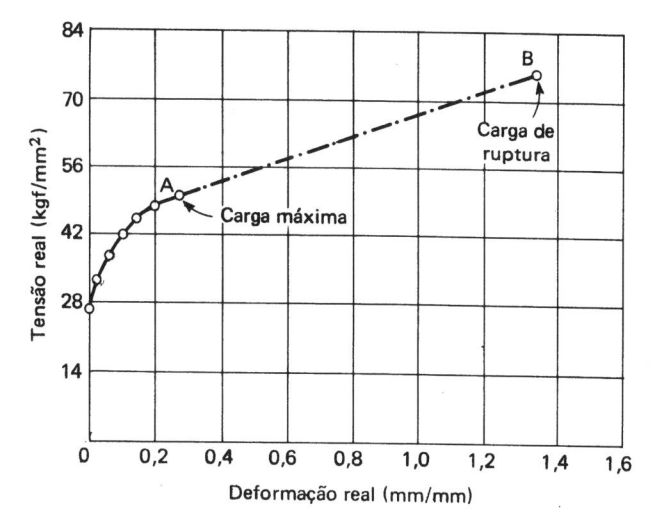

Figura 28. Curva real (pelo Terceiro método) para um aço inoxidável 304 [2].

e pela deformação real na ruptura, calculada pela Expr. (35), ou seja

$$\delta_f = 2 \ln \frac{D_0}{D_f},$$

onde D_0 e D_f são respectivamente os diâmetros medidos antes e após a ruptura na menor secção do corpo de prova (que é onde se localizará a ruptura).

Pelo primeiro método, foi verificado que a curva entre os pontos A e B pode ser assimilado a uma linha reta, de modo que se completa o gráfico, unindo-se A e B com uma linha reta, conforme mostra a Fig. 28.

Desse modo, bastando anotar as cargas máximas e de ruptura e os diversos diâmetros antes e depois do ensaio, pode-se obter a curva real por esse método. A grande vantagem desse método, porém, é a de se poder traçar curvas reais por meio de corpos de prova ensaiados a temperaturas altas (ou baixas), onde seria difícil fazer-se medições contínuas durante o ensaio, ou ensaiados com velocidades de deformação muito altas, que também dificultaria as medições necessárias exigidas pelos dois métodos anteriores.

A desvantagem do método é a de ser preciso a usinagem de um corpo de prova mais complicado, além de poder conduzir a erros o emprego da conicidade. A conicidade promove uma não-uniformidade da distribuição das tensões, que por sua vez provoca a não-uniformidade da velocidade de deformação ao longo do corpo de prova, mesmo sendo usada uma mesma velocidade de ensaio imposta pela máquina. Esses erros, porém, podem em muitos casos ser considerados insignificantes.

2.3.5. Relação matemática entre a tensão real e a deformação real

A curva real pode ser aproximadamente representada pela expressão exponencial do tipo

$$\sigma_R = K\delta^n \tag{37}$$

onde K e n são constantes para cada material, denominados respectivamente "coeficiente de resistência" e "coeficiente de encruamento", que descrevem completamente a forma da curva real. Embora essas grandezas sejam consideradas como constantes, elas podem variar conforme o tratamento a que o material foi submetido previamente, isto é, para um mesmo material, os valores de K e de n podem ser variados conforme o tratamento a que o material for submetido. A Expr. (37) foi proposta através de estudos de ensaios de tração realizados em aços e, portanto, ela é válida mais precisamente para esses materiais. É de se notar que essa expressão é aplicada somente ao trecho EM' da curva da Fig. 24, ou seja, à zona plástica do material.

K mede a tensão real quando $\delta = 1,0$, tendo, portanto, dimensões de tensão. Seu valor fornece alguma indicação do nível de resistência do material. O valor de n, porém, é considerado como uma característica de grande importância, pois ele fornece a medida da capacidade ou da habilidade do material poder distribuir a deformação uniformemente, principalmente para o estudo dos aços para estampagem. Em outras palavras, n mede a capacidade de encruamento do material. Quanto maior for o valor de n de um material, mais íngreme será a curva real desse material e mais uniforme a distribuição das deformações na presença de um gradiente de tensões; e em conseqüência, para materiais com valores baixos de n, sua curva será mais horizontal (Fig. 29) [14]. Pela Expr. (37), verifica-se que n é uma grandeza adimensional.

Reportando novamente à Fig. 24, no ponto M da curva convencional, sendo esse o ponto de carga máxima, tem-se que $dQ = 0$. Pela Eq. (29), tem-se que $Q_r = \sigma_m S_m$ ou simplesmente $Q = \sigma_m S$. Daí, vem que $dQ = \sigma_m dS + S d\sigma_m$. O produto $S \cdot L$ sendo constante [onde L tem o significado dado pela Expr. (23)], obtém-se $SdL + LdS = 0$; portanto, $-dS/S = dL/L$. Combinando essa equação com as expressões acima sobre dQ, vem $d\sigma_m/\sigma_m = dL/L = d\delta$ [deduzido pela Expr. (23)]; portanto, $d\sigma_m/d\delta = \sigma_m$. Derivando a Expr. (37) no ponto M' da Fig. 24 (correspondente ao ponto M) com relação a δ, tem-se que $d\sigma_m/d\delta = = K \cdot n \cdot \delta^{n-1} = K\delta^n$.

Daí, conclui-se que $n = \delta$ no ponto M' ou

$$n = \ln(1 + \varepsilon_u), \tag{38}$$

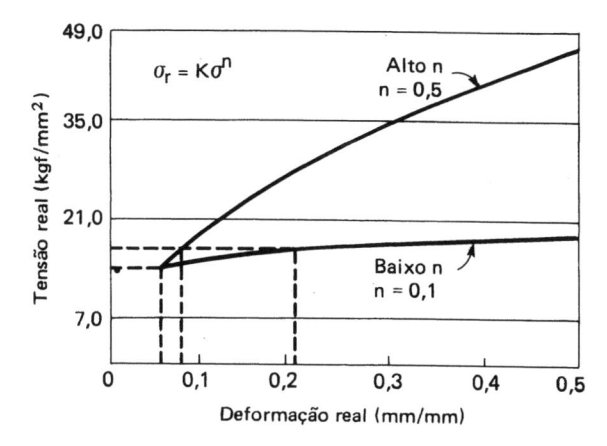

Figura 29. Dois materiais metálicos com mesmo limite de escoamento, porém com valores de *n* diferentes. Em conseqüência, as curvas reais são diferentes [14].

onde ε_u é o alongamento uniforme do ensaio convencional, isto é, o alongamento até o ponto M da Fig. 24 [ver item 2.2.4(j)]. Alguns valores de *n* e de *K* são fornecidos na Tab. 7. Para determinar esses valores, o modo mais conveniente é transformar a Expr. (37) em logaritmos e traçar o gráfico em papel log-log. Assim,

$$\log \sigma_R = \log K + n \log \delta,$$

Tabela 7. Valores típicos de *K* e de *n* para alguns materiais à temperatura ambiente [1] [2]

	Material	Tratamento	K (kgf/mm²)	n	Espessura do cp. (mm)
1	Aço-C efervescente (0,05 % C)	Recozido	53,9	0,261	0,94
2	Mesmo aço acalmado	Recozido e laminado a frio	51,1	0,234	0,94
3	Mesmo aço descarbonizado	Recozido	52,8	0,284	0,94
4	Aço baixo C, 0,06 % P	Recozido	65,3	0,156	0,94
5	Aço SAE 4 130	Recozido	118,6	0,118	0,94
6	Aço SAE 4 130	Recozido e laminado a frio	108,1	0,156	0,94
7	Aço inoxidável 430 (17 % Cr)	Recozido	100,1	0,229	1,27
8	Aço SAE 4 340	Recozido	65,1	0,150	—
9	Aço-C (0,6 % C)	Temperado e revenido (538 °C)	159,6	0,100	—
10	Aço-C (0,6 % C)	Temperado e revenido (704 °C)	124,6	0,190	—
11	Cobre	Recozido	32,5	0,540	—
12	Latão 70/30	Recozido	91,0	0,490	—
13	Alumínio 24-S (Alcoa)	Recozido	39,1	0,211	1,01
14	Alumínio R-301 (Reynolds)	Recozido	33,9	0,211	1,01
15	Titânio	—	—	0,170	—

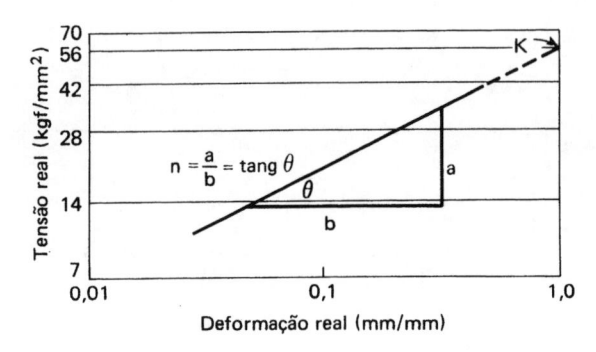

Figura 30. Determinação dos valores de *n* e de *K* na curva log-log [14].

o que dá um gráfico em linha reta, caso o material obedeça a essa lei exponencial perfeitamente. A Fig. 30 [14] indica os valores de *n* e *K* tirados da reta. Para fazer os valores das tensões e deformações reais determinarem uma linha, a mais reta possível, é conveniente subtrair a deformação elástica da deformação total; caso não seja feita essa subtração, serão encontrados em vários materiais desvios da linearidade para pequenas deformações (Fig. 31) [2]. Entretanto, para grandes deformações, ocorre sempre algum desvio ocasionado pela influência do começo da estricção. O valor de *n* é o dado pela inclinação da reta (ver Fig. 30).

Existem outros métodos para a determinação de *n* principalmente, mas o leitor poderá se aprofundar mais no assunto, recorrendo à bibliografia existente neste livro [12] [14].

Figura 31. Desvio da linearidade da curva real log-log para grandes e pequenas deformações [2].

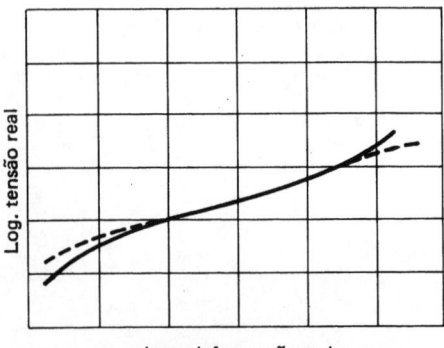

2.3.6. Índice de anisotropia

Já foi mencionado que as propriedades mecânicas de um material trabalhado mecanicamente (laminado, forjado, estampado, etc.) podem variar conforme a direção em que se retira o corpo de prova para ensaio. Esse fenômeno é chamado de anisotropia. A anisotropia aparece por causa da orientação preferencial dos grãos do metal após uma grande deformação por trabalho mecânico (anisotropia cristalográfica) ou devido ao alinhamento de inclusões, vazios segregação ou alinhamento de uma segunda fase precipitada por causa também de trabalho mecânico.

Um valor útil para se avaliar a anisotropia plástica é o índice de anisotropia r, que é definido [12] pela relação entre a deformação real na largura, δ_w, dividida pela deformação real na espessura, δ_e, do corpo de prova durante o ensaio real. Medem-se a largura e a espessura em diversos pontos da parte útil do corpo de prova antes do ensaio e depois de ser atingida uma carga especificada (por exemplo, a carga máxima ou uma carga que dê uma deformação qualquer, seja 20 %). Com os valores obtidos, calculam-se as deformações atingidas δ_w e δ_e e colocam-se essas deformações num gráfico, tendo δ_w em ordenadas e δ_e em abscissas. Para a maioria dos metais, o gráfico resultará em uma linha reta. O valor de r será a inclinação da reta, podendo também ser obtido pela fórmula

$$r = \frac{\ln (w_f/w_o)}{\ln (t_f/t_0)} \; ; \tag{39}$$

onde w_0 e t_0 são a largura e espessura iniciais medidas antes do ensaio e w_f e t_f, a largura e espessura finais, após uma carga Q especificada. Verifica-se que r é um valor adimensional. A medida da espessura, porém, pode ocasionar erros grandes, de modo que se pode substituir a Expr. (39) pela expressão seguinte, válida devido à consideração de constância de volume durante a deformação plástica.

$$r = \frac{\ln (w_0/w_f)}{\ln (l_f \, w_f/l_0 \, w_0)} \; ; \tag{40}$$

onde l_0 e l_f são os comprimentos inicial e final, respectivamente.

A variação dos valores de r, determinados em corpos de prova situados num mesmo plano de um metal trabalhado, porém, retirados em diferentes direções, é chamada anisotropia planar (Δr) [12]. Esse valor é muito importante, principalmente para estudos sobre estampagem dos metais. A fórmula para o cálculo de r é a seguinte

$$\Delta r = \frac{r_0 + r_{90} - 2r_{45}}{2}, \tag{41}$$

onde os subíndices de r representam os valores de r para corpos de prova retirados a 0°, 90° e 45° da direção de laminação da chapa. Para um material perfeitamente isotrópico, r deverá ser igual a 1.

Outra maneira de variação de r é na direção normal à superfície da chapa laminada. O valor $\bar{r}$, denominado anisotropia normal [12], é dado pela expressão

$$\bar{r} = \frac{r_0 + 2r_{45} + r_{90}}{4}. \tag{42}$$

A Fig. 32 mostra essas duas possibilidades de variação de r. Não é intento deste trabalho aprofundar-se mais sobre o assunto; o leitor poderá ter mais informações, consultando a bibliografia no fim deste livro [12] [14].

A Tab. 8 fornece alguns valores típicos de r para diferentes materiais.

Tabela 8. Valores típicos do índice de anisotropia [14]

Material	Índice de anisotropia r
Aço normalizado	1,0
Aço efervescente	1,0-1,35
Aço acalmado com alumínio	1,35-2,0
Cobre e latão	0,8-1,0
Chumbo	0,2
Metais com estrutura hexagonal compacta	3-6

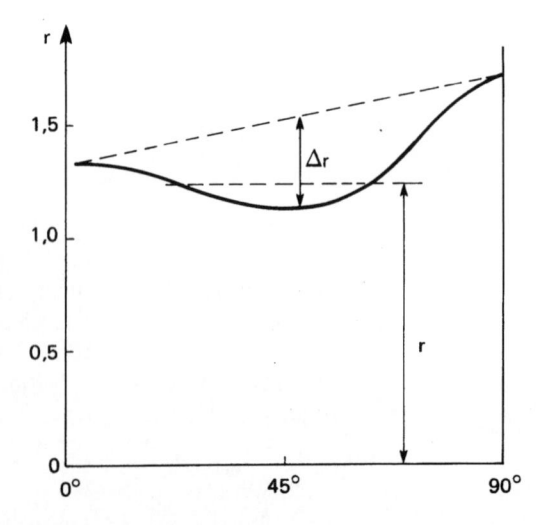

Figura 32. Variação do índice de anisotropia r com o ângulo que o eixo do corpo de prova faz com a direção de laminação [12].

2.3.7. Considerações finais sobre o ensaio real

O ensaio real durante a zona elástica não difere muito do ensaio convencional, de modo que as propriedades mecânicas vistas atrás, que são funções exclusivamente do regime elástico do material, como limite de escoamento, rigidez e resiliência, são praticamente as mesmas, quando calculadas pelo ensaio real. No entanto, as propriedades que são determinadas na zona plástica, tais como limite de resistência, ductilidade e tenacidade, diferem apreciavelmente do ensaio convencional.

Assim, verifica-se que o limite de resistência real, σ_m, dado pela Expr. (29), é maior que o limite de resistência convencional, σ_r, dado pela Expr. (5), porque S_m é menor que S_0. A relação entre σ_m e σ_r é a seguinte

$$\sigma_m = \sigma_r (1 + \varepsilon_u), \tag{43}$$

onde ε_u é o alongamento uniforme convencional.

A ductilidade real é baseada na deformação até a carga máxima somente e corresponde ao alongamento real. Para manter a mesma forma da Expr. (7) do ensaio convencional, o alongamento real, A_R, é obtido, multiplicando-se o valor da deformação na carga máxima, δ_u, por 100. Assim, a medida da ductilidade real será

$$A_R = 100\delta_u = 100 \ln (1 + \varepsilon_u).$$

Como $\delta_u = n$, conforme foi visto no item 2.3.5,

$$A_R = 100\delta_u = 100n. \tag{44}$$

Analogamente ao valor de A do ensaio convencional, quanto maior A_R, mais dúctil é o material.

A tenacidade real pode também ser determinada pelo mesmo método usado no ensaio convencional, porém utilizando o gráfico real até a carga máxima somente, preferivelmente através da área determinada pela Expr. (37) para os materiais mais dúcteis.

Dessa maneira, pode-se calcular o módulo de tenacidade real, U'_T, resultando na expressão seguinte [2],

$$U'_T = \frac{K\delta_u^{n+1}}{n+1} = \frac{Kn^{n+1}}{n+1}. \tag{45}$$

Note-se que os cálculos das Exprs. (44) e (45), utilizando o valor de n, devem ser usados para materiais dúcteis, onde a curva é muito achatada, o que dificultaria a determinação de δ_u. Para materiais mais frágeis, o uso de n não é muito interessante, porque a determinação de δ_u pode ser feita com maior precisão e mais facilmente.

2.3.8. Instabilidade devida ao começo da estricção

Todo o metal sofre o processo de encruamento, que tende sempre a aumentar a carga necessária para produzir um acréscimo de deformação durante o regime plástico. Esse efeito é contraposto pela diminuição gradual da secção transversal do corpo de prova, à medida que ocorre o alongamento do metal. A estricção, que é uma deformação localizada, começa ao ser atingida a carga máxima, onde o aumento da tensão devido ao decréscimo da secção transversal torna-se maior que o efeito do encruamento. Em outras palavras, depois de atingida a carga máxima, o metal ainda continua a encruar, mas a uma velocidade muito pequena para compensar a redução da secção transversal do corpo de prova. A deformação torna-se então instável e o metal não pode encruar o suficiente para elevar a carga a fim de continuar a deformação ao longo do corpo de prova, ficando então a deformação localizada na região onde ocorre a estricção, até que aconteça a ruptura do material nessa zona estrita. Essa condição de instabilidade é definida pela condição $dQ = 0$. Como $Q = \sigma S$, tem-se $dQ = \sigma dS + S d\sigma = 0$. Adotando-se a constância de volume,

$$\frac{dL}{L} = -\frac{dS}{S} = \frac{d\sigma}{\sigma} = d\delta = \frac{d\varepsilon}{1 + \varepsilon}.$$

Portanto, na carga máxima,

$$\frac{d\sigma_m}{d\delta_u} = \sigma_m, \tag{46}$$

ou

$$\frac{d\sigma_m}{d\varepsilon} = \frac{\sigma_m}{1 + \varepsilon_u}. \tag{47}$$

A Expr. (46) indica que o começo da estricção ocorrerá no ensaio de tração a um valor da deformação, onde a inclinação da curva real iguale a tensão real naquele valor da deformação.

A Expr. (47) leva a uma construção geométrica devida a *A*. Considère (1885) [1] para a determinação do ponto de carga máxima. Na Fig. 33, o gráfico tem como ordenadas a tensão real, σ_m, e como abscissas, a deformação convencional, ε. Se o ponto *A* representar uma deformação negativa de 1,0 mm/mm, traçando-se desse ponto *A* uma tangente à curva, obtém-se o ponto de carga máxima *C*, pois conforme a Expr. (47), a inclinação nesse ponto *C* é $\sigma_m / 1 + \varepsilon_u$.

Pela Eq. (43), tem-se que

$$\sigma_r = \frac{\sigma_m}{1 + \varepsilon_u}. \tag{48}$$

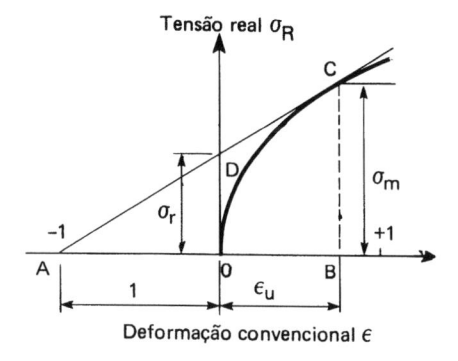

Figura 33. Construção de Considère para a determinação do ponto de carga máxima [1].

Baseando-se nessa expressão, pelo estudo dos triângulos semelhantes AOD e ABC da Fig. 33, observa-se que OD é igual a σ_r, isto é, o limite de resistência convencional.

2.4. Ensaio de tração em produtos acabados

Foram vistas as propriedades mecânicas que podem ser obtidas por meio do ensaio de tração em corpos de prova padronizados, das quais as mais usuais são: limite de escoamento (nítido, ou limite n); limite de resistência; alongamento; e estricção. As especificações indicam os valores exigidos para todas essas propriedades ou, em certos casos, apenas para duas ou três delas. Assim, existem certas especificações que excluem a estricção, quando se trata de material que se rompe de maneira irregular, tornando imprecisa a medida da estricção. O alongamento, nas normas brasileiras, em geral é medido tomando-se o valor de L_0 igual a $5D_0$, no caso de corpos de prova circulares. As propriedades de resistência, σ_c e σ_r, são determinadas da mesma maneira, qualquer que seja a norma.

Quando se ensaiam por tração produtos acabados, a determinação de propriedades mecânicas pode ser feita de outras maneiras, o que será visto nos próximos itens.

2.4.1. Ensaio em barras, fios e arames

No item 2.2.3 já foram vistas algumas peculiaridades sobre os corpos de prova para esses produtos, que são ensaiados em segmentos retirados das amostras em lugar de corpos de prova usinados. No caso de barras e fios de aço destinados a armaduras para concreto armado, a especificação EB-3 da ABNT exige que o valor de L_0 para o alongamento seja igual a $10D$, sendo D o diâmetro nominal em milímetros, do produto. Quando se trata de barras ou arames de aço ou outros metais para outras finalidades, caso não se deseje retirar corpo de prova usinado das barras, pode-se fazer L_0 tomar diversos valores, sendo os mais comuns 50 mm, 100 mm ou 200 mm. A escolha desses valores fica a critério de cada caso particular. Entretanto, para poder comparar materiais, deve-se tomar o mesmo valor para L_0 em todos os ensaios. Em produtos lisos, ou seja, onde a seção transversal ao longo do comprimento seja constante, pode-se determinar o valor da estricção. Finalmente, o caso de fios de aço para concreto protendido possui outras particularidades. A especificação EB-780 e o método MB-864 da ABNT substituem o limite n pela tensão a 1 % de alongamento; isto é, quando o extensômetro acusa 1 % de alongamento, anota-se a carga e calcula-se a tensão correspondente. Nesses ensaios, a pré-carga utilizada para esticar o fio também é especificada, e o alongamento é feito em $10D$ normalmente, e em $10D$ numa região fora da zona estrita, adjacente à medida em $10D$ normal. Não é exigida a estricção.

No caso de fios de cobre, existem a especificação EB-11 e o método MB-397, onde se exige apenas limite de resistência e alongamento em 250 mm ou 1 500 mm, conforme for o tipo de fio (recozido, duro ou meio duro), além de uma pré-carga específica para cada tipo.

Em todos esses ensaios, ao se colocar esses produtos entre as garras da máquina, deve-se garantir que eles fiquem posicionados bem na vertical, para se obter completa axialidade no esforço de tração.

2.4.2. Ensaio em cabos

Os cabos de aço e de cobre são presos nas garras da máquina e tracionados até a ruptura ou até uma carga determinada (prova de carga). Se o cabo se rompe numa região fora das garras, o ensaio é considerado inteiramente válido. Se se rompe na parte segura pelas garras, pode-se dizer que o cabo suportaria uma carga maior, pois muitas vezes as garras danificam o cabo, ocasionando uma ruptura antecipada. Assim, o único valor determinado é a carga de ruptura. Os fios constituintes dos cabos são, por sua vez, normalizados quanto ao seu limite de resistência, e podem ser ensaiados separadamente, para determinação do σ_r apenas; para tanto, são desenrolados do cabo ou ensaiados antes do encordoamento.

Cabos de alumínio para fins comuns de resistência mecânica são também ensaiados da mesma maneira. Entretanto os cabos de alumínio – com ou sem alma de aço – empregados em linhas aéreas de transmissão elétrica são ensaiados de uma maneira inteiramente diferente. Existem três tipos de ensaios de tração para esses materiais. O primeiro tipo é o ensaio de tração-dimensional, onde os cabos são simplesmente levados até a ruptura, num comprimento mínimo de 8 m, sendo medidos os seus diâmetros em seis pontos ao longo do cabo, com cargas pré-determinadas. Essas cargas são porcentagens da carga de ruptura nominal do cabo (8, 30 e 50%). Com a carga de 50%, é também medida a irregularidade longitudinal (flecha ou ondulação), que não pode exceder um valor especificado para cada cabo. Esse ensaio é regido pelo método MB-1275 da ABNT. Cada tipo de cabo possui uma carga de ruptura nominal, também chamada de resistência mecânica calculada, e a carga de ruptura do cabo ensaiado deve ser igual ou maior que a carga nominal.

O segundo tipo de ensaio efetuado por tração nesses cabos de alumínio é o chamado ensaio tensão-deformação, padronizado pela ABNT, onde o cabo é tracionado até cargas pré-estabelecidas (30, 50 e 70% da carga de ruptura nominal), mantidas durante 0,5 h na primeira carga e 1 h nas duas outras cargas, para se determinar um possível aumento do alongamento durante a manutenção com a carga constante. Após cada carregamento, é feito o descarregamento até uma pré-carga inicial (8% da carga de ruptura nominal do cabo). Após o último descarregamento depois de 1 h com carga de 70%, o cabo é finalmente levado até a ruptura. A medida do alongamento é feita também durante os primeiros carregamentos, durante o último descarregamento e até 75% da carga de ruptura nominal durante o último carregamento. Esse mesmo tipo de ensaio é feito, em uma alma de aço do mesmo tipo de cabo, de modo análogo. Depois de colocar os resultados em gráfico, por subtração dos valores do cabo completo e da alma, têm-se graficamente os valores de resistência da parte do alumínio. Com as curvas-padrão existentes para cada tipo de cabo, pode-se verificar se o cabo ensaiado está satisfatório ou não. O terceiro tipo de ensaio por tração é, na verdade, um ensaio de fluência, o qual será visto no Cap. 9.

2.4.3. Ensaio em cordoalhas de aço

Os cabos de aço de 2, 3 ou 7 fios para concreto protendido são chamados comumente de cordoalhas, e o ensaio de tração nelas efetuado também tem características diferentes das usuais. O ensaio é normalizado pela ABNT na especificação EB-781 e no método MB-864. Tal como nos fios para concreto protendido, determina-se a carga a 1% de alongamento, além da carga de ruptura e do alongamento de cordoalha. Esse alongamento é medido em duas fases: a primeira é determinada pelo extensômetro colocado após uma pré-carga especificada e mantido até ocorrer 1% de alongamento. Após se retirar o extensômetro com essa carga, mede-se a distância entre as garras da máquina e leva-se a cordoalha até a ruptura. No instante da ruptura, mede-se a nova distância entre as garras, calcula-se o alongamento em porcentagem e soma-se 1% já medido anteriormente pelo extensômetro. A especificação EB-781 estabelece os valores mínimos dessas propriedades e aos quais a cordoalha deve obedecer.

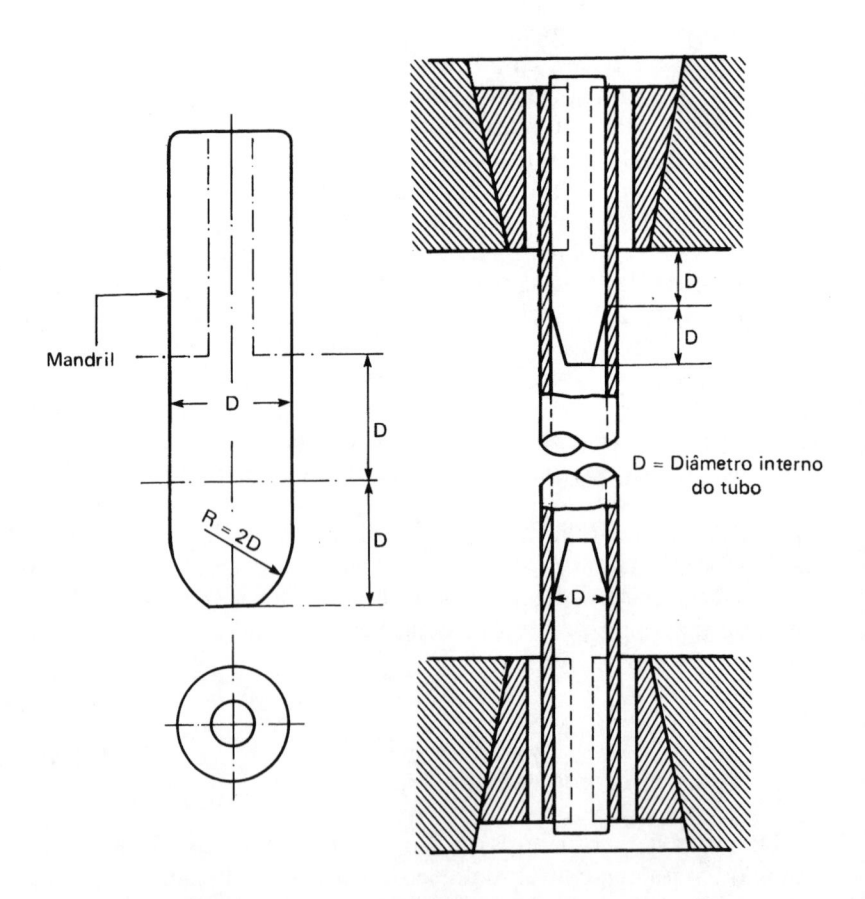

Figura 34. Ensaio de tração em tubos metálicos.

2.4.4. Ensaio em chapas e tubos

As chapas são geralmente ensaiadas por tração, retirando-se corpos de prova padronizados. Se a espessura for excessivamente grande, os corpos de prova poderão ser de seção circular; caso contrário, a espessura da chapa será a espessura do corpo de prova. Algumas chapas finas, entretanto, podem ser ensaiadas diretamente, sem confecção de corpo de prova, como, por exemplo, fitas de aço para embalagem.

Os tubos que podem ser fixados nas garras da máquina são ensaiados diretamente (Fig. 34). Para esses produtos, são inseridos mandris de aço nas extremidades dos tubos fora da zona de medida do alongamento. Esses mandris servem para impedir o amassamento do tubo pelas garras da máquina. As propriedades mecânicas determinadas são: limite de escoamento, limite de resistência e alongamento em 50 mm (conforme ABNT). Quando não for possível o tracionamento direto, retira-se o corpo de prova, como no caso das chapas.

2.4.5. Ensaio em parafusos e porcas

Como no caso de chapas grossas, com parafusos muito grandes, onde a capacidade da máquina não seja suficiente para rompê-los, pode-se retirar corpo de prova circular usinado para a determinação das propriedades mecânicas por tração. No entanto, o caso mais comum é o de ensinar os parafusos diretamente, medindo-se a carga de ruptura e o alongamento total (diferença entre os comprimentos final e inicial, após ser aplicada uma carga pré-estabelecida pelas especificações do produto). Nos ensaios de tração até a ruptura em parafusos, certas especificações [17] exigem o emprego de uma cunha de aço, colocada entre a cabeça e o corpo do parafuso, para testar sua "qualidade de cabeça" (ductilidade do parafuso). Os ensaios de tração em parafusos devem ser feitos seguindo-se os métodos de ensaio existentes nas associações técnicas, devido à diversidade de técnicas existentes e aplicáveis a cada caso particular.

Já no caso das porcas, o ensaio de tração é executado para determinar o espanamento da porca após uma prova de carga. Esse ensaio, que também dará o mesmo resultado se o esforço for de compressão, poderá ser feito com ou sem o emprego de um cone de aço (arruela cônica) adaptado entre a porca e o parafuso ou dispositivo que serve de complemento para a porca. O cone tem por objetivo exagerar defeitos possíveis existentes na rosca da porca, por promover uma ação simultânea de dilatação e arrancamento dos filetes da rosca aumentando a solicitação dos filetes externos da porca. O uso do cone é determinado pela especificação do produto, a qual deve ser sempre consultada antes de realizar o ensaio e que fornece também as suas dimensões.

2.4.6. Ensaio em forjados, fundidos e soldados

As peças fundidas são em geral feitas juntamente com um tarugo fundido anexo. Deste, pode-se retirar o corpo de prova circular para o ensaio. Nos casos em que o tarugo é omitido, retira-se o corpo de prova da própria peça (de tamanho normal ou reduzido), inutilizando-se, desse modo, a peça.

Peças trabalhadas mecanicamente (forjadas) são em geral ensaiadas diretamente como no caso de correntes, elos, ganchos, etc. Nesse caso, utiliza-se a prova de carga e/ou a carga de ruptura da peça, para verificação da sua utilização na prática. Somente quando se deseja conhecer as propriedades mecânicas é que se permite a retirada, em local especificado, do corpo de prova usinado, devido à anisotropia desses produtos. Na prova de carga, pode-se verificar também algum alongamento ou deformação permanente, ou o aparecimento de fissuras, trincas ou outros defeitos de solda, caso haja emenda por solda na peça.

Chapas ou tubos soldados são ensaiados geralmente conforme as normas ASME, Seção IX [25] ou MB-262, da ABNT. Nestas normas constam os desenhos dos corpos de prova a serem retirados, bem como os locais de retirada. O limite de resistência ou a carga máxima atingida são os únicos valores calculados (ver item 2.2.3).

2.5. Fratura dos corpos de prova ensaiados a tração

2.5.1. Classificação das fraturas

O estudo da fratura nos metais [11] [38] é um assunto muito extenso e não caberia aqui fornecer grandes pormenores sobre esse tema. Por conseguinte, neste item serão abordados em linhas gerais apenas os tipos de fratura que ocorrem nos corpos de prova ensaiados por tração. Nos capítulos seguintes, serão focalizados os tipos de fratura ocasionados pelos outros ensaios. Antes, porém, será dada a classificação de fraturas para situar bem o campo restrito da fratura que ocorre nos ensaios mecânicos comuns.

Macroscopicamente, uma fratura pode ser classificada em dúctil ou fibrosa e frágil ou cristalina, conforme seja grande ou pequena a intensidade de deformação plástica que acompanha a fratura. O limite de separação entre os dois tipos não é definido, e somente quando se estuda a fratura microscopicamente, ou seja, por meio de microscópio eletrônico, é possível fazer-se uma separação entre essas duas classificações. A fratura pode tomar duas direções dentro do cristal: ou ela se propaga entre os grãos do metal policristalino, chamada fratura intergranular, ou ela se propaga através dos grãos, chamada fratura transgranular.

Pode-se estudar os mecanismos da fratura com o auxílio da microscopia eletrônica. Embora esse assunto não vá ser discutido com detalhes neste livro, é interessante mencionar que os micromecanismos da fratura são os seguintes: 1.º) fratura plástica, onde estão incluídas a fratura por deformação plástica ininterrupta e a fratura por formação e coalescência de microcavidades; 2.º) fratura por clivagem, onde a separação se dá pelo avanço simultâneo de várias trincas em planos cristalográficos paralelos; 3.º) fratura por quase-clivagem, onde a diferença do tipo anterior só pode ser distinguida por fenômenos microscópicos que acontecem na superfície da fratura; e 4.º) fratura por fadiga, que será discutida no capítulo referente ao ensaio de fadiga.

2.5.2. Fratura dúctil e fratura frágil

Um metal com boa ductilidade, quando rompido por tração, apresenta as características principais da fratura dúctil, a saber: a zona fibrosa no centro do corpo de prova, denominada "taça", a zona radial adjacente e a zona de cisalhamento nas bordas denominada "cone" [Fig. 35(c) e 38(a)]. Quanto menos dúctil for o metal, menor será o tamanho da zona fibrosa, até se tornar macroscopicamente nula, sendo a fratura considerada de caráter frágil.

Figura 35. Representação esquemática de (a) fratura frágil, (b) fratura muito dúctil e (c) fratura dúctil.

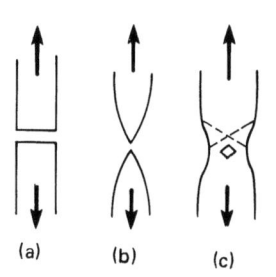

(a) (b) (c)

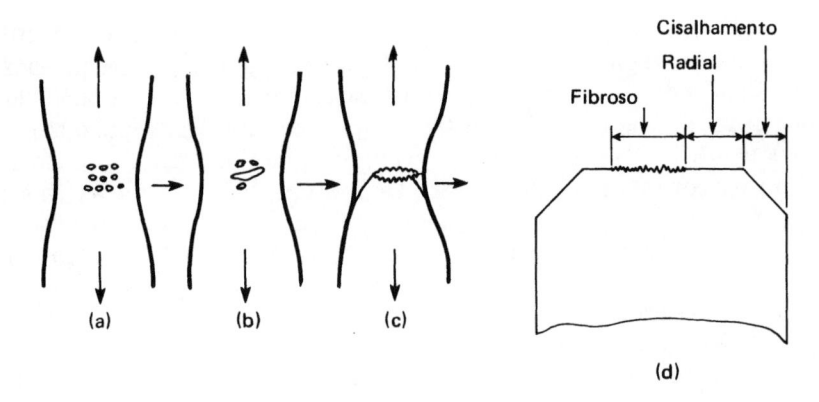

Figura 36. Estágios na formação da fratura "taça-cone". A seqüência de (a) a (d) é explicada no texto.

A ruptura de caráter dúctil tem início no centro da região estrita do corpo de prova, por meio de formação de microcavidades que coalescem (Fig. 37), e seu crescimento se dá na região onde será constituída a zona fibrosa, perpendicularmente ao eixo do corpo de prova, formando assim a taça. Nessa zona, a propagação da trinca ocorre gradualmente e de maneira estável. Quando a propagação se torna mais rápida, aparece a zona radial. Isso acontece quando a fratura (trinca) se aproxima da superfície externa do corpo de prova. Daí ela segue a direção de 45° do eixo, por escorregamento, devido ao cisalhamento, formando o cone (Fig. 36). Realmente, a taça consiste em várias superfícies irregulares, o que dá à fratura a aparência fibrosa. A fratura taça-cone é transgranular. Metais puros, com pouco encruamento, podem apresentar uma fratura dupla taça-cone.

Metais muito moles, que apresentam uma grande deformação plástica, ou seja, metais de grande ductilidade, rompem-se, deixando as duas partes separadas apenas por um ponto ou um gume. Essa ruptura é caracterizada por uma deformação plástica ininterrupta e é um tipo de fratura muito dúctil, encontrado em metais como ouro ou chumbo. Essa fratura advém em conseqüência de um cisalhamento prolongado nos planos de escorregamento do cristal. A Fig. 35(b) mostra um esquema desse tipo de fratura.

Um metal muito endurecido normalmente exibe uma zona plástica muito pequena ou nula, com pequena deformação plástica e após atingir a carga máxima, o metal se rompe transgranularmente com uma estricção mínima ou nula e assim ocorre a denominada fratura frágil, de aparência granular e brilhante. A fratura frágil é caracterizada por uma separação das duas partes do corpo de prova, normalmente ao eixo do mesmo, isto é, normal à tensão de tração, ao longo de certos planos cristalográficos (clivagem) [11] [Figs. 35(a), 38(b) e 38(d)]. Embora não seja possível detectar a olho nu qualquer deformação, por meio de uma análise por difração com raios X, é possível observar uma fina camada de metal deformado na superfície da fratura. Ferro fundido cinzento, aço temperado e ligas não-ferrosas muito duras costumam apresentar esse tipo de fratura. Na fratura de caráter frágil, aparecem marcas radiais características que se estendem por toda a superfície da fratura. Essas marcas são interrompidas na zona de cisalhamento que se forma devido ao alívio das tensões triaxiais, pelo crescimento da fratura. Mais informações sobre clivagem estão no Cap. 3. O caso da Fig. 35(a) pode também ocorrer numa fratura dúctil de aço de alto carbono, quando a trinca permanece sempre normal ao eixo de tração.

Fraturas intergranulares eventualmente ocorrem, à temperatura ambiente, em metais contendo uma fase frágil precipitada em torno dos contornos de grão (como, por exemplo, o cobre contendo bismuto ou antimônio), podendo ou não apresentar deformação apreciável durante a sua propagação. A fratura intergranular é também induzida por superaquecimento, durante o tratamento térmico, fragilização dos aços por hidrogênio ou outros processos fragilizantes.

A classificação entre fratura dúctil e frágil é muito relativa. Exemplificando, ferro fundido nodular é dúctil em comparação a um ferro fundido cinzento comum, mas é frágil em comparação a um aço doce. Analogamente, dois corpos de prova, feitos de um mesmo material considerado dúctil, sendo que um deles contém um pequeno entalhe na superfície de sua parte útil, apresentam os dois tipos de fratura; o corpo de prova sem o entalhe rompe-se da forma dúctil e o entalhado rompe-se de forma frágil. A melhor maneira de diferenciar-se esses dois tipos de fratura é que na fratura dúctil, a propagação da trinca necessita de grande deformação plástica e na fratura frágil, essa deformação é mínima.

Quando o metal dúctil apresenta estricção relativamente pequena, pode ocorrer a fratura por cisalhamento aparente, onde há um componente de tensão que se soma ao cisalhamento através do plano da trinca [8]. A Fig. 38(f) mostra esse tipo de fratura, que ocorre mais em corpos de prova retirados de chapas, onde se tem uma maior anisotropia devida à laminação.

Inclusões ao longo do corpo de prova podem ocasionar tipo de ruptura mostrado nas Figs. 38(c) e 38(e) denominada fratura axial, também conhecida por fratura em roseta [Fig. 38(e)]. As inclusões fazem com que as tensões transversais caiam a um valor muito abaixo durante o fim da estricção, a capacidade de encruamento diminui muito e a fratura segue rapidamente por um processo de cisalhamento aparente.

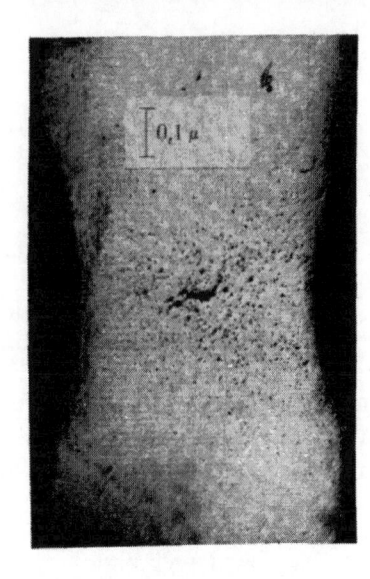

Figura 37. Trinca interna na região estrita de um corpo de prova, tracionado, de cobre eletrolítico *tough ptich*, com 99,9% de pureza [8].

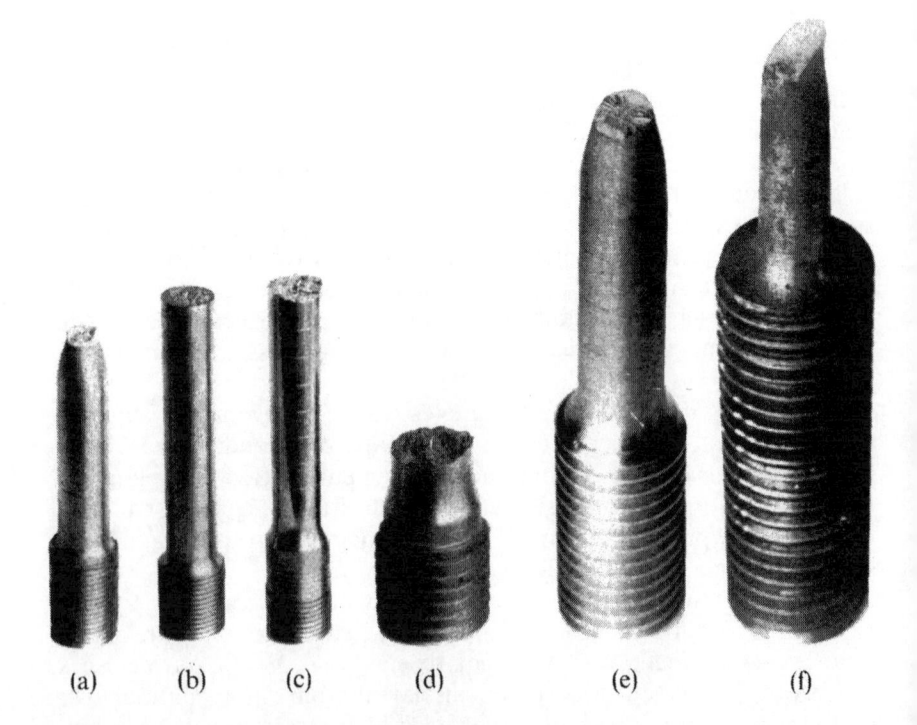

(a)   (b)   (c)   (d)   (e)   (f)

Figura 38. Alguns tipos de fraturas de tração: (a) tipo "taça-cone"; (b) normal; (c) mista; (d) normal; (e) roseta; e (f) cisalhamento aparente.

2.6. Efeito da temperatura nas propriedades de tração

O emprego de temperaturas diferentes da ambiente nos ensaios mecânicos é utilizado apenas para estudos e pesquisas ou em casos específicos de materiais que devam resistir a essas temperaturas.

Existem várias aplicações dos metais e suas ligas em temperaturas abaixo da ambiente, como equipamentos de indústria química, que operam em temperaturas de até $-100\,^{\circ}C$; no setor das indústrias de refrigeração, exige-se equipamento que operem em até $-60\,^{\circ}C$; nas indústrias de produção de oxigênio, de nitrogênio líquido, de vasos de pressão, etc., também são utilizadas baixas temperaturas.

No campo das altas temperaturas, estão sendo feitas ultimamente pesquisas para o desenvolvimento de materiais que resistam a temperaturas elevadas, podendo-se citar os equipamentos para produção de energia nuclear, indústria química e petrolífera, aeronáutica, projéteis e foguetes, etc. Nesse campo, devem ser considerados os ensaios de fluência (*creep*) que consiste na determinação das deformações de um metal sujeito a uma tensão constante em temperatura alta (maior ou igual à temperatura ambiente), durante um longo tempo. Esses ensaios serão vistos no Cap. 9.

2.6.1. Temperaturas inferiores à ambiente

De um modo geral, um metal tem sua resistência aumentada e sua ductilidade diminuída quando ensaiado a uma temperatura mais baixa que a ambiente, principalmente nos metais e ligas que cristalizam no sistema cúbico de corpo centrado (CCC) [item 2.2.4(d)]. O módulo de elasticidade também é aumentado, isto é, o metal se torna mais rígido. Na comparação das curvas tensão-deformação de um material metálico em duas temperaturas distintas, recomenda-se, pois, uma correção para o efeito da temperatura em E, relacionando os valores de σ/E, em vez de relações somente entre as curvas.

Os metais que cristalizam no sistema cúbico de faces centradas (CFC), como alumínio, cobre, ouro, níquel, paládio, ródio, prata, etc., sofrem influência bem menor da baixa temperatura do que os metais cúbicos de corpo centrado (ferro, tântalo, molibdênio, tungstênio e outros). A Fig. 39 [2] ilustra essa diferença, mostrando a variação dos limites de resistência e de escoamento e da ductilidade para o cobre (CFC) e o ferro (CCC). De certa maneira, isso também é válido para as ligas metálicas. Metais e ligas que podem romper-se por clivagem (CCC) são muito sensíveis à redução de temperatura. Comportam-se de modo relativamente diferente dessa regra o tungstênio e o molibdênio, ambos CCC, que praticamente não alteram suas propriedades

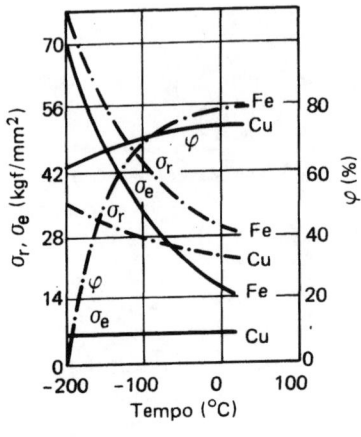

Figura 39. Variação dos limites de escoamento e de resistência e da estricção com a temperatura, para ferro e cobre [2].

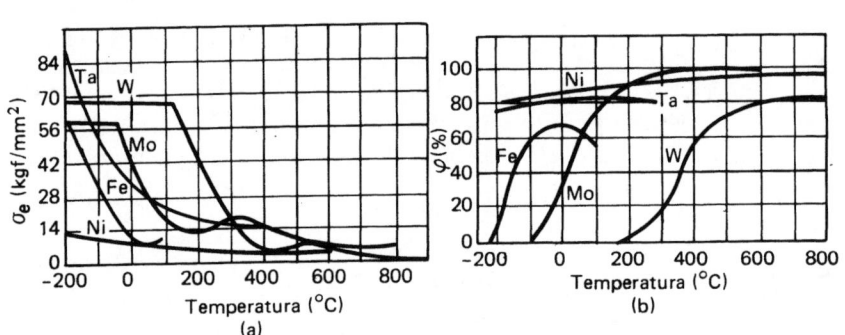

Figura 40. Variação de σ_e e de φ para alguns metais a alta e baixa temperaturas [1].

abaixo de proximadamente $-50\,^{\circ}$C (Mo) e $0\,^{\circ}$C (W), apresentando fratura frágil a essas temperaturas. A Fig. 40 [1] mostra exemplos para outros metais. Nota-se que o tântalo tem comportamento anômalo [1], pois não perde a ductilidade com o abaixamento da temperatura, possuindo sempre valor alto de estricção.

Quanto aos aços-carbono, a redução drástica da ductilidade a uma temperatura muito baixa (entre -100 e $-200\,^{\circ}$C) conduz também a um abaixamento em seu limite de resistência, devido à pequena deformação plástica possível, rompendo o material antecipadamente (Fig. 41). Isso significa que, também num ensaio de tração, existe uma temperatura de transição para os metais que não se cristalizam no sistema CFC (Cap. 3); nessa temperatura, a fratura passa de caráter dúctil a caráter frágil. Entretanto esse método de ensaio para determinação de temperatura de transição não é usado porque sua medição torna-se muito trabalhosa e cara, sendo utilizado, então, o ensaio mais rápido de impacto para tal fim.

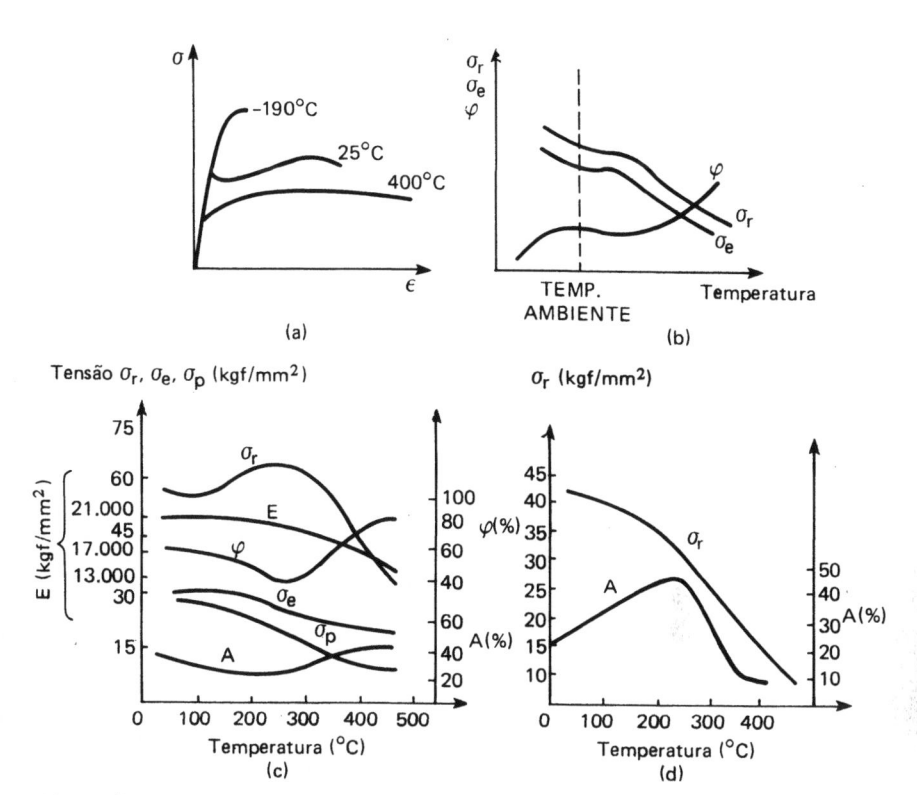

Figura 41. (a) Variação da curva tensão-deformação com a temperatura para um aço doce; (b) variação de σ_e, σ_r e φ com a temperatura para os aços-carbono; (c) a figura (b) específica para o aço-carbono com 0,37% C normalizado [3]; (d) variação de σ_r e A para os bronzes de manganês [3].

Nos aços-carbono, o aumento dos limites de resistência e de escoamento observado por vários autores [26] em ensaios efetuados em baixas temperaturas (tracionando os corpos de prova imersos num recipiente contendo misturas criogênicas) não é paralelo. Esses autores verificaram que quanto mais baixa for a temperatura, maior será o aumento do limite de escoamento em relação ao limite de resistência, isto é, menor será a região plástica do material, corroborando assim com o que foi mencionado no parágrafo anterior. Não obstante, outros autores verificaram o inverso, ou seja, o aumento da resistência é maior que o aumento do escoamento [3] [26].

Nos estudos desse tipo de ensaio, à baixa temperatura, o ensaio de tração real fornece resultados mais comparáveis e desse modo, pode-se ter confirmação sobre qual das duas assertivas acima está mais correta ou se ambas se aplicam conforme o caso. Estudos a esse respeito deverão ser feitos no futuro. Pelo que já foi realizado, verificou-se que a influência da temperatura depende essencialmente do teor de carbono dos aços.

No encruamento dos metais e ligas que cristalizam no sistema CFC, a temperatura tem grande influência, pelo menos para alguns casos, conforme será visto no próximo item. O valor de n da Expr. (37), para a prata, com uma deformação de 0,1, cai, ao se aumentar a temperatura do ensaio, quase que linearmente de 0,6, a 20 °K, para 0,1, a 873 °K (Tegart, 1966) [10]. Para os metais desse sistema, só existirá temperatura de transição dúctil-frágil se eles contiverem elementos de liga fragilizantes, como é o caso, por exemplo, das ligas cobre-bismuto.

No caso de metais e ligas do sistema HC (zinco, magnésio, cádmio, cobalto, titânio, etc.), a influência da temperatura é em geral semelhante aos dos metais CFC, mas poucos foram os estudos realizados com esses metais em baixa temperatura [10]. Sabe-se contudo que a ductilidade se reduz muito com o decréscimo da temperatura, havendo sempre a temperatura de transição, ficando os limites de resistência e de escoamento pouco variáveis.

2.6.2. Temperaturas superiores à ambiente

A região plástica dos metais se deve principalmente à movimentação das discordâncias no interior da estrutura cristalina, conforme já foi mencionado, e à movimentação dos contornos de grão. Com a elevação da temperatura, essas movimentações se tornam mais intensas, devido à maior facilidade das discordâncias em ultrapassar os obstáculos que a eles se interpõem, diminuindo assim a capacidade de encruamento do metal e aumentando o tamanho da zona plástica. Esse conceito vale para todos os ensaios mecânicos, quando eles são efetuados a altas temperaturas.

Assim, em geral, a resistência e o módulo de elasticidade do metal ou liga diminuem e a ductilidade aumenta quando a temperatura do ensaio sobe acima da ambiente. Isso é obedecido, porém, caso esse aumento de temperatura não provoque nenhuma mudança estrutural na liga metálica (Cap. 11). A curva tensão-deformação se achata [Fig. 41(a)], provando assim que o coeficiente n de encruamento diminui em altas temperaturas. Esse comportamento também depende, como no caso anterior, do sistema de cristalização do metal ou liga. A Fig. 41(b) mostra a variação de σ_r, σ_e e φ para os aços em geral e a Fig. 41(c), para um aço 0,37% C normalizado (McVetty) [3]. Note-se que em temperaturas não muito altas (de 100 a 300 °C), há um aumento de σ_r e de σ_e com pequena queda de φ, devido à fragilidade ao revenido (*blue brittleness*) [1] [29] [33]. Esse efeito se explica pela ação de impurezas ou elementos de liga intersticiais (solução sólida onde os átomos do soluto se localizam em posições intersticiais em relação aos átomos do solvente) no caso dos aços ou substitucionais (todos os átomos ocupando posições equivalentes no reticulado cristalino) no caso de ligas não-ferrosas, que provocam um encruamento acelerado nessas temperaturas. Esse efeito é pois encontrado igualmente em outros metais e ligas, como por exemplo o molibdênio (100-600 °C), duralumínio e ligas alumínio-magnésio (0-100 °C), latão α (200-300 °C) e outros. Durante o ensaio feito em uma máquina dura [item 2.2.4(e)], é observado um escoamento em forma de "serra" ou "repetido" (também conhecido por efeito Portevin-Le Chatelier) [1] [29] [33] associado a esse efeito. Esse escoamento em forma de serra é explicado pelo fato de que o tempo necessário para a difusão dos átomos de intersticiais para as discordâncias é menor, nessas temperaturas relativamente altas onde o fenômeno ocorre, do que o tempo necessário durante o ensaio em temperaturas mais baixas. Em outras palavras, nessas temperaturas os átomos de soluto são suficientemente móveis para conseguirem migrar para as discordâncias móveis e portanto a libertação dessas discordâncias das impurezas é dificultada ou repetida sucessivamente (Cottrell, 1954) [27] [29]. No caso de átomos substitucionais, esse soluto tem sua difusão intensificada devido à deformação, dificultando pelo mesmo processo o escoamento (também, conforme a teoria de Cottrell). A fragilidade ao revenido provoca também nos aços um mínimo de sensitividade à velocidade de deformação, acontecendo o inverso em outras temperaturas. Na realidade, a "serra" elimina o limite de escoamento superior, a curva plástica se torna menor, isto é, diminui a ductilidade e o material se rompe com caráter frágil. Portanto, há também uma diminuição da resistência ao impacto.

O ensaio de tração em temperatura elevada é realizado em máquinas que contenham um dispositivo especial para nele ser acoplado um forno. O corpo de prova fica dentro do forno na temperatura desejada e é tracionado da mesma maneira que no ensaio à temperatura ambiente.

Metais e ligas do sistema CFC (níquel, por exemplo) sofrem em geral pouca alteração com a temperatura. Tungstênio, ferro e molibdênio (CCC) variam bastante [Fig. 40(a) e (b)] [1]. Assim a ductilidade dos metais e ligas CFC apresenta-se quase constante ao longo de uma grande faixa de temperaturas. No caso de metais e ligas do sistema hexagonal compacto (HC), o efeito é semelhante ao dos metais CFC. Os metais CCC sofrem também a influência de impurezas ou elementos de liga intersticiais como foi visto no caso do molibdênio. A Fig. 41(d) mostra um exemplo de dados práticos obtidos no ensaio de tração a diversas temperaturas como bronzes de manganês, conforme estudos de Lea [3]. Seguindo mais ou menos essa variação em σ_r e A, também estão as ligas de alumínio-cobre e alumínio-silício.

Ensaios de tração efetuados a altas temperaturas — porém abaixo da temperatura de recristalização do metal — são mais intensamente influenciados pela velocidade de deformação do que ensaios em temperatura ambiente. Principalmente nos metais CFC, quanto maior for a velocidade de deformação, mais a parte plástica da curva tensão--deformação será deslocada para a esquerda, isto é, maior será a sua inclinação com relação ao eixo das deformações. Esse efeito é, portanto, o oposto do efeito causado pela temperatura nos ensaios de tração com velocidade de deformação normal.

2.6.3. Técnica de ensaio

O equipamento para ensaios em alta temperatura deve ser constituído de materiais capazes de suportar as tensões aplicadas sem deformação excessiva. A temperatura deve ser uniforme em todo o corpo de prova.

As máquinas de tração mais comuns produzem aquecimento por meio de radiação ou por resistência elétrica. Os corpos de prova devem ser isolados do meio ambiente, e a medição da temperatura é feita por meio de pares termoelétricos, colocados ao longo do corpo de prova em posições igualmente espaçadas, para se conhecer a uniformidade da temperatura. No Cap. 9 são mencionados mais alguns detalhes sobre o aquecimento dos corpos de prova para tração em alta temperatura.

Capítulo 3
Ensaios Relacionados à Fratura Frágil

3.1. Fatores básicos para fratura frágil

No item 2.5 foi apresentada a classificação das fraturas nos metais e mostrada a aparência das fraturas frágil e dúctil, quando são ensaiados corpos de prova à tração simples. A influência da temperatura também foi explicada no item 2.6 de uma maneira geral, sem entrar em detalhes sobre os diagramas utilizados na análise das fraturas.

Quando se realiza um ensaio de tração em corpo de prova usinado, admite-se que não existam trincas no material, pois a existência de uma trinca, por menor que seja, já muda essencialmente o comportamento do material que se está ensaiando. Uma trinca interna ou externa fragiliza muito o material, mesmo que ele se mostre dúctil durante o ensaio de tração em corpo de prova.

Durante um ensaio de tração normal, a velocidade de deformação é mantida constante e, mesmo em ensaio de pesquisa, a velocidade não varia muito além de um certo limite, para que o ensaio não se transforme em um ensaio dinâmico.

A existência de trinca no material, que poduz um estado triaxial de tensões, a baixa temperatura e a alta velocidade de deformação ou a alta velocidade de carregamento constituem os fatores básicos para que ocorra uma fratura do tipo frágil nos materiais metálicos. Assim, no presente capítulo, serão analisados os ensaios relacionados à fratura frágil, onde esses três fatores serão considerados como primordiais. Tais ensaios visam principalmente correlacionar seus resultados com as fraturas ocorridas na prática e, de uma certa maneira, servem para evitar que aconteçam rupturas de caráter frágil do material em serviço. Sabe-se que uma ruptura frágil pode acarretar prejuízos catastróficos, pois acontece sem aviso prévio, ou seja, sem que haja uma deformação plástica visível que prenuncie a fratura. Um dos ensaios dessa categoria que também serve para selecionar materiais é o ensaio de impacto em corpos de prova entalhados, largamente exigido pelas especificações. Os demais, sendo ensaios ainda novos no Brasil, são geralmente feitos para casos especiais, unicamente no sentido de se determinar a tendência de um material a se comportar de uma maneira frágil sob as três condições citadas.

3.2. Diagrama de análise de fratura

Foi visto no ensaio de tração que um material com boa ductilidade, como um aço estrutural de baixo carbono, apresenta um limite de escoamento que, à temperatura ambiente, é menor que o limite de resistência, porque, até ser atingido este último, existe toda a zona plástica, que encrua o material. Quando se ensaia um corpo de prova de ferro fundido cinzento simples, observa-se já que a zona plástica praticamente não existe, mesmo à temperatura ambiente. Com o decréscimo da temperatura, o aumento do limite de escoamento é maior que o aumento do limite de resistência para certos materiais, de modo que existe uma temperatura onde o limite de escoamento e o limite de resistência ocorrem a uma mesma tensão. Entretanto essa temperatura só existe para um material isento de trincas; a existência de uma pequena trinca no metal faz com que, dependendo da temperatura, a ductilidade do material caia, de modo que aconteça a ruptura mesmo antes de ser atingido o seu limite de escoamento.

A Fig. 42 é um Diagrama de Análise de Fratura para um aço [38]. Nessa figura, o ponto A representa o cruzamento entre as curvas σ_r e σ_e acima mencionado. As curvas numeradas são as curvas da tensão de fratura do material. A curva 1 representa a resistência à fratura de um corpo de prova contendo uma pequena trinca (3 a 5 mm). Quando o tamanho da trinca aumenta, a curva 1 é deslocada para a direita e a curva 2 é representativa de um material com uma trinca maior. Esse deslocamento tem um limite, representado pela curva 3, que é denominada curva CAT (*crak arrest temperature*, "temperatura de imobilização da trinca"), e que define a maior temperatura onde uma trinca, por maior que seja, não se propagará instavelmente. Neste caso, a ruptura do material só acontecerá por meio de fratura de caráter dúctil.

Ainda nesse diagrama, o ponto B representa o encontro da curva de tensão de fratura com a curva do limite de escoamento, quando a trinca é pequena. Esse ponto é denominado NDT (*nil ductility transition*, "transição de ductilidade nula"), sendo, a temperatura mais alta em que a fratura frágil (instável) pode ocorrer. À direita da curva 1, materiais com pequena trinca somente se romperão apresentando uma certa deformação plástica, o que não acontece quando as condições de tensão e temperatura atingem um ponto à esquerda dessa curva.

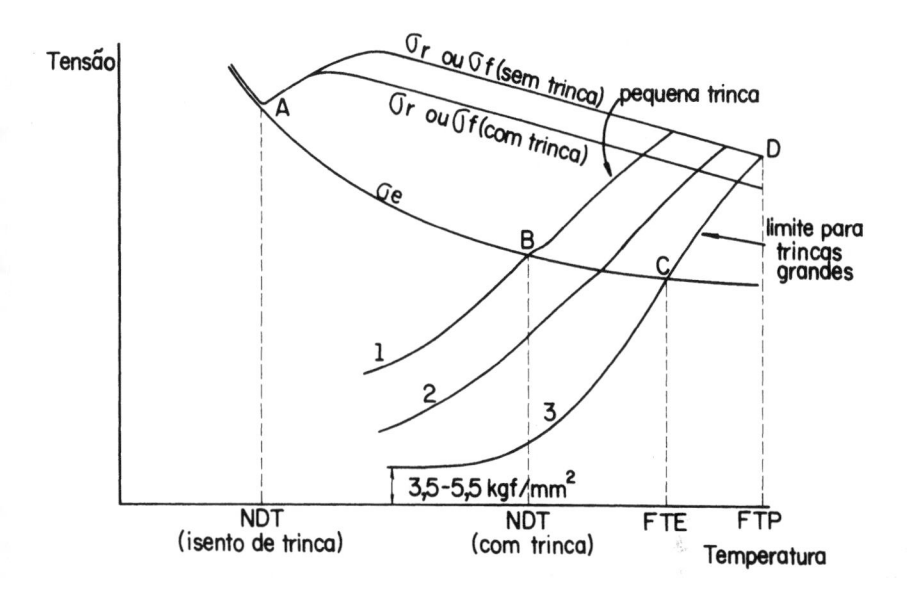

Figura 42. Diagrama de Análise de Fratura [1] [11].

As mesmas considerações servem para as curvas 2 e 3. Como já dito, à direita da curva 3, tem-se a região onde a fratura frágil não ocorre. O ponto C, denominado FTE (*fracture transition elastic*, "transição elástica da fratura"), determina a temperatura acima da qual tensões elásticas não conseguem propagar uma trinca grande. Finalmente, o ponto D, chamado FTP (*fracture transition plastic*, "transição plástica da fratura"), representa a temperatura acima da qual o material se comporta como se fosse isento de trinca, não havendo propagação instável da trinca por maior que ela seja, e a ruptura só ocorre quando se aumenta a tensão, como no caso do ensaio de tração. Note-se, ainda, que, abaixo da curva 3, há uma tensão máxima (que varia 3,5 kgf/mm² a 5,5 kgf/mm²), considerada tensão-limite de segurança, abaixo da qual não existe a possibilidade de fratura frágil [1].

Esse diagrama do comportamento à fratura relaciona, então, a tensão com a temperatura, quando existe um estado triaxial de tensões causado pela trinca. A velocidade de deformação ou da aplicação do esforço não foi considerada, porém verificou-se que, quanto mais alta for essa velocidade, surgem as piores condições em que uma trinca pode iniciar sua propagação sob tensões elásticas. Essa é a razão da utilização de cargas de impacto ou de choque para os ensaios relacionados à fratura frágil.

O Diagrama de Análise de Fratura serve para qualquer material que apresente essa transição nítida entre fraturas dúctil e frágil, com o abaixamento da temperatura, como os metais que se cristalizam no sistema (CCC) [item 2.2.4(d)]. Os metais que se cristalizam no sistema CFC de média e baixa resistência e os metais do sistema HC não apresentam essa transição, a menos que haja algum ambiente fragilizante (corrosão por reações químicas, por exemplo). Em metais de alta resistência (aços, ligas de alumínio e de titânio de alta resistência e outros), a fratura frágil pode ocorrer da maneira acima descrita, isto é, sob tensões inferiores à tensão de escoamento generalizado do material.

Uma fratura frágil é, pois, instável e propaga-se sem necessidade de aumento da tensão a velocidade elevadas, principalmente quando há possibilidade de a trinca percorrer o material continuamente. Com os metais do sistema CCC, como os aços, mesmo os de baixa e média resistências, ocorre essa dependência bastante acentuada da temperatura e, para eles, aplica-se o Diagrama de Análise de Fratura.

Considera-se, para fins de análise de fratura, que os metais de baixa resistência são aqueles onde $\sigma_e < E/300$, e metais de alta resistência são os que tem $\sigma_e > E/150$; no intervalo, estão os metais de média resistência[11]. As ligas metálicas de alta resistência não apresentam transição dúctil-frágil com a temperatura, de modo que, para elas, os ensaios a serem descritos não são aplicados. Para esses materiais, é mais interessante saber-se o estado de tensões existente na ponta de uma trinca e, para isso, existem outros ensaios, dentre os quais pode-se citar o de tenacidade à fratura (*fracture toughness*), já normalizado pela ASTM, mas que não serão considerados neste livro [17].

3.3. Ensaios relacionados com o Diagrama de Análise de Fratura

A utilização do Diagrama de Análise de Fratura e a determinação das temperaturas assinaladas nas curvas vistas no item anterior são feitas através de alguns ensaios mecânicos. Dentre todos, destaca-se o ensaio de impacto em corpos de prova entalhados, por ser o mais empregado, devido à sua simplicidade, rapidez e por ser relativamente barato. Esse ensaio é exigido pelas especificações do mundo todo como ensaio de rotina já há muitos anos, e a sua interpretação utiliza o Diagrama de Análise de Fratura. Por outro lado, os demais ensaios que serão descritos neste capítulo são ensaios bem mais recentes, mais elaborados e, portanto, mais caros. Serão vistos os ensaios DWT, DWTT, ensaio por explosão, ensaio de tração em corpos de prova entalhados e o ensaio de Robertson, que podem ser usados principalmente para a determinação dos valores de NDT, FTE e FTP dos aços.

3.4. Ensaio de impacto em corpos de prova entalhados

3.4.1. Generalidades

O ensaio de impacto é um dos primeiros e até hoje um dos ensaios mais empregados para o estudo de fratura frágil nos metais. Esse ensaio, às vezes denominado *ensaio de choque* ou impropriamente de *ensaio de resiliência*, é um ensaio dinâmico usado principalmente para materiais utilizados em baixa temperatura, como teste de aceitação do material.

A tendência de um metal de se comportar de uma maneira frágil é então medida pelo ensaio de impacto. O corpo de prova é padronizado e provido de um entalhe para localizar a sua ruptura e produzir um estado triaxial de tensões, quando ele é submetido a uma flexão por impacto, produzida por um martelo pendular. A energia que o corpo de prova absorve, para se deformar e romper, é medida pela diferença entre a altura atingida pelo martelo antes e após o impacto, multiplicada pelo peso do martelo. Nas máquinas em geral essa energia é lida na própria máquina através de um ponteiro que corre numa escala graduada, já convertida em unidade de energia. Pela medida da área da secção entalhada do corpo de prova, pode-se então obter a energia absorvida por unidade de área, que também é útil. Quanto menor for a energia absorvida, mais frágil será o comportamento do material àquela solicitação dinâmica.

O entalhe produz um estado triplo de tensões, suficiente para provocar uma ruptura de caráter frágil, mas apesar disso, não se pode medir satisfatoriamente os componentes das tensões existentes, que podem mesmo variar conforme o metal usado ou conforme a estrutura interna a que o metal apresente. Desse modo, o ensaio de impacto em corpos de prova entalhados tem limitada significação e interpretação, sendo útil apenas comparação de materiais ensaiados nas mesmas condições. No item 3.4.7 serão vistas as aplicações onde é necessário empregar o ensaio de impacto.

O resultado do ensaio é apenas uma medida da energia absorvida e não fornece indicações seguras sobre o comportamento do metal ao choque em geral, o que seria possível se se pudesse ensaiar uma peça inteira sob as condições da prática.

3.4.2. Corpos de prova

Geralmente os corpos de prova entalhados para ensaio de impacto são de duas classes: corpo de prova Charpy e corpo de prova Izod, especificado pela norma americana E-23 da ASTM [17]. Os corpos de prova Charpy podem ainda ser divididos em três tipos, conforme a forma de seu entalhe. Assim, tem-se corpos de prova Charpy tipo *A*, *B* e *C*, tendo todos eles uma secção quadrada de 10 mm de lado e um comprimento de 55 mm. O entalhe é feito no meio do corpo de prova e no tipo *A* tem a forma de um V, no tipo *B*, a forma de fechadura ("buraco de chave") e no tipo *C*, a forma de um U invertido. O corpo de prova Izod tem uma secção quadrada de 10 mm de lado com um comprimento de 75 mm e o entalhe é feito a uma distância de 28 mm de uma das extremidades, tendo sempre a forma de um V. Os corpos de prova Charpy são livremente apoiados na máquina de ensaio, com uma distância entre apoios especificada de 40 mm e o corpo de prova Izod é engastado, ficando o entalhe na altura da superfície do engaste. A Fig. 43 mostra o desenho dos corpos de prova.

Em geral, entalhes mais agudos ou mais profundos (Charpy tipo *A* ou Izod) são usados para mostrar diferenças de energias absorvidas nos ensaios de metais de caráter mais dúcteis ou com velocidades menores de ensaio, pois, daí, têm-se condições mais propícias para causar uma ruptura com tendência a ter caráter frágil, pelo aumento da tensão radial (normal à raiz do entalhe) em relação à tensão transversal de cisalhamento.

Para ensaios em ferro fundido e em metais fundidos sob pressão (*die-casting*), os corpos de prova geralmente não precisam conter entalhe [17].

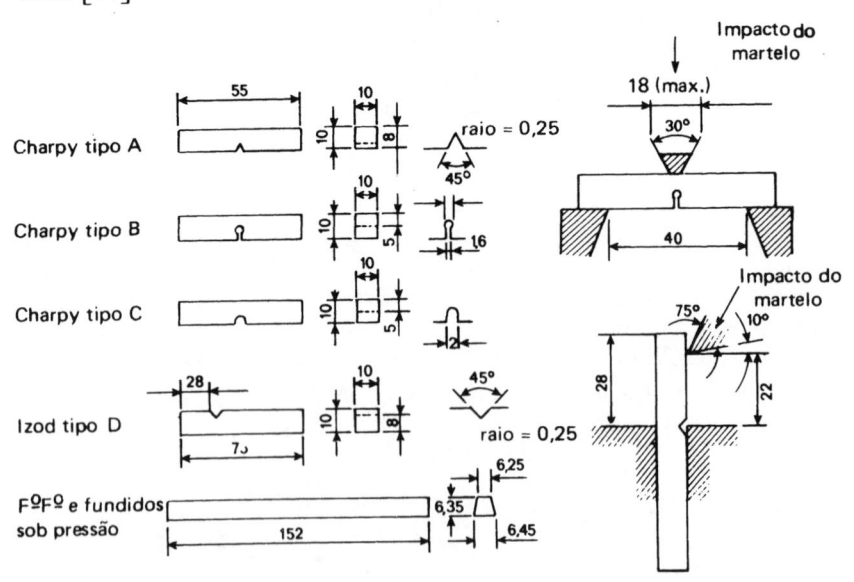

Figura 43. Corpos de prova Charpy e Izod, recomendados pela ASTM e ABNT para ensaio de impacto e local de impacto do martelo [17].

Para os demais metais, pode-se ainda empregar corpos de prova de tamanho reduzido, caso não seja possível retirar os corpos de prova normais, mas daí, os resultados obtidos não podem evidentemente ser comparados com os resultados dos corpos de prova normais. Dimensões desses corpos de prova reduzidos constam do método E-23 da ASTM.

Outras classes de corpos de prova também reconhecidos pela ASTM são as classes de corpos engastados, tipo X de secção quadrada e tipos Y e Z, de secção circular, mas de utilização mais restrita, em virtude da dificuldade de colocação do corpo de prova na máquina e da dificuldade de equivalência desses tipos com os anteriores. O método E-23 da ASTM mostra o desenho desses corpos de prova.

A denominação Charpy é empregada nas normas ASTM; entretanto corpos de prova semelhantes são utilizados em outras normas internacionais. Os métodos MB 1116 da ABNT e DIN 50115 são exemplos de normas onde as dimensões do entalhe diferem um pouco dos da ASTM. Nessas outras normas, também constam os corpos de prova de tamanho reduzido, como na ASTM. O que será dito nos itens posteriores com referência a corpos de prova Charpy vale igualmente para qualquer corpo de prova do mesmo tipo, isto é, colocado sobre dois apoios para receber o impacto.

Existem ainda outras classes de corpos de prova de pouco uso neste país, porém alguns deles já reconhecidos por algumas normas técnicas internacionais; dentre esses outros tipos, podem ser mencionados dois deles [3], o tipo Mesnager, apoiado como os corpos de prova Charpy, diferindo desses somente pela forma do entalhe, que é semelhante ao Charpy tipo C, porém com altura menor e o tipo Schnadt, com cinco variações do entalhe, todos usando o método Charpy para

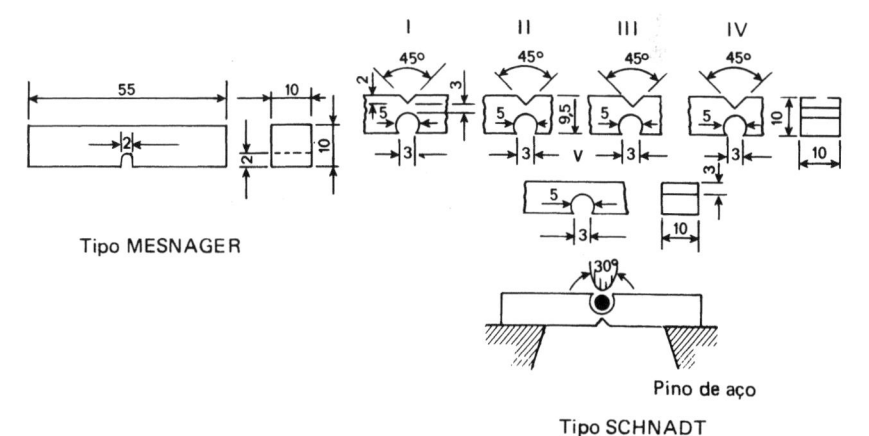

Figura 44. Corpos de prova Mesnager e Schnadt [3].

ensaio. Também aqui, como nos corpos de prova Charpy e Izod há variações nos entalhes desses corpos de prova em cada norma técnica. Os tipos Mesnager e Schnadt estão mostrados na Fig. 44. O tipo Schnadt contém um pino de aço endurecido na parte sujeita ao impacto para eliminar as tensões de compressão nessa parte, ficando apenas tensão de tração pura agindo, isto é, com ausência de outros gradientes de tensão.

3.4.3. Técnica de ensaio (Charpy e Izod)

O corpo de prova tipo Charpy é apoiado e o corpo de prova tipo Izod é engastado na máquina de ensaio, sendo o martelo montado na extremidade de um pêndulo e ajustado num ponto, de tal maneira que sua energia cinética, no ponto de impacto, tenha um valor fixo e especificado. O martelo é solto e bate no corpo de prova no local mostrado na Fig. 43 (conforme o corpo de prova seja do tipo Charpy ou Izod). Depois de romper o corpo de prova, o martelo sobe até uma altura que é inversamente proporcional à energia absorvida para deformar e romper o corpo de prova. Assim, quanto menor for a altura atingida pelo martelo, mais energia o corpo de prova terá absorvido. Essa energia é lida diretamente na máquina de ensaio. O ensaio só será válido se houver separação total das partes rompidas do corpo de prova. Caso isso não aconteça, deve-se aumentar a altura do pêndulo.

O entalhe é submetido a uma tensão de tração logo que o corpo de prova é flexionado pelo choque com o martelo, produzindo nele um estado triaxial de tensões (tensão radial ao entalhe, longitudinal e transversal), que depende das dimensões do corpo de prova e do entalhe. Esse estado tridimensional não é uniformemente distribuído através do corpo de prova. A tensão transversal na base do entalhe depende da relação entre a largura na parte entalhada do corpo de prova e do raio do entalhe (Fig. 43); quanto maior for essa relação, maior será a tensão transversal. Por isso, esse ensaio não fornece um valor quantitativo da tenacidade do metal, porque ele representa apenas a tenacidade para um dado estado de tensões causado pela geometria do entalhe usado.

Conforme visto em 3.2, a temperatura de ensaio tem uma influência decisiva nos resultados obtidos e deve, portanto, ser mencionada no resultado, juntamente com o tipo de corpo de prova que foi ensaiado. A energia medida é um valor relativo e comparativo entre dois ou mais resultados, quando estes são obtidos nas mesmas condições de ensaio, isto é, mesma temperatura, mesmo tipo de entalhe e mesma máquina (para garantir o mesmo atrito e mesma velocidade do pêndulo); porém, pelas razões já mencionadas, não é um dado que possa servir para cálculo em projetos de Engenharia.

Em ensaios a temperaturas diferentes da ambiente, recomenda-se mais o corpo de prova apoiado, devido à sua maior facilidade de colocação na máquina. Nesses casos, aquece-se ou resfria-se o corpo de prova, mantendo-o cerca de 10 min na temperatura desejada, e coloca-se rapidamente na máquina, acionando-se imediatamente o pêndulo para o ensaio (tempo total de operação: 30 s, no máximo).

A ductilidade do metal também pode ser avaliada, no ensaio de impacto, pela porcentagem de contração no entalhe, além de ser possível, também, fornecer a superfície da fratura, quanto ao seu aspecto, por um exame visual que determina se a fratura foi fibrosa (dúctil), granular ou cristalina (frágil). No item seguinte será explicada a importância desse exame visual.

Não é recomendável efetuar apenas um ensaio de impacto para se tirar alguma conclusão do material ensaiado, mesmo tomando-se o máximo cuidado na realização do mesmo. Em virtude dos resultados obtidos com vários corpos de prova de um mesmo metal serem muito diversos entre si, é necessário fazer-se no mínimo três ensaios para se ter uma média aceitável como resultado, principalmente se este estiver próximo do especificado pelas normas técnicas.

As máquinas de ensaio de impacto devem ter graduações diversas para a altura inicial do pêndulo, a fim de dar maior precisão de leitura na escala mais adequada que garanta a ruptura do corpo de prova. Para os corpos de prova mencionados, uma escala máxima de 30 kgfm (294 J) ou, mais precisamente, 33,19 kgfm (325,5 J) garante a ruptura de um corpo de prova, mesmo bastante dúctil. O valor acima se refere à energia do pêndulo na parte mais baixa de sua trajetória.

Uma máquina fabricada para romper corpos de prova padronizados pela ASTM difere um pouco da máquina fabricada para romper corpos de prova padronizados pela DIN ou ABNT, de modo que, a rigor, não se poderia utilizar uma mesma máquina para qualquer corpo de prova. As dimensões e o peso do martelo e a distância entre os apoios variam, porém somente para ensaios de pesquisa de materiais esse fato deve ser tomado em consideração. Nos ensaios de rotina, a variação é suficientemente pequena e pode ser considerada desprezível.

3.4.4. Influência da temperatura

A energia absorvida num corpo de prova de um metal CCC de baixa ou média resistência acusada numa máquina de ensaio de impacto varia sensivelmente com a temperatura de ensaio. Um corpo de prova a uma temperatura, T_1, pode absorver muito mais energia do que se ele estivesse a uma temperatura, T_2, bem menor que T_1 ou pode absorver praticamente a mesma energia a uma temperatura,

T_3, pouco menor ou pouco maior que T_1. Há uma faixa de temperatura relativamente pequena, na qual a energia absorvida cai apreciavelmente. O tamanho dessa faixa varia com o metal, sendo, às vezes, uma queda bastante brusca.

Define-se temperatura de transição, para o aço ou outro metal que a exiba, como a temperatura, onde há uma mudança no caráter de ruptura do material, passando de dúctil a frágil, ou vice-versa. Entretanto, essa passagem não é repentina e o melhor seria definir intervalo de temperatura de transição, que está implícito na definição acima. Há vários critérios para determinar qual a temperatura ou intervalo de transição dos metais, conforme será dado a seguir. Essa determinação é importante porque só é conveniente utilizar um material numa região de temperaturas onde se tenha a certeza de que a fratura frágil não ocorrerá, quando esse material for solicitado a níveis de tensão no seu campo elástico.

A influência da temperatura é mais estudada usando-se corpos de prova apoiados. O entalhe torna mais acentuado o fenômeno da transição, do que se a determinação fosse feita em corpos de prova não-entalhados [26].

Pode-se adotar pelo menos cinco critérios para a temperatura de transição [1], quando se obtém a curva energia absorvida-temperatura [Fig. 45(a)]. Um material poderá ser usado desde que absorva, no ensaio de impacto, uma energia maior que a energia indicada na temperatura de transição (T) adotada. A temperatura T pode ser:

1.º) temperatura T_1, que corresponde ao patamar superior, acima da qual a fratura obtida é 100% fibrosa (dúctil); essa temperatura corresponde à temperatura FTP;

2.º) temperatura T_2, que corresponde a 50% de fratura fibrosa e a 50% de fratura frágil;

3.º) temperatura T_3, que é a média dos valores dos patamares superior e inferior;

4.º) temperatura T_4, que corresponde a um certo valor adotado da energia absorvida; para aços de baixa resistência, esse valor é de 20 J;

5.º) temperatura T_5, que corresponde à temperatura onde a fratura se torna 100% cristalina (frágil); essa temperatura corresponde à temperatura NDT, onde a deformação plástica é desprezível.

O segundo critério é o que melhor se adapta, numa comparação entre os ensaios de impacto e as rupturas encontradas na prática. Verificou-se [11] que a melhor correlação deve ser baseada no fato de que, caso a fratura no ensaio contenha menos de 70% de aparência cristalina numa dada temperatura de ensaio, a peça feita do mesmo material e com a mesma estrutura metalográfica não se romperá por clivagem (frágil) em serviço a essa temperatura ou a uma temperatura superior, desde que sujeita a uma tensão de trabalho não maior que a metade de seu limite de escoamento.

Para materiais de alta resistência — como os aços Maraging ou aço 4340 temperado e revenido em baixa temperatura — a temperatura influi pouco na resistência à fratura por clivagem, não havendo, assim, temperatura de transição, sendo possível romperem-se a uma tensão abaixo de seu limite de escoamento, por outro mecanismo de caráter dúctil (item 3.2). A passagem de fratura com baixa absorção de energia para fratura com alta absorção é gradual (Fig. 46) [11].

A curva da Fig. 45(b) [11] apresenta também a porcentagem de contração no entalhe para ensaios de impacto em aço de baixa resistência com 3,5% Ni, 0,1% C. Essa contração mede as deformações necessárias para iniciar a fratura no entalhe.

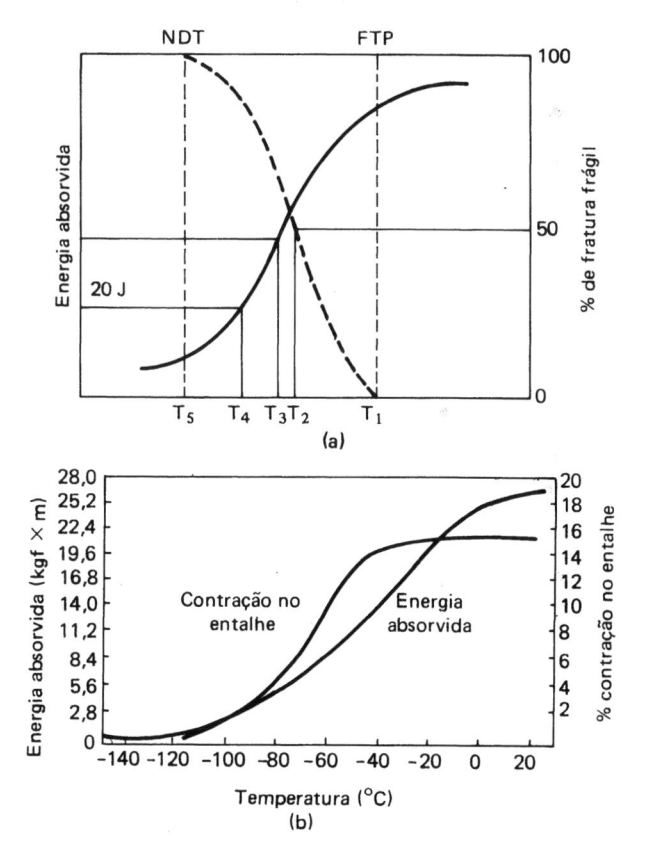

Figura 45. (a) Critérios para a temperatura de transição pelo ensaio de impacto [1]. (b) Curva de transição com porcentagem de contração no entalhe. Material: aço de baixa resistência [11].

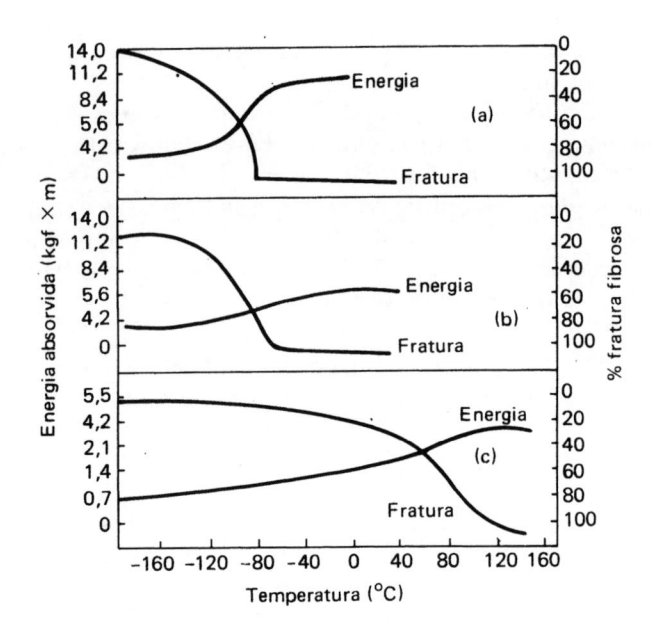

Figura 46. Efeito da temperatura em aço 4 340: (a) de baixa resistência; (b) de média resistência; e (c) de alta resistência. Vê-se também mostra a porcentagem de fratura fibrosa (dúctil) [11].

As duas primeiras curvas da Fig. 46 correspondem a material de média resistência, e a terceira curva, a material de alta resistência, todas para aço 4340, sendo que, para a Fig. 46(a), o aço tem $\sigma_e = 93 \, \text{kgf/mm}^2$, para a Fig. 46(b), o aço $\sigma_e = 120 \, \text{kgf/mm}^2$ e, para a Fig. 46(c), $\sigma_e = 150 \, \text{kgf/mm}^2$.

Os metais que cristalizam no sistema CFC (cúbico de faces centradas) não rompem por clivagem, de modo que a absorção de energia independe da temperatura; para esses metais, como cobre, alumínio, níquel, aço inoxidável austenítico e outros, o ensaio não é, portanto, recomendado.

A forma da curva de transição também depende do tipo do entalhe Charpy. O tipo B dá geralmente uma queda mais brusca do que o tipo A para metais de baixa resistência. Desse modo, determinações da curva de energia absorvida com a temperatura devem ser feitas sempre com corpos de prova idênticos.

O intervalo de transição de um aço depende de outras variáveis (pureza, tamanho de grão, processo de fabricação), mas sobretudo do tratamento térmico. Quanto mais endurecido o aço, menor é a faixa de transição.

3.4.5. Influência do tamanho do corpo de prova

Nos ensaios de impacto, não existe possibilidade de correlacionar resultados de ensaio obtidos com corpos de prova de tamanhos diferentes. Exprimir a energia absorvida por unidade de área como resultado de ensaio não tem significado prático, conforme mostra a Tab. 9, pois os valores obtidos não são os mesmos, como no caso da tensão de tração, por exemplo, que independe do tamanho do corpo de prova. A Tab. 9 dá a variação dos resultados de impacto para dois aços em três tamanhos diferentes.

Tabela 9. Efeito do tamanho do corpo de prova na energia absorvida [3]

Dimensões do corpo de prova (mm)	Aço A		Aço B	
	J	J/cm^2	J	J/cm^2
10 × 10 × 53,3	47,7	59,6	12,8	16,0
30 × 30 × 160	600	83,3	363	50,4
63 × 63 × 336	2960	93,2	1970	62,0

É evidente que um corpo de prova menor absorverá menos energia que o corpo de prova padrão. Entretanto, quando se calcula a energia por unidade de área, o efeito da variação das dimensões do corpo de prova depende da região da curva energia-temperatura: a diminuição da seção transversal do corpo de prova diminui a energia absorvida por unidade de área acima da faixa de transição (Tab. 9), mas tende a aumentar a energia absorvida na faixa de transição, deslocando a temperatura de transição para valores mais baixos, ou seja, deslocando a faixa de transição para a esquerda no gráfico energia-temperatura.

3.4.6. Retirada dos corpos de prova

Toda norma que especifica ensaios de impacto deve indicar o local para a retirada dos corpos de prova, bem como a direção e o sentido do seu entalhe, pois os resultados do ensaio podem variar, principalmente em peças trabalhadas mecanicamente, com alto grau de anisotropia, caso isso não seja obedecido. Defeitos internos no metal (inclusões, contornos de grão, etc.) nucleiam vazios para iniciar a trinca de ruptura, quando esses defeitos estão alinhados, devido ao trabalho mecânico de laminação, por exemplo. A Fig. 47 mostra três curvas para um mesmo material, aço-doce, para três corpos de prova retirados em locais distintos e entalhes com diferentes orientações [5]. Verifica-se que a parte mais afetada da curva é a parte de ruptura de caráter dúctil. A retirada do corpo de prova segundo a posição A é a mais empregada, quando nada é mencionado na especificação do material.

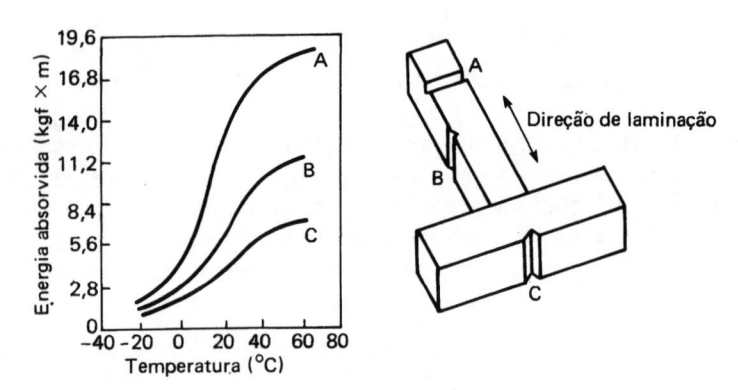

Figura 47. Efeito de direcionalidade nas curvas de impacto em corpos de prova Charpy retirados de três locais diferentes num aço-doce [5].

3.4.7. Utilização do ensaio de impacto (Charpy)

O ensaio de impacto é um ensaio essencialmente comparativo para uso em metais de uso em Engenharia Estrutural de baixa e de média resistências. O resultado do ensaio, isto é, a energia absorvida para romper o corpo de prova, pode ser utilizado como um controle de qualidade do produtor desses materiais.

O exame visual da fratura do corpo de prova rompido, aliado à energia absorvida, pode servir para análises de fratura em serviço desses materiais, além de poder também ser utilizado para escolha de materiais em bases comparativas, no caso de metais de média resistência. Para os metais de baixa resistência, essa escolha pode ser baseada unicamente na aparência da fratura, bem como a tensão e a temperatura possíveis de serem usadas num projeto com a garantia de evitar rupturas catastróficas sob condições de serviço.

Esses materiais possuem ruptura de caráter frágil por clivagem (exceto os metais CFC) ou por cisalhamento (em lâminas muito finas). Os metais de média resistência ainda possuem ruptura de caráter frágil em baixas temperaturas, mesmo quando a sua ruptura é normal mas de baixa energia. Uma explicação mais pormenorizada desse assunto foge aos objetivos deste livro, de modo que o leitor poderá se aprofundar no assunto em publicações mais especializadas [5] [11] [24] [38].

Os resultados dos ensaios de impacto podem variar muito, verificando-se, em vários casos, uma dispersão grande dos resultados, principalmente próximo à temperatura de transição. Isso se deve à dificuldade da preparação de entalhes precisamente iguais, onde a profundidade e a forma do entalhe são fatores importantes nos resultados. Se o material não for também homogêneo, isso também contribuirá para a dispersão dos resultados.

Outros exemplos de utilização do ensaio de impacto: escolha de materiais por comparação com outros materiais e a aquisição de resultados com relação a temperatura e tensões de trabalho. Para esses exemplos, a aparência da fratura dos corpos rompidos é o resultado mais importante e não a energia absorvida [41].

3.5. Ensaio de impacto instrumentado

O ensaio de impacto comum não fornece resultados que possam ser utilizados nos projetos de Engenharia Estrutural, pois não existe correspondência entre níveis de tensão e desempenho na prática. Para se obter medidas de tensão quantitativas durante o ensaio, foi criado um equipamento de ensaio de impacto que mede a carga dinâmica sobre o corpo de prova [5] [39]. Assim, no ensaio de impacto instrumentado, pode-se obter um gráfico carga-tempo (Fig. 48). Por esse gráfico, têm-se a energia W_I para iniciar a trinca e a energia W_p para propagar a trinca, que são determinadas quantitativamente por integração das curvas. Note-se a parte da curva Q_e que corresponde à carga que causa um escoamento geral no corpo de prova, causando o início da deformação plástica. Essa parte só existe quando o material rompe de forma dúctil. A carga máxima Q_{max} corresponde ao início da contração do entalhe. A carga Q_R é a carga de ruptura, que cai subitamente quando a fratura ocorre por clivagem. Quanto menor for a ductilidade do material, menos distintas são essas cargas. Q_R pode ocorrer em qualquer estágio, não obrigatoriamente na posição onde é mostrada na figura. A fratura frágil ocorre quando uma tensão

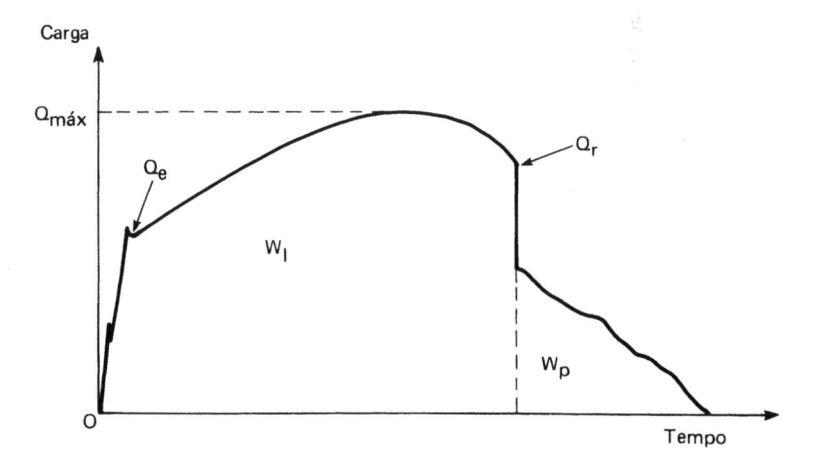

Figura 48. Gráfico do ensaio de impacto instrumentado [5].

crítica de clivagem é atingida sob a raiz do entalhe, que poderá acontecer mesmo antes de Q_e, quando a temperatura do ensaio for muito baixa,

Existem processos para se relacionar a carga e o ângulo formado pelas partes rompidas do corpo de prova após o ensaio, com tensões e deformações em torno do entalhe e, portanto, para determinar tensões e deformações críticas necessárias para causar a fratura.

Esses ensaios instrumentados ainda são poucos usados no Brasil e são mais empregados em trabalhos de pesquisa e não para ensaios de rotina.

3.6. Ensaio de impacto com tração

Essa variante do método de ensaio, que utiliza a tração em vez de flexão para o ensaio de impacto, é mais empregada para estudos do que em ensaios de rotina. Nesse caso, o corpo de prova tem secção circular, é liso ou entalhado e a carga é aplicada pelo martelo pendular na direção axial do corpo de prova. O entalhe, se houver, abrange toda a secção do corpo de prova, como no caso de tração com corpo de prova entalhado (item 3.7.4) [6].

O resultado também é dado pela perda da energia potencial do pêndulo e o ensaio pode evidentemente ser realizado em qualquer temperatura, embora seja menos usado para esse fim, devido à dificuldade de colocação do corpo de prova na máquina.

O corpo de prova é rosqueado numa das extremidades no próprio martelo, no lado oposto ao lado que bate nos corpos de prova de flexão por impacto, conforme Charpy ou Izod. A Fig. 49 mostra a diferença

Figura 49. (a) Máquina Charpy; (b) máquina Izod; (c) máquina de impacto com tração. (Reprodução de um catálogo da Mohr & Federhaff.)

entre os três métodos para a mesma máquina. A outra extremidade do corpo de prova é rosqueada num bloco dimensionado conforme a máquina, que, batendo no apoio da máquina, confere a carga de tração axialmente no corpo de prova, ocorrendo então a fratura axial do espécime. Em geral, o resultado é fornecido em energia por unidade de área, para não depender das dimensões do corpo de prova. A área considerada deve ser aquela na região do entalhe, se houver, ou a área da secção paralela do corpo de prova.

3.7. Outros ensaios para caracterização de fratura frágil

Com o grande avanço dos conhecimentos sobre fratura frágil dos materiais, modernamente são inúmeros os ensaios para determinação da faixa de temperatura de transição entre fraturas frágil e dúctil, e dos valores das temperaturas características dados no item 3.1. Somente cinco deles serão expostos resumidamente neste livro, alguns já normalizados pelas associações internacionais. Esses ensaios poderão, no futuro, ser enquadrados como ensaios de rotina, porém, no Brasil, atualmente, são ainda muito pouco empregados.

O emprego de novos ensaios se justifica por algumas deficiências do ensaio de impacto Charpy, que é feito em corpos de prova pequenos, os quais não são um modelo real da situação encontrada na prática. No ensaio Charpy a determinação do intervalo de transição frágil-dúctil é trabalhosa, devido à grande dispersão de resultados que sempre ocorre.

Uma peça estrutural de grande espessura tem uma tenacidade muito menor que a tenacidade de um corpo de prova Charpy e, portanto, a temperatura de transição da peça espessa é muito mais alta que a temperatura de transição medida pelo ensaio de impacto.

A ruptura de um corpo de prova de impacto se dá com tensões acima do limite de escoamento do material (item 3.5) e, em estruturas navais, acontecem fraturas frágeis a temperaturas baixas, com níveis elásticos de tensão, isto é, abaixo do limite de escoamento.

Dessa maneira, foram criados ensaios em corpos de prova entalhados com espessuras maiores, para se verificar a sensibilidade ao entalhe com o abaixamento da temperatura.

3.7.1. Ensaio de queda de peso

Este ensaio (*drop weight test*, DWT) é normalizado pelo método E 208 da ASTM [17], e consiste na queda de um peso sobre um corpo de prova, para iniciar a propagação de uma trinca. É mais simples que o ensaio de explosão descrito mais adiante, sendo utilizado para a medida da temperatura NDT de chapas com sua espessura total, sendo então realizado em várias temperaturas. É um ensaio muito reprodutível e que tem boa precisão na determinação de NDT.

Existem três tamanhos para os corpos de prova retirados de chapas, com espessuras de 16, 19 e 25 mm, larguras de 50, 50 e 90 mm e comprimentos de 130, 130 e 360 mm respectivamente, usados conforme o limite de escoamento do material. A trinca inicial é um cordão de solda frágil, entalhado transversalmente, e depositado na superfície do corpo de prova, com cerca de 75 mm de comprimento para o corpo de prova maior. O corpo de prova é apoiado sobre um dispositivo com a solda voltada para baixo e é golpeado por um peso de 50 ou 30 kg com energia suficiente para dobrá-lo até um ângulo de aproximadamente 5 ° (Fig. 50). O cordão de solda é fraturado assim que ocorre o início de escoamento. O dispositivo restringirá a deflexão se ela for maior que 5 °, fazendo com que a tensão se limite até um valor que não excede o limite de escoamento do corpo de prova. Isso acontece porque o corpo de prova sofre uma flexão com dois apoios e com carga aplicada no centro, de modo que o centro do corpo de prova se dobra elasticamente. Portanto a propagação da trinca ao longo da face tracionada do corpo de prova ocorrerá com a tensão de escoamento do material. Se a trinca se propagar através da largura do corpo de prova sobre a superfície tracionada até as suas beiradas, a temperatura do ensaio estará abaixo de NDT. Quando o ensaio for feito a uma temperatura em que a trinca não se propaga totalmente ao longo da face tracionada, essa temperatura será NDT. O ensaio pode determinar NDT com boa precisão, cerca de $\pm 12\,°C$. O método E 208 da ASTM dá os detalhes de todo o ensaio, o que não caberia nesta descrição sumária do ensaio.

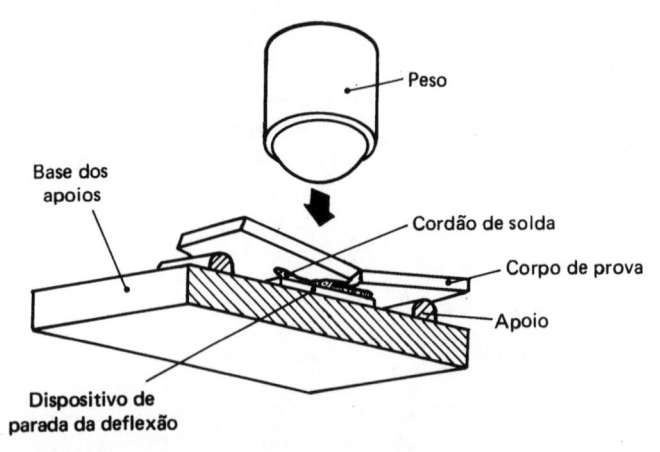

Figura 50. Esquema do ensaio de queda de peso (DWT) [41].

3.7.2. Ensaio de queda de peso em corpo de prova entalhado (*drop weight tear test*, DWTT)

Este ensaio, padronizado pela ASTM (método E 436), é o resultado final de dois outros ensaios prévios idealizados pelo laboratório norte-americano Naval Research Laboratory: ensaio DT (*dynamic tear*) e ensaio DWTT (*drop weight tear test*), com modificações em relação ao atual DWTT.

O ensaio DWTT introduzido pelo Batelle Memorial Institute utiliza corpos de prova semelhantes aos corpos de prova Charpy tipo A da ASTM, porém de tamanho maior (Fig. 51). O impacto é dado por meio da queda de um peso sobre o corpo de prova apoiado e com o entalhe voltado para baixo. Os ensaios prévios acima mencionados permitiam que o impacto fosse dado por um martelo pendular, como no caso do ensaio Charpy, medindo-se então a energia absorvida. O ensaio atual é realizado em diferentes temperaturas, sendo a aparência da fratura, após separação completa das partes rompidas, o resultado do ensaio. A ASTM indica que uma energia de até 2.712 J rompe corpos de prova de aço de até 13 mm de espessura, com limite de resistência de até 70 kgf/mm^2 [17]. O entalhe do corpo de prova, para simular uma trinca real, é feito por pressão, por meio de uma ferramenta adequada, e não por usinagem. A espessura do corpo de prova é a mesma da chapa a ser ensaiada. Nos ensaios prévios, a trinca simulada era feita com uma solda fragilizante que servia como trinca inicial ou

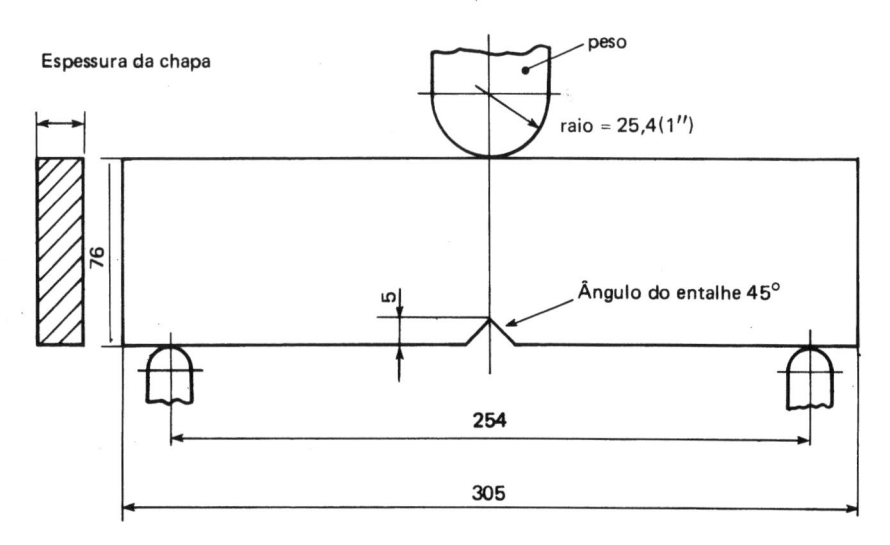

Figura 51. Corpo de prova do ensaio DWTT (medidas em mm) [17].

entalhe. Depois de realizados ensaios a diversas temperaturas, obtém-se a transição dúctil-frágil por meio dos critérios mencionados no item 3.4.4, sendo que o critério geralmente adotado é o de 50% de fratura frágil.

O ensaio DWTT é bastante reprodutível, e se aplica mais a tubos de paredes grossas. Por esse ensaio, mede-se o efeito metalúrgico da estrutura, bem como o efeito geométrico dado pela espessura da parede do tubo sobre a temperatura de transição, o que não acontece com o ensaio de impacto, que apenas mede o efeito metalúrgico, visto que o corpo de prova tem espessura constante, qualquer que seja a chapa ensaiada. Portanto, quando a parede do tubo se torna cada vez mais fina, o efeito geométrico se torna menor, e a temperatura de transição determinada pelo ensaio DWTT cai rapidamente, aproximando-se da temperatura de transição dada pelo ensaio de impacto, quando a parede do tubo fica igual à espessura do corpo de prova Charpy.

Metais e ligas metálicas que se cristalizam no sistema CFC não rompem por clivagem e, portanto, sua tenacidade independe da temperatura, não havendo temperatura de transição. Por isso, para se determinar as condições onde ocorre fratura frágil nesses materiais, recorre-se ao ensaio DWTT.

Exemplos de utilização deste ensaio são os seguintes: escolha de materiais por comparação com outros materiais, obtenção de resultados com relação a temperatura e tensões de trabalho, determinação da probabilidade e análise de ruptura frágil em serviço e o controle de qualidade de materiais [41].

3.7.3. Ensaio por explosão (*explosion bulge test* EBT)

Esse ensaio é utilizado para medir a resistência à propagação de trinca em estruturas grandes e para a determinação das temperaturas NDT, FTE e FTP. O corpo de prova é uma placa com uma seção quadrada de 355 mm de lado e espessura de 25 mm aproximadamente, contendo uma solda fragilizante, semelhante à solda do ensaio DWT, aplicada à superfície inferior da placa. O corpo de prova é colocado, à temperatura do ensaio, sobre um dispositivo e com a solda no lado a ser tracionado (Fig. 52). O carregamento é feito por meio de uma explosão controlada que produz altas tensões através do corpo de prova. Se a fratura por clivagem se propaga sob uma tensão menor que o limite de escoamento do material, obtém-se uma superfície plana, e a temperatura do ensaio será menor que NDT; caso contrário, havendo grande deformação plástica antes da fratura, obtém-se uma superfície abaulada, e a temperatura do ensaio será maior ou

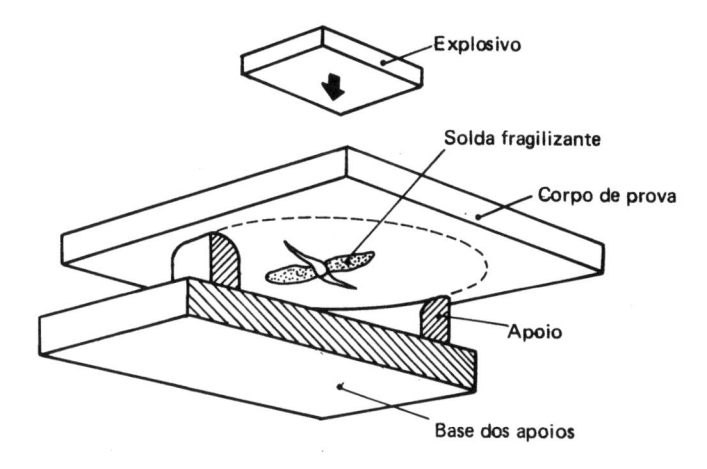

Figura 52. Esquema do ensaio por explosão [41].

igual a NDT. Se a trinca se interromper, pode-se avaliar a CAT do material. Considera-se a temperatura FTE, a temperatura do ensaio onde a fratura não atinge as bordas do corpo de prova. Em temperaturas inferiores, a trinca atingirá as bordas. Acima da temperatura FTP, não ocorre fratura, porém dá-se um pequeno rasgamento nas bordas do entalhe da solda. A Fig. 53 mostra um desenho esquemático das fraturas que podem ser obtidas.

Como desvantagens desse ensaio, podem ser mencionados sua complexidade e seu alto custo, além de não fornecer tensões mensuráveis para cálculos.

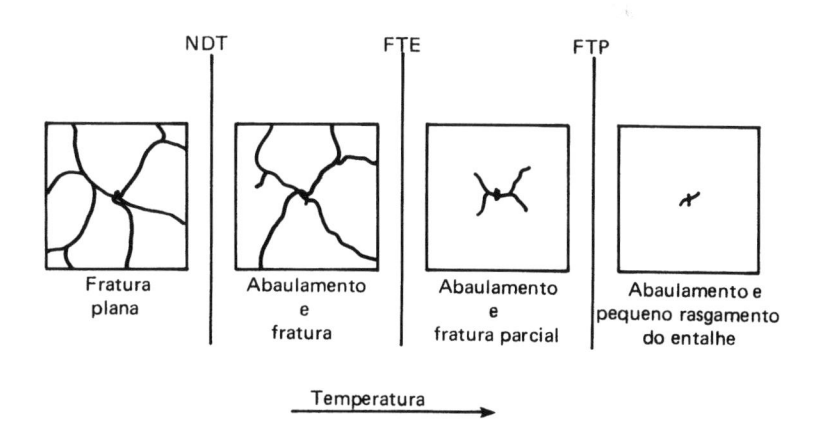

Figura 53. Aparência da fratura com o aumento da temperatura, no ensaio por explosão.

3.7.4. Ensaio de tração em corpo de prova entalhado

Esse ensaio também dá, como o ensaio de impacto, uma indicação da sensitividade ao entalhe nos metais. O entalhe, ocasionando a presença de uma concentração de tensões, induz à fratura frágil e assim, pelos resultados obtidos, verifica-se se o metal é ou não sensível à fratura frágil.

No presente ensaio, introduz-se pela tração uma condição biaxial de tensões na raiz do entalhe e uma condição triaxial no interior do corpo de prova, cujo formato é dado na Fig. 54 [1]. Nesse tipo de corpo de prova, o entalhe mais empregado tem 50% de área removida na região do entalhe. O valor do raio, R, pouco influi na triaxialidade das tensões.

Após a ruptura do corpo de prova por tração, pode-se calcular a resistência ao entalhe (RE) e a relação entalhe-resistência (RER) do metal na temperatura do ensaio [11].

$$(RE) = \frac{Q_{max}}{S_{0-e}}, \tag{49}$$

$$(RER) = \frac{(RE)}{\sigma_r}, \tag{50}$$

onde Q_{max} é a carga máxima atingida no ensaio, S_{0-e} é a área inicial na secção do entalhe e σ_r é o limite de resistência em corpo de prova não entalhado de mesmo material.

O valor de (RER) dá a medida da sensitividade ao entalhe. Se (RER) for menor que 1, o metal é frágil na presença do entalhe. Os metais dúcteis que possuem baixa concentração de tensões elásticas têm o valor de (RER) maior que 1 (Fig. 55) [11].

Verificou-se que (RE) cai bastante para aços com σ_r superiores a 140 kgf/mm², os quais são, portanto, frágeis na presença de entalhes (Fig. 55). Para aços com σ_r inferiores, eles são mais dúcteis e possuem então valores de (RER) maiores que 1, como já foi mencionado.

O valor do raio do entalhe tem grande influência nos resultados, principalmente nos aços de alta resistência. Reduzindo-se a relação a/R (Fig. 54), aumenta-se (RE) e (RER) para esses aços.

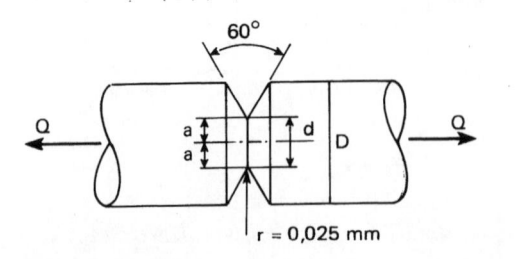

Figura 54. Corpo de prova para ensaio de tração com entalhe [1].

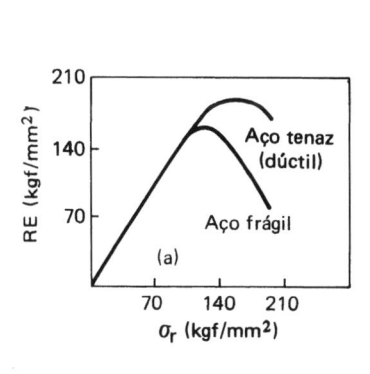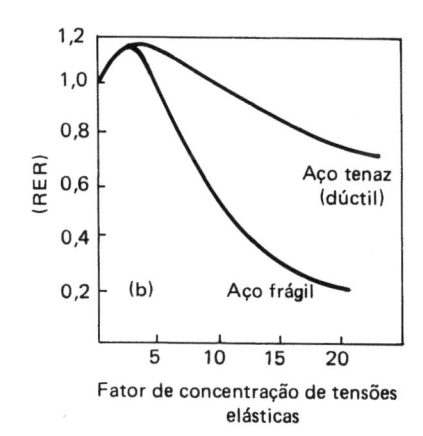

Figura 55. Efeito do limite de resistência e do fator de concentração de tensões elásticas em *RE* e em *RER* para aço dúctil e aço frágil [11].

A triaxialidade das tensões é alterada, se se varia a profundidade do entalhe, dada pela relação $1 - d^2/D^2$, ocasionando com isso também uma variação no valor de (*RER*).

O ensaio descrito não é comumente utilizado para determinação da temperatura de transição frágil-dúctil, porém pode ser adaptado para tal finalidade. A realização do ensaio em diversas temperaturas permite a verificação da transição, principalmente para chapas ou tubos muito finos, onde não se pode utilizar o ensaio de impacto ou o ensaio DWTT. Alguns autores preferem esse ensaio estático, argumentando que ensaios dinâmicos não correspondem às reais condições da prática. Outra adaptação de ensaio em corpo de prova entalhado é um ensaio que emprega esforço de dobramento, ficando o entalhe tracionado. Neste caso, são medidas a carga e a flecha (deformação) do corpo de prova. A carga de ruptura dá a sensibilidade ao entalhe, em comparação com corpos de prova não-entalhados. A flecha dá uma medida da ductilidade ao entalhe.

O ensaio de tração em corpos de prova entalhados é utilizado para escolha de materiais e controle de qualidade dos fabricantes, em metais de baixa e média resistências.

3.7.5. Ensaio de retenção de trinca de Robertson (*crack arrest test*)

Esse ensaio serve para determinar a temperatura CAT, que é a mais alta temperatura na qual pode ocorrer a propagação de uma trinca instável, em qualquer nível de tensão (item 3.2). É um ensaio caro e complicado, o que restringe o seu uso nos laboratórios.

O ensaio emprega um corpo de prova retangular, de 15 a 30 cm de largura, com espessura da chapa ensaiada (até 2,5 cm), que contém um entalhe numa extremidade [11] [41]. Aplica-se uma tensão uniforme de tração no corpo de prova, que possui um gradiente de temperatura ao longo da chapa, de modo que o entalhe fique na parte mais fria (Fig. 56). Essa extremidade mais fria é impactada por meio de um golpe, o que causa a movimentação rápida de uma trinca recém-formada ou previamente feita no entalhe. A trinca percorre a chapa, sendo segura (retida) num certo ponto do corpo de prova que está a uma certa temperatura mais alta. Essa temperatura dá uma certa ductilidade ao material, que evita a sua propagação. A propagação depende da tensão aplicada e da espessura da chapa. Quanto maior for a temperatura, a propagação somente ocorrerá se a tensão aplicada for maior que o limite de escoamento do material. Assim, obtém-se a temperatura de retenção da trinca, um dos pontos da curva CAT. O gradiente de temperatura é geralmente feito com nitrogênio líquido, na extremidade que contém o entalhe, e aquecimento por resistência elétrica, na extremidade oposta.

Pode-se modificar o ensaio, eliminando-se o gradiente de temperatura e ensaiando-se vários corpos de prova, em diversas temperaturas, cada vez mais altas, até que se determine a temperatura CAT com a tensão uniforme aplicada.

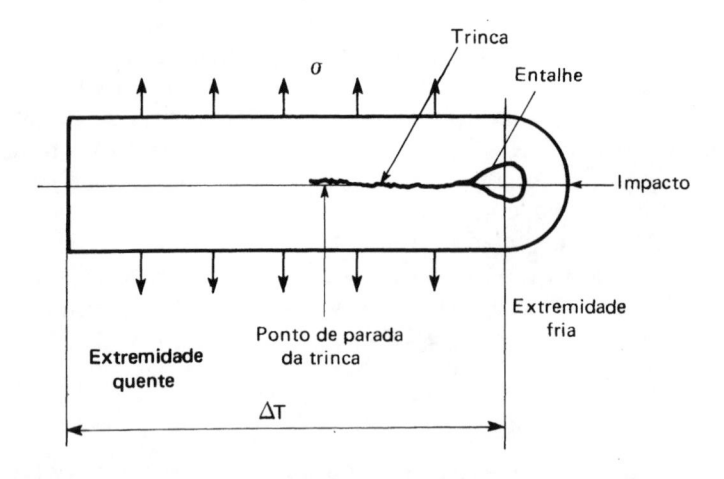

Figura 56. Ensaio de retenção de trinca de Robertson [11].

Capítulo 4
Ensaio de Dureza

4.1. Noções preliminares

A propriedade mecânica denominada dureza é largamente utilizada na especificação de materiais, nos estudos e pesquisas mecânicas e metalúrgicas e na comparação de diversos materiais. Entretanto, o conceito físico de dureza não têm um mesmo significado para todas as pessoas que tratam com essa propriedade. Essa conceituação divergente da dureza depende da experiência de cada um ao estudar o assunto [1]. Para um metalurgista, dureza significa a resistência à deformação plástica permanente; um engenheiro mecânico define a dureza como a resistência à penetração de um material duro no outro; para um projetista, a dureza é considerada uma base de medida para o conhecimento da resistência e do tratamento térmico ou mecânico de um metal e da sua resistência ao desgaste; para um técnico em usinagem de metais, a dureza fornece uma medida da resistência ao corte do metal; e para um mineralogista, a dureza tem um significado diferente, ou seja, o de medir a resistência ao risco que um material pode fazer em outro.

Assim, não é possível encontrar uma definição única de dureza que englobe todos os conceitos acima mencionados, mesmo porque para cada um desses significados de dureza, existem um ou mais tipos de medida adequados. Sob esse ponto de vista, pode-se dividir o ensaio de dureza em três tipos principais, que dependem da maneira com que o ensaio é conduzido, 1) por penetração; 2) por choque e 3) por risco.

O terceiro tipo é raramente usado para os metais, de modo que é dado aqui apenas o seu significado principal. Com esse tipo de medida de dureza, vários minerais e outros materiais são relacionados quanto à possibilidade de um riscar o outro. A escala de dureza mais antiga para esse tipo é a escala de Mohs (1822), que consiste em uma tabela de 10 minerais padrões arranjados na ordem crescente da possibilidade de ser riscado pelo mineral seguinte. Assim, verifica-se que o talco tem dureza Mohs 1 (isto é, pode ser riscado por todos os outros seguintes), seguindo-se a gipsita (2), calcita (3), fluorita (4), apatita (5), ortoclásio (6), quartzo (7), topázio (8), safira (9) e diamante (10). Desse modo, por exemplo, o quartzo risca o ortoclásio e é riscado pelo topázio. O cobre recozido tem dureza Mohs 3, pois ele risca a gipsita e é riscado pela fluorita; a martensita tem dureza Mohs aproximadamente igual a 7, e assim por diante.

Para os metais, essa escala não é conveniente, porque os seus intervalos não são propriamente espaçados para eles, principalmente na região de altas durezas e a maioria dos metais fica entre as durezas Mohs 4 e 8, sendo que pequenas diferenças de dureza não são precisamente acusadas por esse método.

Martens (1890) [3] definiu dureza por risco como a carga em gamas-força sob a qual um diamante de ângulo de 90° produziria um risco de 0,01 mm de largura num material qualquer. Hankins (1923) [3] alterou o ângulo acima para uma forma em V com ângulo podendo variar entre 72° e 90° e o modo de medir a dureza, como sendo o quociente entre a carga menos uma constante que dependeria do ângulo e o quadrado da largura obtida menos uma constante que também dependeria do ângulo, sendo todos esses valores medidos em gramas-força e milímetros. Bergsman (1951) [3] introduziu um outro tipo de dureza por risco, que mede a profundidade ou mesmo a largura de um risco feito com uma determinada carga aplicada num diamante sobre um material de dureza desconhecida. A medida dessa profundidade seria a dureza do material. Um outro tipo semelhante é a microdureza Bierbaum por risco feito com um diamante de formato igual a um canto de cubo, com um ângulo de contato de cerca de 35° e com uma carga igual a 3 gramas-força na superfície polida e atacada de um metal. Mede-se por meio de um microscópio a dureza, lendo-se a largura do risco, conforme a fórmula $K = 10^4/\lambda^2$, onde K é a dureza Bierbaum e λ é a largura medida em mícrons.

Esses métodos seriam úteis para a medição da dureza relativa de microconstituintes de uma liga metálica, mas não são métodos de medida precisa ou de boa reprodutibilidade, sendo mais usados no ramo da Mineralogia ou em certos estudos de pesquisa mais especializados.

Os dois primeiros tipos de dureza (por penetração e por choque) são mais usados no ramo da Metalurgia e da Mecânica, sendo que a dureza por penetração é a mais largamente utilizada e citada nas especificações técnicas. Serão vistos com mais pormenores as durezas por penetração Brinell, Rockwell, Vickers, Knoop e Meyer e a dureza por choque Shore (escleroscópica).

4.2. Dureza por penetração

4.2.1. Dureza Brinell

(a) *Técnica do ensaio*

A dureza por penetração, proposta por J. A. Brinell em 1900, denominada dureza Brinell e simbolizada por *HB*, é o tipo de dureza mais usado até os dias de hoje na Engenharia.

O ensaio de dureza Brinell consiste em comprimir lentamente uma esfera de aço, de diâmetro *D*, sobre a superfície plana, polida e limpa de um metal através de uma carga, *Q*, durante um tempo, *t*. Essa compressão provocará uma impressão permanente no metal com o formato de uma calota esférica, tendo um diâmetro, *d*, o qual é medido por intermédio de um micrômetro óptico (microscópio ou lupa graduados), depois de removida a carga (Fig. 57). O valor de *d* deve ser tomado como a média de duas leituras feitas a 90° uma da outra. A dureza Brinell é definida, em N/mm^2 (ou kgf/mm^2), como o quociente entre a carga aplicada pela área de contato (área superficial), S_c, a qual é relacionada com os valores *D* e *d*, conforme a expressão

$$HB = \frac{Q}{S_c} = \frac{Q}{\pi D \cdot p} = \frac{2Q}{\pi D(D - \sqrt{D^2 - d^2})}, \qquad (51)$$

sendo *p* a profundidade da impressão.

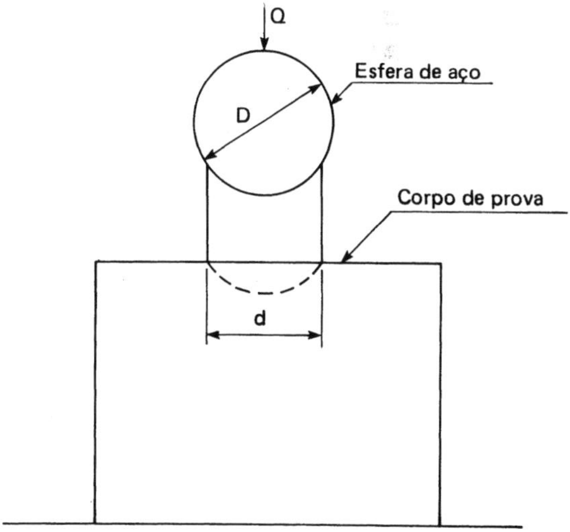

Figura 57. Método para obtenção da dureza Brinell.

Inicialmente J. A. Brinell propôs uma carga, Q, igual a 3 000 kgf e uma esfera de aço com 10 mm de diâmetro e as tabelas existentes, que fornecem diretamente a dureza Brinell calculada pela Expr. (51) para cada valor de d, são na maioria baseadas nesses dois valores de Q e D. Entretanto, para metais mais moles, a carga pode ser diminuída para evitar uma impressão muito grande ou profunda e, para peças muito pequenas, pode-se também diminuir o valor de D, a fim de que a impressão não fique muito perto das bordas do corpo de prova. Essas alterações em Q e em D devem ser feitas obedecendo-se um certo critério, que será discutido mais adiante, bem como a localização das impressões, que deverão obedecer aos métodos de ensaio existentes. Para metais excessivamente duros (HB maior que 500 kgf/mm^2), substitui-se a esfera de aço por esfera de carboneto de tungstênio para minimizar a distorção da esfera, o que acarretaria em valores falsos para d e, portanto, para HB. O tempo, t, é geralmente de 30 segundos, conforme as normas, mas pode ser aumentado para até 60 segundos, como no caso de metais de baixo ponto de fusão, como por exemplo o chumbo e suas ligas ($HB < 60$), onde pode ocorrer o fenômeno da fluência (*creep*) durante a aplicação da carga e onde um tempo curto poderia não ser suficiente para dar uma calota esférica que realmente forneça uma indicação correta da verdadeira deformação plástica do metal. Há normas, entretanto, que exigem apenas um tempo de 15 ou 10 segundos, em vez dos 30 segundos normais, como por exemplo as normas inglesas da British Standards para metais duros ($HB > 300$).

A unidade N/mm^2 ou kgf/mm^2, que deveria ser sempre colocada após o valor de HB, pode ser omitida, uma vez que a dureza Brinell não é um conceito físico satisfatório, porque a Expr. (51) não leva em consideração o valor médio da pressão sobre toda a superfície da impressão, que é o que realmente deveria ser observado.

A localização de uma impressão Brinell deve ser tal que mantenha um afastamento das bordas do corpo de prova de no mínimo duas vezes e meia o diâmetro, d, obtido e a espessura do corpo de prova, para ser ensaiado à dureza Brinell, deve ser no mínimo igual a dez vezes o diâmetro, d, obtido, para evitar, em ambos os casos, degenerações laterais e de profundidade, falseando o resultado. A distância entre duas impressões Brinell deve ser no mínimo igual a $5d$.

A peça a ser ensaiada deve estar muito bem apoiada, para se evitar algum deslocamento quando for aplicada a carga. Caso haja alguma movimentação da peça durante o ensaio, este fica invalidado. Esse procedimento vale também para outros tipos de dureza, que serão descritos mais adiante.

A limitação do uso da carga de 3 000 kgf com esfera de 10 mm de diâmetro proposta por Brinell pode ser contornada, considerando que se duas impressões feitas com cargas e esferas diferentes forem

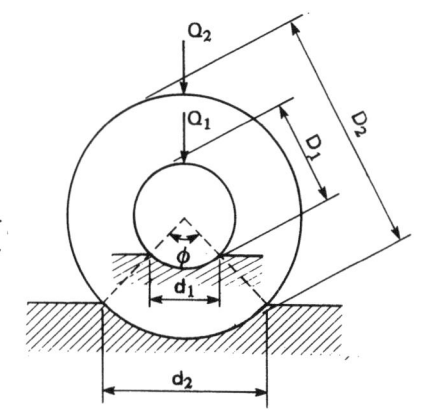

Figura 58. Impressões Brinell semelhantes, feitas com cargas e esferas diferentes.

semelhantes, os ângulos ϕ, que o centro das esferas faz com a impressão, são iguais (Fig. 58), isto é,

$$\operatorname{sen} \frac{\phi}{2} = \frac{d_1}{D_1} = \frac{d_2}{D_2} = \text{constante.} \tag{52}$$

Em uma primeira aproximação, as relações (52) podem ser admitidas quando Q/D^2 for mantido também constante, segundo Meyer [5]. Essa assertiva será depois discutida, quando for estudada a dureza Meyer mais adiante, embora aqui deva ser mencionado que a aproximação adotada é necessária, porque ela leva em consideração a pressão média sobre a unidade de área da impressão, o que não é verdade para o caso da Expr. (51).

Assim, para materiais homogêneos o uso de esferas de diâmetros diferentes e com cargas variáveis permite obter o mesmo valor da dureza, desde que a relação Q/D^2 seja constante. Também, segundo estudos de Meyer, verificou-se que os valores de dureza Brinell obtidos com diversas Q variavam muito pouco, desde que o diâmetro, d, ia impressão ficasse no intervalo de $0,25D$-$0,5D$ (sendo considerada a impressão ideal se o valor de d ficar na média entre esses dois valores), isto é, para qualquer D utilizado, o diâmetro, d, correspondente deve cair sempre nessa faixa. A Tab. 10 [3] mostra as pequenas variações obtidas na determinação da dureza Brinell, usando-se cargas e diâmetros diversos. Entretanto, para padronizar o ensaio e também no sentido de se obter sempre impressões de tamanho facilmente mensurável e sem distorções apreciáveis, foram fixados valores para a relação Q/D^2 para cada tipo de material. As esferas geralmente usadas (esferas padrões) têm diâmetros de 1, 2, 5 e 10 mm e os valores fixados para a relação são de 30 para os aços, ferros fundidos e ligas não-ferrosas muito duras, de 10 para ligas de cobre e ligas mais duras de alumí-

Tabela 10. Dureza Brinell para esferas de diferentes diâmetros [3]

Material	Diâmetro da esfera (mm)	Diâmetro da impressão (mm)	Carga (kgf)	Dureza Brinell
Aço A	10	6,3	3 000	85
	7	4,4	1 470	85
	5	3,13	750	87
	1,19	0,748	42,5	86
Aço B	10	4,75	3 000	159
	7	3,33	1 470	158
	5	2,35	750	163
	1,19	0,567	42,5	158
Aço C	10	3,48	3 000	306
	7	2,43	1 470	308
	5	1,75	750	302
	1,19	0,411	42,5	311

nio, de 5 para cobre, alumínio, ligas mais moles de alumínio e ligas antifricção e de 2,5 ou 1 para ligas de chumbo, estanho e metais patentes. Outras ligas não mencionadas são fixadas de acordo com o seu suposto valor de dureza. Desse modo obtém-se o valor da carga necessária, isto é, no caso da relação $Q/D^2 = 30$, com esfera de 5 mm, deve-se aplicar uma carga de 750 kgf durante 30 segundos e analogamente para os outros casos. Com isso, pode-se tabelar os valores de dureza obtidos, conforme o diâmetro d medido, para cada relação Q/D^2 fixada, a fim de evitar o cálculo de HB pela Expr. (51), o que seria muito trabalhoso. Em todos os casos, porém, ao ser fornecido um valor de dureza Brinell, deve-se mencionar qual a carga usada, qual o diâmetro da esfera e em certos casos, quando necessário, o tempo de manutenção da carga.

(b) Erros e limitações do ensaio

Quando é aplicada a carga, Q, na superfície do metal, esse é deformado plasticamente e ao ser retirada a carga, há sempre uma recuperação elástica, de modo que o diâmetro da impressão não é o mesmo quando a esfera está em contato com o metal, havendo um aumento do raio de curvatura da impressão. Essa recuperação será tanto maior quanto mais duro for o metal, porque os metais muito duros possuem zona plástica reduzida, tendo pois pouca deformação plástica. Portanto, a recuperação elástica é uma fonte de erros na determinação da dureza.

Para um metal recozido que tenha grande capacidade de encruamento, pode acontecer que o diâmetro da impressão real seja diferente do diâmetro medido, devido a um "amassamento" [1] do metal pela esfera que mascara a calota esférica obtida. Esse erro pode às vezes ser contornado, usando-se o método de pintar a superfície da esfera com um pigmento escuro para que o contorno da esfera fique nítido no metal. No caso inverso, em metais trabalhados a frio com pequena capacidade de encruamento, pode ocorrer uma "aderência" [1] das bordas do metal na esfera, de modo que o diâmetro medido fica maior que o diâmetro real.

Quando uma impressão é distorcida (metais muito moles), deve-se diminuir a carga para tentar obter uma impressão a mais circular possível, mas isso nem sempre é fácil de se conseguir, de modo que a média dos valores d pode não indicar com precisão a verdadeira dureza do metal. Em geral, pode-se aceitar uma variação dos dois diâmetros, d, medidos a 90° um do outro, de até 0,06 mm. No caso inverso (metais muito duros), pode ocorrer alguma deformação da esfera de aço, que aproximadamente, deve ter uma dureza mais que 2,5 vezes a dureza do corpo de prova, a fim de evitar essa deformação causadora de erros. Não sendo possível conseguir-se uma esfera com tal dureza, utiliza-se esfera de carboneto de tungstênio sinterizado.

Foi mencionado na introdução desse trabalho que o ensaio de dureza é um ensaio não-destrutivo; entretanto, no caso da dureza Brinell, muitas vezes o tamanho da impressão, sendo relativamente grande, pode inutilizar a peça, sendo essa uma limitação por vezes séria a esse ensaio.

A dureza Brinell não serve para peças que sofreram tratamento superficial (cementação, nitretação, etc.).

O fato da dureza Brinell utilizar a área de contato (área superficial) é considerado um fator de erro na determinação da dureza e Meyer sugeriu modificações nesse ensaio, baseando-se na área projetada.

Superfícies não planas não são propícias para o ensaio Brinell, pois acarreta erro na leitura do diâmetro, d. Em geral, admite-se uma superfície com um raio de curvatura mínimo de 5 vezes o diâmetro da esfera utilizada [23].

Como a impressão de dureza Brinell abrange uma área de contato maior que os outros tipos de dureza, ela é a única utilizada e aceita para metais que tenham uma estrutura interna não-uniforme, como é o caso dos ferros fundidos cinzentos.

O baixo custo dos aparelhos para medida de dureza Brinell favorece o largo emprego desse tipo de dureza nos laboratórios e indústrias.

(*c*) *Relação entre dureza Brinell e limite de resistência convencional*

Para o caso dos aços, existe uma relação empírica entre a dureza Brinell e o limite de resistência convencional muito útil para se saber aproximadamente o σ_r de um aço sem a necessidade de se fazer um ensaio de tração, algumas vezes impossível devido ao comprimento insuficiente da amostra. A relação é a seguinte [3],

$$\sigma_r \cong 0,36HB, \tag{53}$$

sendo σ_r dado em kgf/mm^2.

Para durezas maiores que $HB = 380$, entretanto, há a tendência da dureza aumentar mais rapidamente que o limite de resistência, provavelmente pela deformação da esfera ou por efeitos de tensões de compressão residuais na impressão, originárias de aços muito duros (temperados e revenidos). Assim, para durezas maiores, é inconveniente a aplicação da Expr. (53).

Segundo estudos experimentais de O'Neill (1934) [16], o valor 0,36 vale para aços-doces, mas para aços carbono e aços-ligas tratados termicamente, esse valor cai para 0,34 e 0,33 respectivamente. Para alguns metais não-ferrosos, o valor dessa constante é 0,49 para níquel recozido, 0,41 para níquel e latão encruados, 0,52 para cobre recozido, 0,55 para latão recozido e aproximadamente 0,40 para alumínio e suas ligas.

Estudos de Tabor [16] mostraram que a relação entre o limite de resistência e a dureza Brinell depende essencialmente do grau de encruamento do metal e desde que ele obedeça à Expr. (37) vista no ensaio de tração; assim essas relações poderiam, teoricamente, se aplicar a todos os metais.

(*d*) *Dureza Meyer*

A aproximação citada no item 4.2.1(a) a respeito da relação Q/D^2 é suprimida, se em lugar da área de contato, isto é, a área superficial da calota esférica, for usada a área da calota projetada no plano da superfície do corpo de prova. É o que foi sugerido por E. Meyer (1908) [1] [16] para dar uma definição mais racional de dureza, além de facilitar mesmo o cálculo da dureza por uma fórmula muito mais simples que a Expr. (51).

A pressão média, *p*, entre a superfície do penetrador esférico e a impressão causada é

$$p = \frac{Q}{\pi r^2}, \tag{54}$$

onde o denominador representa a área projetada da impressão.

A dureza Meyer, *HM*, é definida como a própria pressão média *p* da Expr. (54), isto é

$$HM = \frac{4Q}{\pi d^2},\tag{55}$$

a qual tem também a unidade N/mm^2 ou kgf/mm^2. O valor de *d* é o mesmo para as durezas Brinell e Meyer, mas a fórmula para calcular *HB* é diferente da fórmula para *HM*.

Esse método fornece um número de dureza que representa uma muito melhor aproximação do que o método Brinell, devido ao fato de que as forças laterais na superfície inclinada da calota esférica tendem a se anular e aplicando-se uma pressão bem uniforme, sem atrito, o valor da pressão média, *p*, será exatamente igual ao valor dado por (55). A dureza Brinell, quando aplicada a metais encruados, diminui ao ser aumentada a carga, ao passo que a dureza Meyer é menos sensível a esse acréscimo de carga, permanecendo constante. Para metais recozidos, porém, a dureza Meyer também varia, aumentando continuamente com a carga por causa do encruamento gradual ocasionado pela penetração da esfera; a dureza Brinell, para esses metais, também cresce com a carga até um determinado valor e depois cai, quando são aplicadas cargas mais altas, apresentando, pois, erros maiores. Apesar dessas vantagens, o método proposto por Meyer não é usado nos ensaios comuns dos metais, mas seu estudo fornece muitos dados úteis para a interpretação física do ensaio de dureza por penetração.

(e) Interpretação física das durezas Brinell e Meyer (lei de Meyer)

As diferenças entre as durezas Brinell e Meyer podem ser estudadas mediante estudos realizados principalmente por Meyer e Tabor [16].

Para que se produza uma impressão permanente num metal durante o ensaio de dureza, o esforço deve ultrapassar a zona elástica do material; dentro da zona plástica, porém, existe, como já foi visto, o fenômeno do encruamento que o metal sofre sob a ação da carga de compressão a que ele é submetido. Para se interpretar fisicamente o problema do ensaio de dureza Brinell ou Meyer, é necessário conhecer esse encruamento ou a forma da curva tensão (ou carga) × deformação sob ação da compressão, problema que se torna difícil pelas próprias condições de medida do ensaio, que são muito mais complexas que no ensaio de tração. Entretanto, experiências de Meyer com penetradores esféricos mostraram que, para uma dada esfera de diâmetro, *D*, existe uma relação entre a carga aplicada e o diâmetro da impressão.

$$Q = kd^{n'}\tag{56}$$

A Expr. (56) constitui a chamada lei de Meyer. k é uma constante do material que indica a resistência do metal à penetração e n' é o índice de Meyer e se relaciona com o grau de encruamento do metal. Conforme será visto mais adiante, n' se relaciona também com o coeficiente de encruamento, n, da Expr. (37) dado no ensaio de tração real. O valor de n' varia de 2 (para metais encruados e que têm portanto capacidade baixa de encruamento) até pouco mais de 2,5 (para metais completamente recozidos, isto é, que são capazes de encruar).

A lei de Meyer é obtida também para valores diferentes de D, sendo que o valor de n' quase não é alterado para cada metal; entretanto, k depende do diâmetro da esfera usada, sendo inversamente proporcional a D, ou seja k diminui com o aumento de D. Por isso, Meyer propôs ainda outra relação, independente de k, sendo função agora de d, D e uma constante C, ou seja

$$Q = C \frac{d^{n'}}{D^{n'-2}} \quad \text{ou} \quad \frac{Q}{d^2} = C \left(\frac{d}{D}\right)^{n'-2},$$

ou ainda

$$\frac{Q}{D^2} = C \left(\frac{d}{D}\right)^{n'} \tag{57}$$

Pela Fig. 58 e Expr. (52), para impressões semelhantes, d/D é constante e, portanto, pela segunda Expr. (57), Q/d^2 também é constante; como Q/d^2 é proporcional à dureza Meyer, conforme a Expr. (55), pode-se já concluir que a dureza Meyer é a mesma para quaisquer impressões semelhantes. Pela terceira Expr. (57), conclui-se da mesma maneira que para Q/D^2 constante, também se obtém a mesma dureza, donde se explica o método Brinell com cargas e esferas variáveis.

Segundo O'Neill [5], metais que têm o índice de Meyer igual a 2,2 ou menos o valor da constante numérica da Expr. (53) é da ordem de 0,36. Se n' for maior, o valor dessa constante numérica também aumenta, sendo esse aumento geralmente válido para todos os metais e ligas.

As constantes k e n' podem ser determinadas, transformando a relação (56) em uma relação logarítmica

$$\log Q = \log k + n' \log d \tag{58}$$

e constituindo um gráfico carga (em kgf) *versus* diâmetro da impressão (em mm), que resultará uma reta. O valor de n' é obtido pela inclinação da reta e o valor de k pode ser determinado como a carga que produz uma impressão de diâmetro $d = 1$ mm (no gráfico, pode-se obter k por extrapolação). A Fig. 59 mostra o gráfico para cobre recozido e cobre encruado [16].

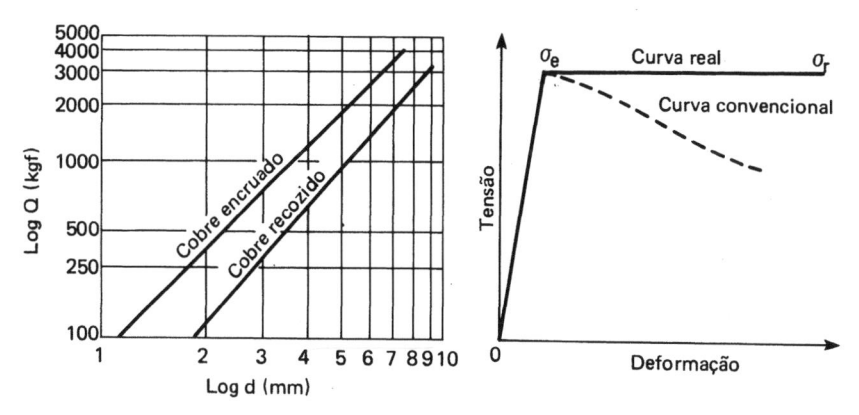

Figura 59. Gráfico logarítmico da Expr. (56) para cobre recozido e cobre encruado [16].

Figura 60. Curvas tensão-deformação para um metal plástico "ideal" [16].

Tabor [16] prosseguiu os estudos de Meyer no sentido de interpretar fisicamente o ensaio de dureza por penetração. Considerou ele primeiramente um metal "ideal", onde não houvesse o fenômeno do encruamento (Fig. 60). Para um metal como esse, quando o valor da carga, Q, ainda está dentro da zona elástica, a pressão média, p, sobre a área de contato é proporcional a $Q^{1/3}$. No ponto de escoamento do metal, a pressão é igual a

$$p \cong 1,1\sigma_e, \tag{59}$$

conforme Timoshenko e Daves; assim, a deformação sob a esfera é elástica até que p atinja esse valor. Tabor demonstrou que a tensão de cisalhamento máxima ocorre a uma profundidade de $d/4$, imediatamente abaixo do centro da impressão.

Na zona plástica, a pressão cresce com o aumento da carga até assumir o valor

$$p \cong 3\sigma_e, \tag{60}$$

permanecendo constante mesmo que a carga se eleve ainda mais (Hencky e Ishlinsky) [16]. A Fig. 61 mostra desse modo a variação de p com Q.

O ensaio de dureza Brinell ou Meyer é realizado na região *FG* do gráfico da Fig. 61; para metais muito encruados, que podem ser assimilados a metais "ideais", pois possuem um grau de encruamento pequeno, podem-se fazer impressões grandes de dureza com esferas bem lubrificadas e nesses metais, verifica-se que a dureza Meyer (*HM* igual a *p*) obedece à Expr. (60). Mais precisamente, conforme experiências desse tipo feitas por Bishop, Hill e Mott [1] [16], verificou-se que

$$p \cong 2,8\sigma_e. \tag{61}$$

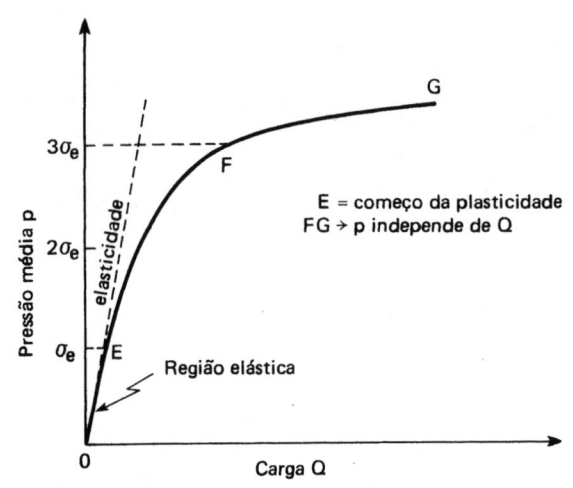

Figura 61. Curva esquemática da variação da pressão média de escoamento com a carga, para um penetrador esférico, num ensaio de dureza em um metal plástico "ideal" [16].

Pela Fig. 60, pode-se ainda verificar o valor de $n' = 2$ para metais muito encruados, pois para esses metais, Q é quase constante, e daí, conforme a Expr. (55), $HM = p = 4Q/\pi d^2 = constante$ e, portanto, $Q = constante \times d^2$, que é da mesma forma da lei de Meyer da Expr. (56). Donde, $n' = 2$ aproximadamente.

Se a carga não chegar a atingir a região FG da Fig. 61, não se tem completa plasticidade, o valor da dureza Meyer é menor que o verdadeiro e o valor de n' ficará bem maior que 2,5 (que seria o valor limite para n') [16]. Desse modo, a lei de Meyer não é obedecida, pois não se estaria levando em conta o encruamento do metal. Em dados práticos, usando-se uma esfera com diâmetro de 10 mm, deve-se exceder 50 kgf para cobre com $HB = 100$ e 1 500 kgf para um aço com $HB = 400$. Para outras esferas (D diferente de 10 mm), essas cargas críticas são proporcionais a D^2, conforme foi visto. Caso contrário, a dureza de um cobre trefilado poderia dar, com esse exemplo, sempre maior que a de um aço recozido.

Para um metal "ideal", $\sigma_e = \sigma_r$, donde $p = 2,8\sigma_r$ ou $\sigma_r = p/2,8 = 0,36p$ e como $p = HM$, $\sigma_r = 0,36HM$, que é igual à Expr. (53) para a relação entre HB e σ_r, onde a área usada é a superficial e não a área projetada.

Para os metais reais, existe o fenômeno do encruamento, de modo que a carga cresce sempre a partir do ponto E da Fig. 61 e o grau de encruamento produzido pela impressão, à medida que a carga (pressão) sobe, não será mais constante. Entretanto, resultados empíricos mostraram que também nesse caso $p \cong 2,8\sigma_e$ para um metal encruado; Jindal e Armstrong [16], em outras experiências, mostraram que para metais recozidos e portanto encruáveis, o valor de p é de cerca de $5\sigma_e$.

Tabor [16] relacionou as Exprs. (37) e (56) e concluiu que

$$n' = n + 2; \tag{62}$$

válido para uma série de metais em experiências práticas (latão, cobre, aço, níquel, alumínio), também constatadas por O'Neill. A relação (62) é válida pela extensão dos estudos de Tabor para metais reais, de onde ele também concluiu, baseado na Expr. (59), que p é função de d/D (isto é, impressões geometricamente semelhantes têm a mesma dureza Meyer), porque a deformação que p ocasiona também é proporcional a d/D. Tabor inclusive calculou a deformação traçando curvas tensão-deformação reais pelo ensaio de dureza e verificou a correspondência entre essa deformação e a deformação causada pelo ensaio de tração, como sendo

$$\varepsilon = 0,2 \frac{d}{D}. \tag{63}$$

Assim, para vários metais, puderam ser construídas curvas reais de tração por meio de ensaios de dureza, aplicando-se cargas sucessivas ao longo da linha FG da Fig. 61. Para metais de alta anisotropia de deformação, como o magnésio, esse método não é obedecido (Lenhart) [16]. Como um exemplo prático, se uma esfera de 1 mm de diâmetro produz uma impressão de diâmetro $d = 0,5$ mm, então $\varepsilon = 0,2 \times 0,5/1 = 0,1$, isto é, p é a medida da tensão a uma deformação de 0,1 ou seja de 10%. Portanto, conforme a Expr. (61): $p = 2,8\sigma_{0,1}$. Deve-se recordar que um metal encruado, ao ser descarregado e carregado novamente, o seu σ_e mede a posição da curva no ponto de descarregamento [item 2.2.4(h)], de modo que a Expr. (61) fornece os diversos valores de p, conforme a deformação dada e assim, tem-se uma comparação entre p e σ para diversas deformações.

Concluindo, verifica-se que nem a dureza Brinell, nem mesmo a dureza Meyer podem avaliar com grande precisão a dureza de um metal, principalmente se ele estiver num grau de recozimento elevado (veja-se ainda o "amassamento" da impressão pela dureza Brinell já referido). Somente calculando-se o valor de k e de n', é que se pode determinar corretamente a sua dureza por penetração esférica. Entretanto, para os ensaios de rotina, o método Brinell é largamente empregado pela sua simplicidade e rapidez, servindo então como ensaio comparativo entre metais submetidos aos mesmos tratamentos. Para a determinação da capacidade de encruamento do material, entretanto, o ensaio de dureza com penetrador esférico não é interessante, porque está confinado a deformações muito pequenas, sendo o ensaio de tração o mais indicado, pois leva o metal até a ruptura. É de se notar que nas discussões feitas, não foram considerados certos fatores que podem influir nos resultados, tais como deformação do penetrador, velocidade de aplicação da carga e atritos entre penetrador e corpo de prova; o primeiro fator pode ver desprezado sem que seja introduzido erro apreciável, se o corpo de prova tiver uma dureza não excessivamente alta e se a esfera for de um aço realmente duro; o segundo fator pode ser controlado a um valor bem baixo para que o ensaio possa ser estático e quanto ao terceiro, pode-se minimizá-lo por meio de lubrificantes.

4.2.2. Dureza Rockwell

(a) Vantagens e técnica do ensaio

O segundo tipo de dureza por penetração foi introduzido em 1922 por Rockwell, que leva o seu nome e oferece algumas vantagens significantes, que fazem esse tipo de dureza ser de grande uso internacional.

A dureza Rockwell, simbolizada por HR, elimina o tempo necessário para a medição de qualquer dimensão da impressão causada, pois o resultado é lido direta e automaticamente na máquina de ensaio, sendo, portanto, um ensaio mais rápido e livre de erros pessoais. Além disso, utilizando penetradores pequenos, a impressão pede muitas vezes não prejudicar a peça ensaiada e pode ser usada também para indicar diferenças pequenas de dureza numa mesma região de uma peça. A rapidez do ensaio torna-o próprio para usos em linhas de produção, para verificação de tratamentos térmicos ou superficiais e para laboratório.

A dureza Rockwell pode ser realizada em dois tipos de máquinas, que só se diferenciam pela precisão de seus componentes, tendo ambas a mesma técnica de operação; a máquina-padrão mede a dureza Rockwell comum e a máquina mais precisa mede a dureza Rockwell superficial.

O ensaio é baseado na profundidade de penetração de uma ponta, subtraída da recuperação elástica devida à retirada de uma carga maior e da profundidade causada pela aplicação de uma carga menor. Os penetradores utilizados na dureza Rockwell são do tipo esférico (esfera de aço temperado) ou cônico (cone de diamante, também chamado penetrador-Brale, tendo 120° de conicidade). Com qualquer desses penetradores, a carga menor é então aplicada para fixar bem o corpo de prova, ou seja, para garantir um contato firme com a superfície do corpo de prova. Depois de aplicada e retirada a carga maior, a profundidade da impressão é dada diretamente no mostrador da máquina, em forma de um número de dureza, após voltar a carga ao valor menor. A leitura deve ser feita numa escala apropriada ao penetrador e à carga

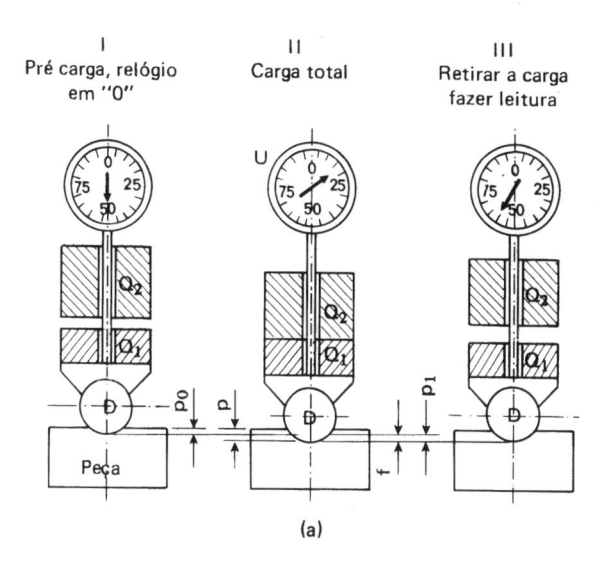

(a)

(b)

Figura 62. (a) Seqüência de operações de dureza Rockwell (esquemático); (b) mostrador da máquina de dureza Rockwell comum: D = penetrador; Q_1 = pré-carga; Q_2 = carga maior; U = relógio (uma rotação = 0,2 mm e uma divisão = 0,002 mm); p_0 = profundidade de penetração da pré-carga; p_1 = profundidade de penetração da carga maior; p = profundidade de penetração total, inclusive elasticidade da peça e da máquina; f = deflexão.

utilizada. A máquina já vem provida das escalas justapostas que servem para todos os tipos de dureza Rockwell existentes. Essas escalas de dureza Rockwell são arbitrárias, porém baseadas na profundidade da penetração e são designadas por letras (*A, B, C*, etc.), as quais devem sempre aparecer após a sigla *HR* para diferenciar e definir a dureza. O número de dureza obtido corresponde a um valor adimensional, ao contrário da dureza Brinell.

Vista em detalhes, a máquina contém um pequeno ponteiro auxiliar indicador da profundidade, que registra o momento em que a carga menor (pré-carga) é aplicada na amostra; quando esse ponteiro atingir um ponto existente no mostrador, a carga menor estará aplicada integralmente. Simultaneamente, o ponteiro maior gira no sentido horário. Caso a escala do ponteiro maior fique fora do zero, após ser atingida a pré-carga, deve-se acertar o zero nesse momento. Por meio de um dispositivo da máquina, aciona-se a alavanca que aplica em seguida a carga maior com uma velocidade controlada e constante, aumentando assim a penetração, com a qual o ponteiro maior gira em sentido anti-horário. Retirada a carga maior pelo acionamento manual da alavanca de volta, logo depois que ela parou, o ponteiro se move no sentido horário, acusando a dureza da amostra. Para a retirada da amostra da máquina, gira-se a rosca que apoia o corpo de prova, descarregando completamente a máquina. A Fig. 62 mostra a seqüência de operações esquematicamente e o mostrador da máquina de dureza Rockwell comum.

(b) Escalas usadas e precauções exigidas

A dureza Rockwell comum emprega várias escalas independentes umas das outras, que dependem da penetração. Um número alto de dureza corresponde a uma pequena profundidade da impressão e um número baixo, a uma impressão profunda. Por isso, as escalas da máquina são invertidas para se ler valor de dureza diretamente. As escalas cobrem toda a gama de dureza encontrada nos metais. Na Tab. 11 [17] são dadas as escalas usadas com o tipo de penetrador, as cargas maiores e algumas aplicações de cada escala. A pré-carga da dureza Rockwell comum é sempre de 10 kgf.

A dureza Rockwell superficial emprega igualmente várias escalas independentes e é utilizada para ensaios de dureza em corpos de prova de pequena espessura, como lâminas, e para metais que sofreram algum tratamento superficial, como cementação, nitretação, etc. A Tab. 12 [17] mostra as várias escalas, cargas maiores e aplicações. No caso da dureza Rockwell superficial, a pré-carga é sempre de 3 kgf.

Conforme mostra a Tab. 11, existem duas escalas de dureza Rockwell comum nas máquinas comerciais: preta e vermelha. Nas

Tabela 11. Escalas de dureza Rockwell e aplicações típicas [17]

Símbolo de escala	Penetrador	Carga maior (kgf)	Cor da escala	Aplicações das escalas
B	Esfera de 1,59 mm ϕ	100	Vermelha	Ligas de cobre, aços moles, ligas de alumínio, ferro maleável, etc.
C	Diamante	150	Preta	Aço, fofo duro, fofo maleável perlítico, titânio, aço endurecido e outros metais mais duros que $HR_B = 100$.
A	Diamante	60	Preta	Carbonetos cementados, aço fino, e aços endurecidos de baixa camada de endurecimento.
D	Diamante	100	Preta	Aplicações de aços com camada de endurecimento entre os dois casos acima mencionados, fofo maleável perlítico.
E	Esfera de 3,17 mm ϕ	100	Vermelha	Fofo, ligas de Al e Mg, metais para mancais.
F	Esfera de 1,59 mm ϕ	60	Vermelha	Ligas de Cu recozidas, chapas finas de metais moles.
G	Esfera de 1,59 mm ϕ	150	Vermelha	Fofo maleável, liga Cu-Ni-Zn, cupro-níqueis. Aplicações até $HR_G = 92$ para evitar achatamento da esfera.
H	Esfera de 3,17 mm ϕ	60	Vermelha	Alumínio, zinco, chumbo.
K	Esfera de 3,17 mm ϕ	150	Vermelha	Metais para mancais e outros metais muito moles ou finos. Usar a menor esfera e a maior carga possíveis.
L	Esfera de 6,35 mm ϕ	60	Vermelha	
M	Esfera de 6,35 mm ϕ	100	Vermelha	
P	Esfera de 6,35 mm ϕ	150	Vermelha	
R	Esfera de 12,70 mm ϕ	60	Vermelha	
S	Esfera de 12,70 mm ϕ	100	Vermelha	
V	Esfera de 12,70 mm ϕ	150	Vermelha	

próprias máquinas estão indicadas também as instruções para a leitura da dureza na escala correta. As máquinas de dureza Rockwell superficial contém apenas uma escala que serve para todos os tipos dados na Tab. 12.

Ao se fazer uma dureza num material desconhecido, deve-se primeiro tentar uma escala mais alta para evitar danificação do penetrador. Assim, por exemplo, usa-se antes a escala Rockwell $C(HR_C)$ para depois tentar as outras, caso o resultado caia fora do intervalo de dureza HR_C.

As escalas mais utilizadas são B, C, F, A, N e T. As demais só são empregadas em casos especiais. A escala C tem seu uso prático entre os números 20 e 70. Abaixo de 20, deve-se empregar a escala B para evitar

Tabela 12. Escalas de dureza Rockwell superficial e aplicações típicas [17]

Carga maior (kgf)	Escala N (Penetração de diamante)	Escala T (Esfera 1,59 mm)	Escala W (Esfera 3,17 mm)	Escala X (Esfera 6,35 mm)	Escala Y (Esfera 12,70 mm)
15	15-N	15-T	15-W	15-X	15-Y
30	30-N	30-T	30-W	30-X	30-Y
45	45-N	45-T	45-W	45-X	45-Y

Escala	
N	Metais similares aos usados pelas escalas *C, A* e *D*
T	Metais similares aos usados pelas escalas *B, F* e *G*
W	
X	Materiais muito moles
Y	

erros; a dureza Rockwell *B* varia de aproximadamente 50 a 100, a escala *F*, entre 73 e 116,5 e a escala *A* é a de maior amplitude de variações. Existem tabelas, como por exemplo na norma E-140 da ASTM [17], que mostram as variações de todas as escalas, além da conversão empírica de uma escala Rockwell em outra ou em outros tipos de dureza (Brinell e Vickers).

Para se saber a profundidade mínima em milímetros do penetrador, pode-se empregar as seguintes fórmulas empíricas:

1) para penetrador de diamante,

HR comum   profundidade $= 0,002 \cdot (100 - HR)$,
HR superficial   profundidade $= 0,001 \cdot (100 - HR)$;

2) para penetrador esférico,

HR comum   profundidade $= 0,002 \cdot (130 - HR)$,
HR superficial   profundidade $= 0,001 \cdot (100 - HR)$.

A superfície da amostra deve ser lixada para eliminar alguma irregularidade que possa ocasionar erros. Mesmo assim, a carga menor serve também para minimizar o efeito dessas irregularidades superficiais, bem como de alguma "aderência" das bordas do metal no penetrador [item 3.2.1(b)]. A primeira leitura de ensaio de dureza Rockwell deve ser desprezada, porque essa primeira impressão serve apenas para ajustar bem o penetrador na máquina. Se a superfície da amostra não for plana, deve-se fazer uma correção ao valor de dureza encontrado, porque a dureza Rockwell se baseia na profundidade e não na área. As normas *E*-18 da ASTM, MB-358 da ABNT e outras fornecem a correção a ser adicionada, conforme o diâmetro da curvatura. Existem trabalhos teóricos e práticos que fundamentam essa correção. Teoricamente, para penetradores esféricos, a correção se baseia na área de contato perpendicular à linha de aplicação da carga entre um corpo de prova cilíndrico e a esfera penetradora. Essa área projetada num plano paralelo dá uma elipse de tamanho variável, conforme a profundidade de penetração, p. Comparando-se a área dessa elipse com a área produzida numa amostra plana tendo outra profundidade de penetração p', obtêm-se relações matemáticas que indicam a correção necessária para se obter a dureza verdadeira em corpo de prova cilíndrico [17] [20].

A espessura mínima para o caso de dureza Rockwell comum é dez vezes a profundidade da impressão. Se a impressão perfurar ou mesmo se ela puder ser notada do outro lado do corpo de prova, deve-se passar para uma escala menor ou então para a dureza Rockwell Superficial. As impressões de dureza devem ser espaçadas uma das outras de pelo menos três vezes o diâmetro da impressão para evitar interferência entre elas. No caso de dureza Rockwell Superficial, recomenda-se o uso da escala 45-T para espessuras de chapas acima de 1 mm, 30-T e 45-N para espessuras acima de 0,9 mm, 15-T e 30-N para espessuras acima de 0,5 mm e 15-N para espessuras acima de 0,4 mm.

(c) *Relações matemáticas empíricas da dureza Rockwell e conversões de dureza*

O número de dureza Rockwell é definido por uma equação do tipo

$$HR = C_1 - C_2 \,\Delta p, \tag{64}$$

onde C_1 e C_2 são constantes para cada escala usada e Δp é a diferença em milímetros de profundidade, isto é, a profundidade causada pela aplicação da carga total menos a profundidade causada pela aplicação da carga menor [8]. A Tab. 13 fornece o valor numérico dêsses constantes.

A conversão de dureza Rockwell em dureza Brinell [8] pode ser deduzida matematicamente da seguinte maneira: pela Expr. (51) pode-se deduzir o valor de p

$$p = \frac{Q}{\pi D(HB)},$$

ou

$$\Delta p = \frac{\Delta Q}{\pi D(HB)}.$$

Portanto, da Expr. (64) vem

$$(HR) = C_1 - C_2 \,\frac{\Delta Q}{\pi D(HB)}, \tag{65}$$

que é a fórmula teórica para a conversão.

Tabela 13. Coeficientes para conversão de HR e HB [8]

Escala Rockwell	C_1	C_2 (mm^{-1})	C_3	C_4 (kgf/mm^2)	C_5 (kgf$^{1/2}$mm^{-1})
B	130	500	134	6 700	–
C	100	500	115	–	1 500
A	100	500	100	–	750
D	100	500	100	–	1 110
E	130	500	130	6 000	–
F	130	500	130	12 000	–
G	130	500	130	14 000	–
15-N	100	1 000	100	–	690
30-N	100	1 000	100	–	1 240
45-N	100	1 000	100	–	1 630
15-T	100	1 000	100	2 400	–
30-T	100	1 000	100	5 400	–
45-T	100	1 000	100	8 400	–

Pela Tab. 13, por exemplo, verifica-se que, para a escala Rockwell B, $C_1 = 130$, $\Delta Q = 90$ kgf (isto é, $100 - 10$) e $D = 1,588$ mm. Substituindo em (65) vem

$$HR_B = 130 - \frac{9\,000}{HB},$$

estando arredondado o valor 9 000.

A Expr. (65) pode não coincidir com as tabelas de conversão existentes, pois os coeficientes C_1 e C_2 são valores aproximados e a medida da dureza também está sempre sujeita a erros pessoais, principalmente a dureza Brinell.

Outras expressões foram sugeridas para usar coeficientes mais precisos (Tab. 13), tais como

$$HR \cong C_3 - \frac{C_4}{HB}, \tag{66}$$

$$HB = \left(\frac{C_5}{C_3 - HR}\right)^2. \tag{67}$$

Uma relação semelhante à que foi vista no estudo de dureza Brinell que relaciona HR com o limite de resistência de um metal foi proposta por Peek e Ingerson (1939) [18], que também se baseia na lei de Meyer. A relação é considerada uma tentativa para o problema, válida para alguns metais somente, segundo os autores, e portanto não será dado aqui um estudo mais pormenorizado sobre o assunto. A relação proposta é aplicável somente a penetradores esféricos e é a seguinte,

$$\left(\frac{\Delta p}{D}\right)^{1+k} = \frac{(1+k)C(Q-Q_0)}{\sigma_r D^2}, \tag{68}$$

onde D é o diâmetro do penetrador, Q é a carga maior, Q_0 é a carga menor, C e k são constantes adimensionais, proporcionais à capacidade de encruamento do metal. Segundo os autores, a relação (68) é obedecida para valores de $\Delta p/D$ menores que 0,1.

Entretanto, como já foi mencionado, a melhor maneira para fazer a conversão de durezas Rockwell, Brinell e Vickers é recorrer às tabelas existentes (E-140 da ASTM, Metals Handbook da ASM de 1948, BS 860, etc.). Essas tabelas separam as conversões para cada tipo de material, baseando-se no grau de encruamento sofrido e no módulo de elasticidade de cada metal, pois esses são os fatores básicos que influenciam a dureza dos metais. Os números de dureza constantes das tabelas são valores obtidos, obedecendo-se um ensaio de dureza correto, com todos os requisitos e precauções necessários para se ter uma impressão perfeita, sem defeitos. Impressões defeituosas não podem ser convertidas em outro tipo de dureza.

4.2.3. Dureza Vickers

(a) Técnica e vantagens do ensaio

Essa dureza foi introduzida em 1925 por Smith e Sandland, levando o nome Vickers, porque a Companhia Vickers-Armstrong Ltda. fabricou as máquinas mais conhecidas para operar com esse tipo de dureza. O penetrador é uma pirâmide de diamante de base quadrada, com um ângulo de 136° entre as faces opostas. Esse ângulo produz valores de impressões semelhantes à dureza Brinell, porque a relação ideal d/D da dureza Brinell sendo 0,375 [item 4.2.1(a)], para essa relação ideal, as tangentes à esfera partindo dos cantos da impressão fazem entre si um ângulo de 136° (Fig. 63).

Figura 63. Ângulo das tangentes à esfera, para a relação $d/D = 0,375$ na dureza Brinell.

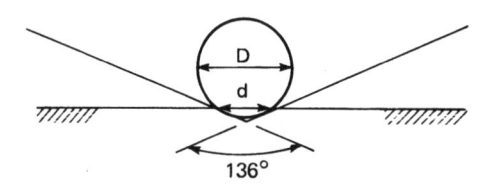

Como o penetrador é um diamante, ele é praticamente indeformável e como todas as impressões são semelhantes entre si, não importando o seu tamanho, a dureza Vickers (*HV*) é independente da carga, isto é, o número de dureza obtido é o mesmo qualquer que seja a carga usada para materiais homogêneos. Para esse tipo de dureza, a carga varia de 1 até 100 ou 120 kgf. A mudança da carga é necessária para se obter uma impressão regular, sem deformação e de tamanho compatível para a medida de suas dimensões no visor da máquina; isso depende, naturalmente, da dureza do material que se está ensaiando, como no caso da dureza Brinell. A forma da impressão é um losango regular, ou seja, quadrada, e pela média *L* das suas diagonais, tem-se, conforme a expressão seguinte, a dureza Vickers.

$$HV = \frac{\text{carga}}{\text{área da superfície piramidal}} = \frac{2Q \operatorname{sen}\dfrac{136}{2}}{L^2}$$

ou seja,

$$HV = \frac{1,8544Q}{L^2}. \tag{69}$$

Como *Q* é dado em kgf ou *N* e *L* em mm, a dimensão da dureza Vickers é N/mm^2 ou kgf/mm^2. Esse tipo de dureza fornece, assim, uma escala contínua de dureza (de $HV = 5$ até $HV = 1\,000\,kgf/mm^2$) para cada carga usada. Entretanto, para cargas muito pequenas, a dureza Vickers pode variar de uma carga para outra [item 4.2.4(b)], sendo então necessário mencionar a carga usada toda vez que se ensaiar um metal. A área deve ser medida com precisão, e para esse fim existe um microscópio acoplado à máquina para a determinação das diagonais, *L*, com grande precisão, cerca de 1 mícron. A carga é aplicada levemente na superfície plana da amostra, por meio de um pistão movido por uma alavanca e é mantida durante cerca de 18 segundos, depois do qual é retirada e o microscópio é movido manualmente até que focalize a impressão. Para cargas muito altas (120 kgf), pode-se também usar esferas de 1 ou 2 mm de diâmetro na mesma máquina, sendo então a máquina Vickers usada como máquina de dureza Brinell. A Fig. 64 mostra a dureza Vickers esquematicamente.

As principais vantagens do método Vickers são [5] 1) escala contínua; 2) impressões extremamente pequenas que não inutilizam a peça (Fig. 65); 3) grande precisão de medida; 4) deformação nula do penetrador; 5) existência de apenas uma escala de dureza; 6) aplicação para toda a gama de durezas encontradas nos diversos materiais; 7) aplicação em qualquer espessura de material, podendo portanto medir também durezas superficiais (item 4.2.4).

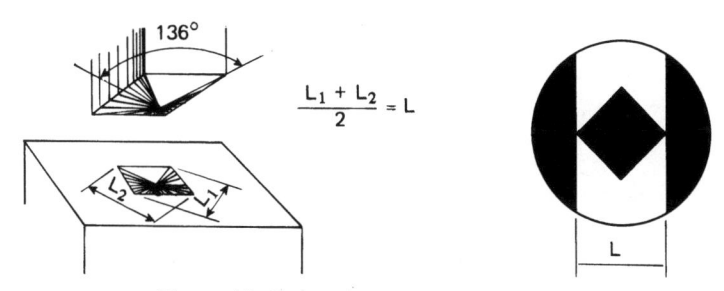

Figura 64. Penetrador e impressão Vickers.

O ensaio é, porém, mais demorado e exige uma preparação cuidadosa do material a ser ensaiado para tornar nítida a impressão, de modo que o uso da dureza Vickers ainda não encontrou uso rotineiro como a dureza Brinell ou Rockwell. Utiliza-se muito a dureza Vickers para pesquisas, estudos e mais especificamente para determinação de profundidade de têmpera nos aços, profundidade de camadas de proteção superficial, profundidade de descarbonetação nos aços, para lâminas finíssimas, para ensaios de metais muito duros ou muito moles, etc.

Existem tabelas que fornecem diretamente, conforme a Expr. (69), a dureza Vickers para cada carga usada e o correspondente valor da diagonal L medido. Essas tabelas vêm junto com as máquinas e correspondem às cargas existentes e possíveis de serem aplicadas com cada máquina.

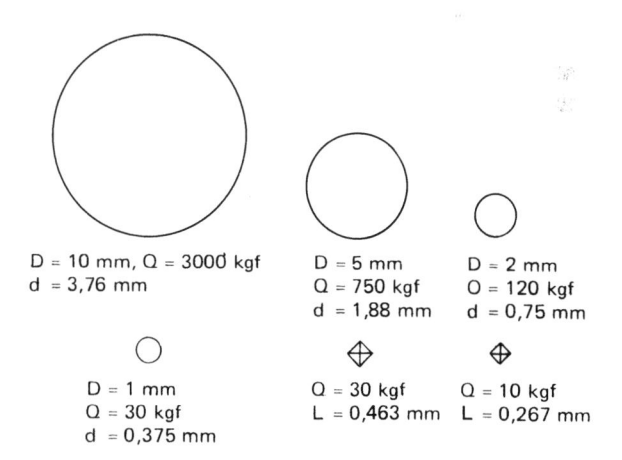

Figura 65. Comparação entre os tamanhos das impressões das durezas Brinell e Vickers (ampliadas cerca de 10 vezes). As impressões Brinell obedecem à relação $Q/D^2 = 30$: material de dureza $HV = 260$ [5].

(b) Anomalias encontradas nas impressões Vickers

Como no caso da dureza Brinell, as impressões Vickers podem ocasionar erros, quando as impressões não apresentam seus lados retos, como mostra a Fig. 66(a) [1]. O primeiro caso [Fig. 66(b)] ocorre em metais recozidos e é devido ao afundamento do metal em torno das faces do penetrador, resultando um valor de L maior que o real. O segundo caso [Fig. 66(c)], encontrado em metais encruados, é causado por uma "aderência" do metal em volta das faces do penetrador e dá portanto um valor de L menor que o real, ficando pois com uma dureza maior que a verdadeira. O abaulamento depende da orientação dos grãos cristalinos com relação às diagonais da impressão. As correções necessárias para essas anomalias podem fazer variar a dureza de até 10% em casos especiais, conforme estudos de Crow & Hinsley em 1946 [1] [19].

Em metais com grande anisotropia, obtêm-se impressões de formato de losango irregular, de modo que os valores de L medidos a 90° um do outro diferem mais que o permitido, sendo portanto necessário tomar a média desses valores, a qual também não deixa de ser um valor aproximado e que deve ser usado com reservas.

(c) Dureza Vickers e lei de Meyer

A lei de Meyer [item 4.2.1(e)] também pode ser aplicada para o caso de penetrador piramidal. Os mesmos estudos de Tabor [16] e outros para metais "ideais" verificaram que no caso da dureza Vickers, a Expr. (60) torna-se

$$p = 3,2\,\sigma_e, \tag{70}$$

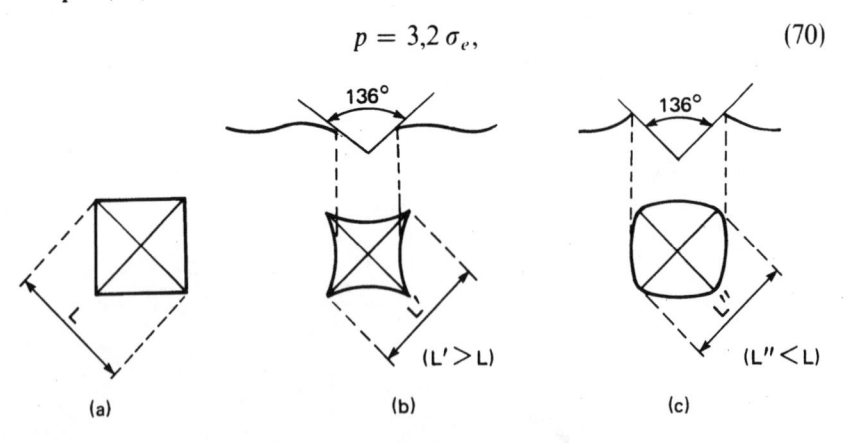

Figura 66. (a) Impressão perfeita de dureza Vickers; (b) impressão defeituosa; "afundamento"; (c) impressão defeituosa: "acerência" [1].

onde p é a pressão média relativa à área projetada da impressão, ou seja,

$$p = \frac{2Q}{L^2}, \tag{71}$$

donde se conclui que

$$HV = 0,9272p. \tag{72}$$

Combinando (70) e (72), vem

ou
$$HV = 3,2 \text{ a } 3,3\sigma_c \atop HV \cong 3\sigma_c \tag{73}$$

que torna-se igual à Expr. (60). No caso da lei de Meyer ser aplicada a penetrador Vickers, o valor de n' é sempre igual a 2, porque as impressões são sempre geometricamente semelhantes. O valor de k depende da dureza do metal e da forma do penetrador, que no caso específico de HV é invariável. Em geral, k é maior, quanto mais agudo é o ângulo do penetrador, devido ao maior atrito entre as faces do penetrador com a impressão.

No caso de metais reais com capacidade de encruamento muito pequena, a Expr. (73) pode ser aplicada [16]. Para metais encruáveis, vale a relação (73) a uma deformação na zona plástica, causada pela carga, Q, de 8% para cobre e aço (segundo Tabor) ou de 15% para vários metais (segundo Dugdale). Exemplificando, a dureza Vickers aumenta o limite de escoamento do material pela deformação plástica causada, equivalente a 8%, ou seja, para uma deformação inicial qualquer, ε_0, o valor de HV nesse estágio de deformação será igual a cerca de três vezes o limite de escoamento do metal numa deformação igual a ε, isto é, $\varepsilon = \varepsilon_0 + 8\%$.

A igualdade entre as Exprs. (60) e (73) demonstra que as durezas Vickers e Brinell são próximas num intervalo grande de durezas.

4.2.4. Microdureza por penetração

(a) Aplicação e tipos de microdureza

Muitas das aplicações da dureza Vickers, mencionadas no item 4.2.3(a), estão atualmente voltadas para o ensaio de microdureza. Assim, o problema da determinação das profundidades de superfície carbonetada, de têmpera, etc., além da determinação de dureza de constituintes individuais de uma microestrutura, de materiais frágeis, de peças pequeníssimas ou extremamente finas, é geralmente solucionado pelo uso da microdureza.

Como o próprio nome diz, a microdureza produz uma impressão microscópica no material, empregando uma carga menor que 1 kgf, com penetrador de diamante. A carga pode chegar a até 10 gf somente e a superfície do corpo de prova também deve ser plana.

Quanto ao penetrador usado, há dois tipos de microdureza: Vickers e Knoop. A microdureza Vickers usa a mesma técnica descrita no capítulo anterior e a microdureza Knoop utiliza um penetrador em forma de uma pirâmide alongada, que produz uma impressão conforme mostra a Fig. 67, tendo uma relação comprimento-largura-profundidade de aproximadamente 30:4:1. A relação entre a diagonal maior e a diagonal menor da impressão é de 7:1. A expressão para calcular a microdureza Knoop, (HK), é obtida usando-se a área projetada da impressão e é a seguinte:

$$HK = \frac{Q}{A_p} = \frac{Q}{L_m^2 c} = \frac{Q}{0{,}07028 L_m^2},$$

ou

$$HK = \frac{14{,}229 Q}{L_m^2}; \tag{74}$$

onde A_p é a área projetada, Q é a carga dada em gramas-força (gf), L_m é a diagonal maior da impressão dada em mícrons e c é uma constante do penetrador relacionando a área projetada da impressão com L_m^2; a dureza Knoop, entretanto, é sempre fornecida em kgf/mm², de modo que para isso, basta multiplicar o resultado obtido por 1 000. Igualmente para o tipo Vickers, deve-se multiplicar por 1 000 o valor encontrado pela Expr. (64), porque também nesse caso Q é dado em gramas-força e L em mícrons. O valor de c indicado acima é o adotado pela ASTM (método E-384) ou pela ABNT (método MB-359), mas pode variar conforme a máquina usada.

Pela Fig. 67, verifica-se que a impressão Knoop é mais estreita que a Vickers, sendo possível então ser usada na determinação de, por exemplo, finas regiões de camadas eletrodepositadas ou endurecidas.

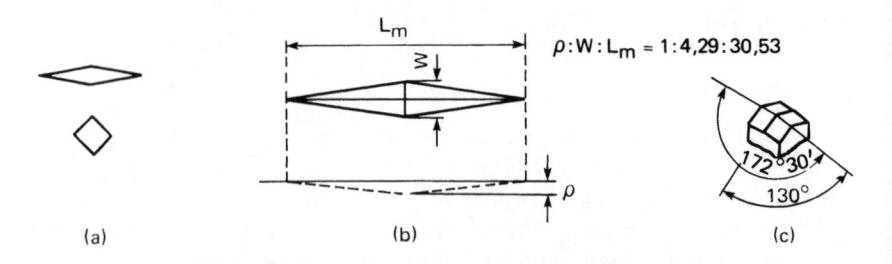

(a)   (b)   (c)

Figura 67. (a) Comparação do tamanho de impressões Knoop e Vickers para uma mesma carga aplicada [5]; (b) impressão Knoop em detalhes [8]; (c) penetrador Knoop [8].

L_m é cerca de três vezes maior que L, para uma mesma carga, sendo, portanto, de medição mais precisa e não sofre muito o fenômeno da recuperação elástica (principalmente para cargas maiores que 300 gf), que afeta mais a diagonal menor da impressão Knoop ou as diagonais, L, da impressão Vickers. A profundidade da impressão Knoop é menor que a metade da profundidade causada pela impressão Vickers com a mesma carga, sendo possível a dureza Knoop medir a dureza de materiais extremamente frágeis como vidro ou certas tintas. A área de uma impressão Knoop é cerca de apenas 15% da área de uma impressão Vickers com a mesma carga.

(b) Cuidados a serem tomados na microdureza

A preparação do corpo de prova deve ser feita metalograficamente, em vista da pequena carga a ser aplicada. Polimento eletrolítico deve ser usado preferivelmente para evitar encruamento do metal na superfície, que afetaria o resultado. O polimento eletrolítico torna também mais nítida a impressão para a medida das diagonais. Caso seja necessário usar um polimento mecânico prévio, deve-se remover alguns mícrons da camada superficial. Um método bom, empregado para corpos de prova muito pequenos, é o de embuti-lo em baquelite, por exemplo, a fim de fixá-lo firmemente e de tornar a sua superfície perpendicular ao penetrador.

Usando-se cargas muito baixas (menores que 300 gf), pode haver uma pequena recuperação elástica [21], além de produzirem impressões muito pequenas, que, principalmente no caso da microdureza Knoop, podem prejudicar a medida da diagonal maior da impressão, devido à dificuldade de se localizar as pontas da diagonal. Esses fatores provocam erros no ensaio, resultando em valores de dureza maiores que o verdadeiro. Em virtude disso, verifica-se que a dureza Knoop aumenta quando a carga diminui abaixo de 200 gf até cerca de 20 gf, para depois decrescer com carga ainda menores. No caso da impressão Vickers, a dureza cai com a aplicação de cargas muito baixas (Fig. 68) [5] [22].

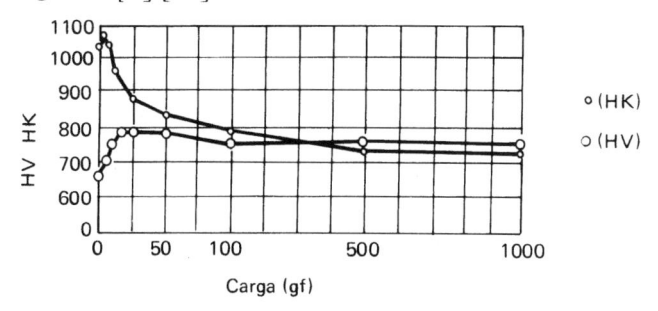

Figura 68. Variação de *HK* e *HV* com a carga, no ensaio de microdureza [22].

Na determinação da macrodureza também ocorrem os problemas do "afundamento" e "aderência" vistos nas microdurezas (*HB* e *HV*). A dureza Knoop é ainda muito sensível à orientação da superfície da amostra (anisotropia), principalmente quando se mede a microdureza de um grão cristalino, por conter a diagonal maior mais alongada que a Vickers.

O tempo de manutenção da carga deve ser por volta de 18 segundos e a velocidade de aplicação da carga deve estar entre 1 e 20 μ/segundo; velocidades maiores dão valores mais baixos de dureza.

A calibração das máquinas deve ser freqüente, principalmente porque o erro na aplicação da carga altera muito o valor da dureza, mesmo com variações de 1 gf, para cargas menores que 50 gf.

O penetrador deve terminar numa ponta, caso contrário poderão ocorrer erros graves na dureza. Em geral, admite-se um bisèl de comprimento máximo de 1 μ para penetrador Knoop e 0,5 μ para penetrador Vickers.

Erros na medida das diagonais ocasionam grandes erros na medida da microdureza quanto menor é a carga usada.

Finalmente, segundo Lysaght (1960) [22], pode-se converter uma microdureza em números de macrodureza, aproximadamente, apenas quando a carga é maior que 500 gf para o ensaio Knoop ou 100 gf para o ensaio Vickers, devido aos fatores acima mencionados.

4.2.5. Outros métodos de dureza por penetração

Vários outros processos foram propostos para o ensaio de dureza por penetração, mas nenhum deles conseguiu maior popularidade. Apenas serão mencionados aqui os métodos Ludwik e Monotron. A bibliografia no final deste trabalho indica as fontes onde poderão ser encontrados maiores detalhes sobre esses e outros métodos usados para o ensaio de dureza por penetração [3] [5] [7] [23].

Ludwik em 1907 [3] introduziu pela primeira vez os penetradores prismáticos, dos quais surgiram mais tarde os métodos Vickers e Knoop, que utilizavam penetrador cônico de preferência. Esse tipo de penetrador produz impressões mais simétricas, porém mais difíceis de se medir com precisão, em virtude de ocasionar maior "aderência" ou "amassamento" com o aumento de carga, fazendo com isso a dureza Ludwik diminuir. O ângulo do penetrador cônico de diamante de Ludwik é de 90° e a dureza é calculada pela carga dividida pela área superficial da impressão, isto é,

$$\text{dureza Ludwik} = \frac{4Q}{\sqrt{2}\pi d^2}, \tag{75}$$

onde d é o diâmetro da impressão.

O método Monotron [7][23] baseia-se no inverso dos outros métodos vistos. Usando uma esfera de diamante com 0,75 mm de diâmetro, ele mede a carga necessária para produzir uma impressão de 0,045 mm de profundidade no material. Essa profundidade é medida sob carga, por intermédio de um micrômetro compensado de profundidade e a carga pode variar de 0 até 160 kgf, de acordo com as máquinas Monotron existentes. A dureza Monotron é dada pela carga indicada no visor da máquina. Existem outras esferas que podem ser usadas com diâmetros de 0,375 mm, 1 mm, 1,59 mm e 2,5 mm. A profundidade de penetração adotada pode ser menor para evitar, por exemplo, danos no diamante caso o material seja excessivamente duro como carboneto de tungstênio. Para esse material, adota-se uma profundidade de apenas 0,015 mm e a dureza é obtida pela carga atingida multiplicada por um fator que daria a carga necessária para atingir o valor padrão de 0,045 mm (no caso do carboneto de tungstênio seria então de 3, porque 0,015 multiplicado por 3 é igual a 0,045). Essa multiplicação é possível porque foi estabelecido que há uma relação linear entre a carga e a profundidade de penetração.

4.3. Dureza por choque e dureza Shore

A dureza por choque é um ensaio dinâmico que produz a impressão num corpo de prova por meio de um penetrador que bate na sua superfície plana. Esse choque pode ser produzido por meio de um pêndulo ou por queda livre de um êmbolo, tendo na ponta o penetrador. O processo de pêndulo, hoje em dia já abandonado, não será considerado aqui.

Um dos primeiros a usar o ensaio por queda de um êmbolo (ou martelo) foi Martel [5] em 1895. Pela altura padronizada de queda do êmbolo, simbolizada por h, com um penetrador piramidal na ponta, de modo a não haver quase ressalto do penetrador, Martel verificou que o trabalho (ou energia cinética) exercido pelo penetrador era proporcional ao volume, V, da impressão e propôs um número de dureza que seria igual a $m \cdot h/V$, onde m é a massa do êmbolo dada em kg. Se V for medido em mm^3 e h em mm, esse número de dureza tem a dimensão de tensão. O valor $m \cdot h/V$ pode ser comparado com a pressão média p_d que o metal exerce para resistir a essa impressão dinâmica, isto é, p_d é igual à energia do impacto dividida pelo volume da impressão que é também igual a $m \cdot g \cdot h/V$, onde g é a aceleração da gravidade.

Martel não considerou a altura do ressalto após o choque, que é importante, nem mesmo a energia perdida em calor ou som. Verificou-se que p_d é sempre maior que a pressão média, p, vista nos ensaios de dureza por penetração (ensaios estáticos), de uma ordem de grandeza de até cinco vezes para os metais mais moles. Tabor (1951) analisou a seme-lhança entre p_d e p e verificou que p está mais próximo do valor da pressão p_r, que é função da altura do ressalto h_1, do que do valor de p_d. O valor de p_r dado por Tabor é o seguinte

$$p_r = \left[\frac{3m \cdot g \cdot h_1}{d^3} \left(\frac{1}{E_1} + \frac{1}{E_2} \right) \right]^{1/2}$$

onde d é o diâmetro da impressão, E_1 e E_2 são os módulos de elasticidade do penetrador e do corpo de prova, respectivamente.

Os estudos de Tabor justificaram a importância da dureza Shore, já usada até então. Em 1907, Shore propôs uma medida de dureza por choque que mede a altura do ressalto (rebote) de um peso que cai livremente até bater na superfície lisa e plana de um corpo de prova. Essa altura de ressalto mede a perda da energia cinética do peso, absorvida pelo corpo de prova. Esse método é conhecido por dureza escleroscópica ou dureza Shore.

A dureza Shore [23] foi introduzida para ensaios em aços endurecidos, onde o método Brinell não podia ser usado por danificar a esfera penetradora. Ele utiliza um martelo de aço em forma de uma barra com uma ponta arredondada de diamante, que cai de uma certa altura dentro de um tubo de vidro graduado de 0 a 140. A altura de ressalto após o choque é tomada como a dureza do material, sendo medida por um ponteiro que indica essa altura na graduação. O comprimento e peso do martelo, além da altura de queda e o diâmetro da ponta de diamante dependem de cada fabricante, mas todos os aparelhos Shore indicam sempre a mesma dureza para um mesmo material. O número de dureza lido é um número relativo e serve somente para comparação de materiais. Entretanto, verificou-se que um valor de dureza Shore de 75 corresponde aproximadamente a uma dureza Brinell de 440, segundo uns autores ou segundo outros autores, para uma dureza Brinell de 440, a dureza Shore é de aproximadamente 63. A Tab. 14 converte a dureza Shore em dureza Brinell, segundo Petty [5].

Outros estudos puderam correlacionar a dureza Shore e o limite de resistência de alguns aços (Fig. 69) [5]. Por essa figura, nota-se que a dureza Shore não é função linear do limite de resistência.

A impressão Shore é pequena e serve para medir durezas de peças já acabadas ou usinadas. A máquina Shore é leve, portátil e pode, portanto, ser adaptada em qualquer lugar, podendo com isso, medir a dureza de peças muito grandes, impossíveis de serem colocadas nas máquinas de dureza por penetração, como por exemplo cilindros de laminação. Se a fixação do corpo de prova é bem feita, a variação de

Tabela 14. Conversão aproximada entre *HB* e dureza Shore [5]

Dureza Brinell (esfera de 10 mm ϕ e carga de 3 000 kgf)	Dureza Shore
496	69
465	66
433	62
397	57
360	52
322	47
284	42
247	37
209	32
190	29
171	26
152	24
133	21

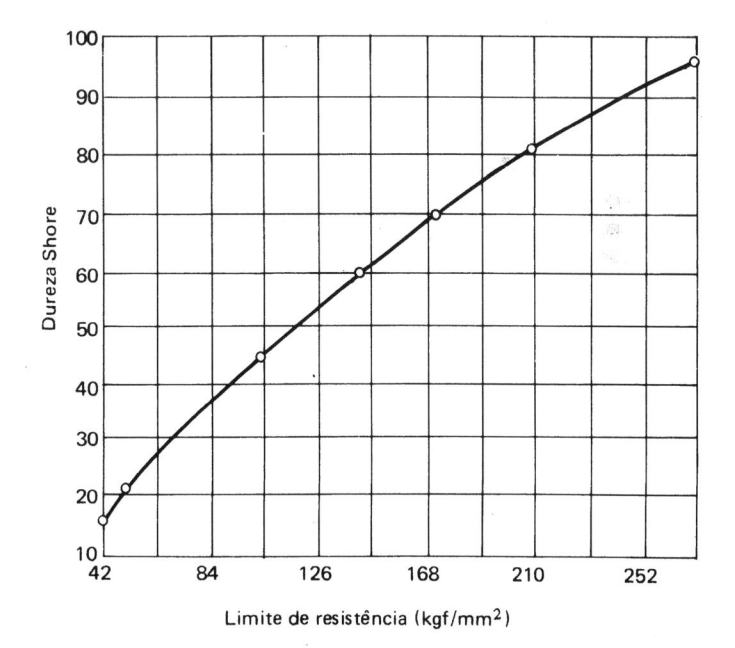

Figura 69. Dureza Shore em função do limite de resistência de alguns aços [23].

dureza Shore é pequena. O tubo graduado deve ser colocado bem na vertical. É de praxe fazer-se pelo menos cinco medidas de dureza em pontos diversos do material para garantir bem o resultado. A dureza Shore não pode ser efetuada em peças muito finas, que possam mascarar a medida da altura do rebote, porque nesse caso o próprio apoio da peça a ser medida age como absorvedor de energia. Superfícies não-lisas de corpos de prova dão leituras falsas, menores que as reais. A escala de dureza Shore é contínua, cobrindo toda a gama de variação de dureza dos metais. O método E-448 da ASTM é uma das normas existentes para a dureza escleroscópica.

A dureza escleroscópica é mais empregada para materiais metálicos duros como, por exemplo, os aços. Para esses materiais, existem duas escalas de dureza escleroscópica: escala C e escala D. Conforme o método E-448 da ASTM, o equipamento para medida de dureza na escala D possui um dispositivo para prender o martelo na maior altura do ressalto, permitindo assim fazer-se a leitura com o martelo parado. Para isso, o martelo do equipamento para a escala D é mais longo e mais pesado que o martelo do equipamento para a escala C. Para que haja a mesma energia durante o ressalto, o martelo D caminha numa distância de 18 mm, enquanto que o martelo C caminha numa distância de 250 mm (cerca de catorze vezes maior). O martelo D é aproximadamente cinco vezes mais longo e quinze vezes mais pesado que o martelo C.

Existem ainda dois tipos de dureza escleroscópica definidos pela ASTM:

1.°) dureza escleroscópica, onde a aferição é feita por meio do ressalto médio, produzido pelo martelo que cai sobre um bloco de aço AISI W-5 de alto carbono, temperado, até se obter máxima dureza, sem sofrer processo de revenido;

2.°) dureza escleroscópica, onde a aferição é feita em um cilindro de laminação de aço forjado.

O segundo caso produz números de dureza mais altos que o primeiro.

4.4. Ensaio de dureza em produtos acabados

Embora o ensaio de dureza possa, em princípio, ser feito em quase todos os produtos metálicos, existem alguns produtos em que o ensaio de dureza é o único possível sem causar a destruição da peça, ou em que o ensaio de dureza desempenha função importante na especificação do produto. Assim, além de peças fundidas, onde se deve fundir um tarugo em separado quando se deseja medir a dureza, alguns dos produtos acabados que estão nos casos acima mencionados são dados a seguir.

Engrenagens. O único ensaio mecânico que se faz costumeiramente é a medida da dureza Rockwell nos dentes da engrenagem.

Esferas e rolamentos. Dureza Rockwell como único ensaio mecânico possível.

Parafusos. Quando não se dispõe de máquina de tração, o ensaio de dureza em parafusos é geralmente realizado como substitutivo. Pode-se medir a dureza na escala Brinell ou Rockwell, tanto no topo como no lado da cabeça do parafuso.

Porcas. Além da prova de carga por tração ou compressão (item 2.4.5), as especificações também pedem ensaio de dureza Brinell ou Rockwell. As impressões de dureza Brinell são feitas na face lateral da porca e as impressões Rockwell no topo. As vezes, a impressão Brinell pode provocar uma deformação na porca; nesse caso, é preferível optar pela dureza Rockwell ou usar uma carga menor na dureza Brinell.

Arruelas. As especificações desse produto exigem somente ensaio de dureza Rockwell.

Rodas de avião. O ensaio de rotina mais empregado é o ensaio de dureza escleroscópica Shore em vários locais da peça.

Ferramentas. A ferramenta é controlada pelo ensaio de dureza Rockwell (ou, em certos casos, Brinell) como aceitação ou rejeição da ferramenta, conforme exigem as especificações. Geralmente as impressões são feitas na região de utilização da ferramenta como por exemplo, o gume de uma pá ou a ponta de uma picareta.

Peças soldadas. Muitas vezes deseja-se verificar a alteração estrutural causada pela soldagem de uma peça (chapa, tubo, etc.). Essa verificação é feita por meio de ensaio de dureza Vickers ou Rockwell ao longo de uma linha que passa pelo material-base de um lado, pela solda até o outro lado do material-base.

Bloco-padrão. Uma máquina de dureza é aferida por meio do bloco-padrão, que é uma peça fabricada de modo a obter-se uma dureza praticamente constante em toda a sua superfície. Quando uma máquina está aferida com um bloco-padrão de dureza conhecida, essa máquina pode ser usada para efetuar ensaio em outro bloco-padrão, do qual se quer conhecer o valor de dureza.

Controle de tratamento térmico. O ensaio de dureza é largamente empregado para se saber se um tratamento térmico efetuado numa peça ferrosa ou não-ferrosa foi realizado a contento. Se a peça não atingir ou se ultrapassar em muito uma determinada dureza, a peça não foi tratada corretamente. Os exemplos são vários: têmpera e revenimento de aços, tratamentos térmicos de recozimento, solubilização ou envelhecimento de ligas de alumínio, ensaio Jominy de temperabilidade [34], tratamentos térmicos em ligas de cobre, magnésio, etc.

4.5. Efeito da temperatura na dureza

O estudo da dureza em temperaturas elevadas tem auxiliado o aperfeiçoamento de processos mecânicos, no sentido de se saber a temperatura ótima para a laminação, forjamento ou extrusão de ligas novas. Também no campo dos ensaios de fluência, a dureza a quente pode fazer previsões sobre as propriedades a serem obtidas naquele ensaio, que é mais laborioso e demorado. No estudo de ligas com grande resistência a altas temperaturas, esse tipo de dureza também é interessante. Diversas outras aplicações da dureza em alta temperatura têm feito com que esse ensaio receba muita atenção por parte dos pesquisadores.

O ensaio de dureza a temperaturas diferentes da ambiente é efetuado em máquinas especiais, equipadas com dispositivos para baixar ou elevar a temperatura no recipiente onde deve ficar o corpo de prova. A temperatura do recipiente deve ser uniforme, de modo que o corpo de prova fique à temperatura do ensaio sem variações ao longo de seu corpo. A atmosfera do ensaio, nos ensaios a quente, é muito importante, devido a problemas de oxidação ou perdas por pressão de vapor, quando o ensaio for realizado a temperatura muito alta. A variedade de aparelhos para ensaios a quente é enorme. Os ensaios a frio são geralmente feitos mergulhando-se o corpo de prova num banho resfriado até a temperatura desejada.

Os métodos de dureza vistos podem servir para as medições da dureza em alta temperatura, além de vários outros. Um sumário dos métodos até agora usados pode ser encontrado no livro *Measurement of Mechanical Properties* [5].

O tempo de aplicação da carga nos ensaios a quente varia conforme o material do penetrador e a atmosfera sobre o corpo de prova também depende da capacidade do metal à oxidação ou outra corrosão para evitar erros. Em geral usa-se vácuo ou atmosfera inerte. O penetrador deve também ser aquecido e no caso particular da dureza Brinell, a esfera deve ser de carboneto cementado para evitar amolecimento da mesma pela temperatura alta.

Quanto aos ensaios à baixa temperatura, eles são mais simples de serem efetuados, mas até agora poucas foram as experiências nesse setor.

De acordo com Westbrook (1953), a variação da dureza H com a temperatura, T, (em $°K$), segue a expressão [1]

$$H = Ae^{-BT} \tag{76}$$

onde e é a base dos logaritmos neperianos, A e B são constantes para cada metal ou liga. Colocando-se essa expressão em logaritmos, obtém-se uma reta para cada valor de T, que contém uma inflexão no ponto

T igual à metade da temperatura de fusão do metal, aproximadamente. Verifica-se que a curva do limite de resistência segue o mesmo caminho que aquela curva, sendo paralela a ela. As constantes A e B, segundo Westbrook, estão relacionadas com a energia térmica e com a velocidade de mudança do conteúdo de calor durante o aumento de T de uma maneira bastante complexa. A constante A é calculada estimativamente na parte reta em temperaturas não muito altas (até 500 °K) e é o valor de H à temperatura de 0 °K, o que daria uma medida da resistência inerente das forças de coesão da estrutura cristalina. A constante B é calculada pela inclinação da reta após a inflexão e é chamada coeficiente de temperatura. A Expr. (76) deixa de ser válida, caso o material sofra mudanças de fase pela elevação da temperatura.

Praticamente a dureza de um material metálico decresce com o aumento da temperatura. Quando ocorrem transformações alotrópicas, entretanto, isso pode não acontecer; nos metais do sistema CCC, a dureza cai sempre com a temperatura, não importando se ocorre transformação alotrópica ou não. No caso dos metais CFC e HC, a dureza diminui menos. Há inclusive casos de ligas que aumentam sua dureza com o aumento da temperatura, como a dureza mais elevada a quente dos aços inoxidáveis austeníticos (CFC) comparada com os aços ferríticos (CCC) [1].

Capítulo 5————————
Ensaios de Dobramento e Flexão

5.1. Ensaio de dobramento — descrição geral do ensaio e técnica de operação

O ensaio de dobramento fornece uma indicação qualitativa da ductilidade do material. Por ser um ensaio de realização muito simples, ele é largamente utilizado nas indústrias e laboratórios, constando mesmo nas especificações de todos os países, onde são exigidos requisitos de ductilidade para um certo material. O ensaio de dobramento comum não determina nenhum valor numérico, havendo porém variação do ensaio que permite obter valores de certas propriedades mecânicas do material.

O ensaio, de um modo geral, consiste em dobrar um corpo de prova de eixo retilíneo e secção circular, tubular, retangular ou quadrada, assentado em dois apoios afastados a uma distância especificada, de acordo com o tamanho do corpo de prova, por intermédio de um cutelo, que aplica um esforço de flexão no centro do corpo de prova até que seja atingido um ângulo de dobramento α especificado (Fig. 70). A carga, na maioria das vezes, não importa no ensaio e não precisa ser medida; o cutelo tem um diâmetro, D, que varia conforme a severidade do ensaio, sendo também indicado nas especificações, geralmente em função do diâmetro ou espessura do corpo de prova. Quanto menor é o diâmetro, 'D, do cutelo, mais severo é o ensaio e

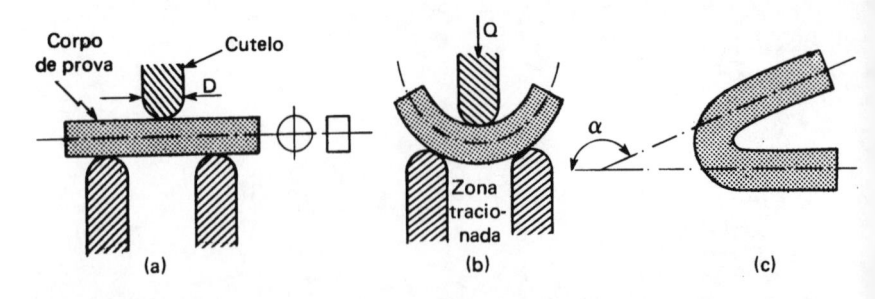

Figura 70. (a) e (b) Esquema do ensaio de dobramento; (c) corpo de prova dobrado até um ângulo α.

existem mesmo especificações de certos materiais que pedem dobramento sem cutelo, denominado dobramento sobre si mesmo. O ângulo α é medido conforme a Fig. 70, também determina a severidade do ensaio e é geralmente de 90º, 120º ou 180º. Atingido esse ângulo, examina-se a olho nu a zona tracionada do corpo de prova, que não deve conter trincas, fissuras ou fendas. Caso contrário, o material não passou no ensaio. Se o corpo de prova apresentar esses defeitos ou romper antes ou quando atingir o ângulo especificado, o material também não atende à especificação do ensaio. Esse tipo de dobramento é geralmente o mais utilizado na prática e é, às vezes, denominado de dobramento guiado [17].

Como o dobramento pode ser realizado em qualquer ponto e em qualquer direção do corpo de prova, ele é um ensaio localizado e orientado, fornecendo assim, uma indicação da ductilidade em qualquer região desejada do material.

O ensaio de dobramento a 180º pode ser realizado em uma só etapa, caso se tenha um cutelo com o diâmetro exigido pela norma adotada ou em duas etapas, quando o diâmetro do cutelo exigido é muito pequeno ou mesmo nulo. Nesse caso, usa-se o menor cutelo que se dispõe (diâmetro D') para iniciar o ensaio, da maneira mostrada na Fig. 71, até um ângulo qualquer adequado e numa segunda etapa, comprime-se o corpo de prova dobrado no sentido de fechá-lo completamente, de modo a atingir o ângulo de 180º, usando-se um calço de diâmetro aproximadamente igual a D (ou sem calço para um dobramento sobre si mesmo).

Há duas variantes do processo de dobramento, que são chamadas dobramento livre e dobramento semiguiado. Na primeira, o dobramento é obtido pela aplicação de força nas extremidades do corpo de prova, sem aplicação de força no ponto de máximo dobramento (zona tracionada). Na segunda, uma extremidade é engastada de algum modo e o dobramento é efetuado na outra extremidade ou em outro local do corpo de prova. A Fig. 71 mostra essas duas variantes esque-

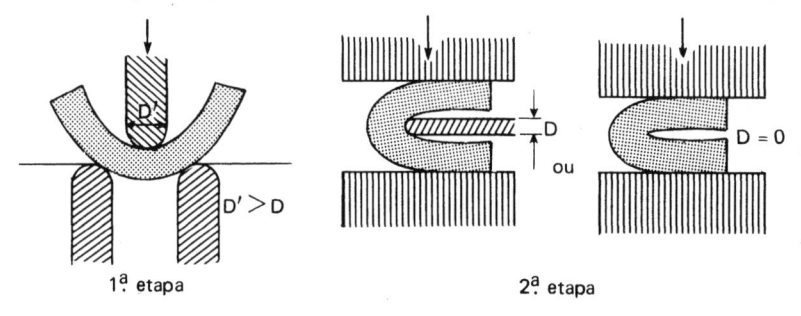

1ª etapa   2ª etapa

Figura 71. Duas etapas de dobramento, com diâmetro do cutelo igual a D muito pequeno ou sem cutelo.

maticamente. No caso do dobramento semiguiado, a segunda etapa do processo é igual ao dobramento livre. Ainda para o caso do dobramento semiguiado existe uma espécie de dobramento, denominado dobramento alternado, em que se submete o corpo de prova (geralmente um arame ou uma barra fina) a dobramentos. sucessivos um de cada lado do engaste. Esse tipo de dobramento é exigido por exemplo para barras destinadas a armadura de protensão; geralmente é especificado o número de dobramento para cada lado sem que haja ruptura do corpo de prova (especificação EB-780 e método MB-782 da ABNT).

A velocidade do ensaio não é um fator importante no dobramento, desde que o ensaio não seja realizado com uma velocidade extremamente alta de maneira a enquadrá-lo nos ensaios dinâmicos.

No caso do dobramento livre, principalmente, pode-se determinar o alongamento das fibras externas (tracionadas) do corpo de prova, medindo uma distância, L_0, qualquer na região apropriada, antes do ensaio, e medindo depois a distância alongada, L, por meio de uma escala flexível e aplicar a Expr. (7) para o cálculo do alongamento como no ensaio de tração [7].

Na Fig. 72(a) tem-se um cutelo que aplica esforço fora do ponto do máximo dobramento para início do ensaio. Na Fig. 72(b) termina-se o ensaio até o ângulo especificado ou até o alongamento desejado. Nas Figs. 72(c), 72(d), 72(e) e 72(f), tem-se os possíveis métodos de ensaio de dobramento semiguiado, sendo que nas duas primeiras, a força é aplicada na extremidade livre do corpo de prova e nas outras duas figuras, o esforço é aplicado no centro do corpo de prova. A diferença entre as Figs. 72(f) e 70 é que os apoios no caso do dobramento guiado sustentam longitudinalmente os braços do corpo de prova à medida que ele é dobrado e no caso do dobramento semiguiado, os apoios servem apenas para fixar a amostra.

Mais adiante serão vistos outros processos de dobramento mais particulares para emprego em determinados materiais e para determinação de certas propriedades possíveis no ensaio de dobramento.

O corpo de prova poderá ser retirado do produto acabado ou poderá ser o próprio produto acabado, se ele for adequado para ser colocado na máquina de dobramento (como por exemplo parafusos, pinos, barras, tubos, etc.). No caso de chapas, por exemplo, é necessária a retirada de corpo. de prova de tamanho conveniente. No caso de tubos, geralmente o cutelo tem um diâmetro bastante grande, da ordem de 8 a 12 vezes o diâmetro do tubo, e o ângulo de dobramento é de 90° ou 180°.

Finalmente, no dobramento guiado, os apoios devem ser bem lubrificados para eliminar ao máximo o atrito, que provocaria tracionamento indevido no corpo de prova, aumentando a severidade do ensaio.

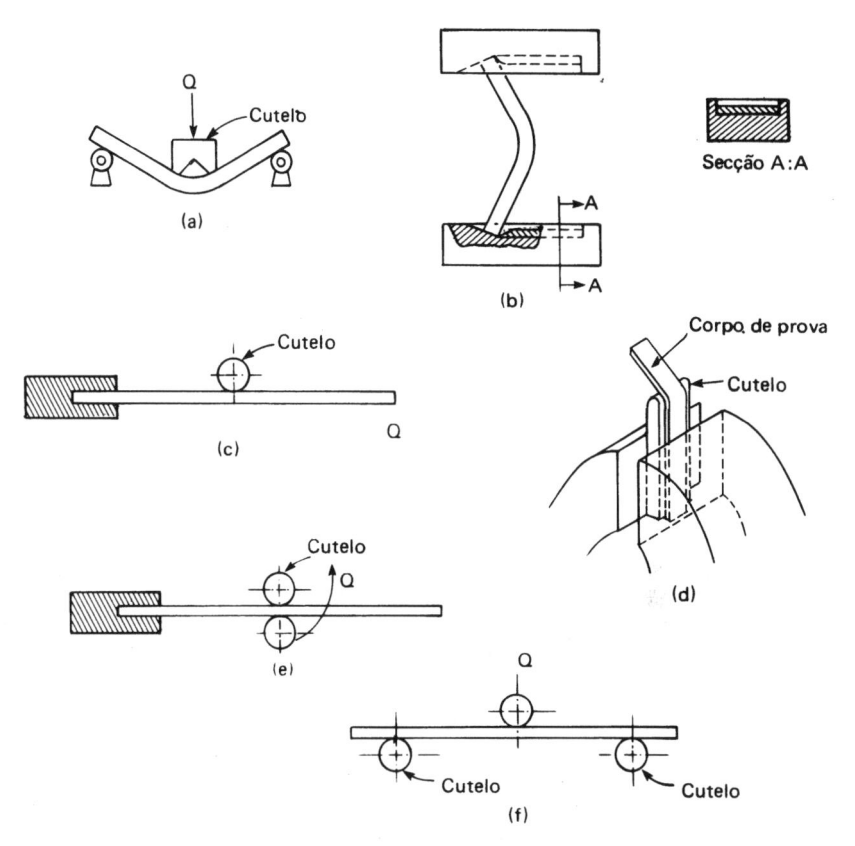

Figura 72. (a) e (b) Dobramento livre esquemático; (c), (d), (e) e (f) dobramento semiguiado esquemático [17].

5.2. Ensaio de dobramento em barras para construção civil

O caso particular de dobramento em barras para construção civil é importante, devido à freqüência com que esse ensaio é realizado nos diversos laboratórios de ensaios mecânicos, porque essas barras normalmente necessitam de dobramento na sua aplicação prática

A especificação brasileira EB-3 de 1980 divide as barras para construção civil em várias categorias, a saber: CA-25, CA-32, CA-40, CA-50 e CA-60. O ensaio de dobramento dessas barras (sem solda) é realizado até atingir o ângulo de 180°, tendo o cutelo um diâmetro que depende da categoria da barra. Na categoria de número mais baixo (CA-25) enquadram-se os aços mais dúcteis e, portanto, são dobrados sobre um cutelo de diâmetro menor que as barras de categorias de números maiores, onde estão as barras mais resistentes (maiores limites de escoamento e de resistência e menor alongamento). O número da categoria se refere ao valor mínimo do limite de escoamento que a barra deve ter, em kgf/mm².

O dobramento é do tipo guiado ou semiguiado e o resultado do ensaio é a existência ou não de fissuras, fendas na zona tracionada do corpo de prova. Caso o corpo de prova não apresente esses defeitos ou não rompa após o ensaio, a barra é considerada como enquadrada na categoria que foi fabricada. Entretanto, é sempre conveniente também realizar o ensaio de tração nas barras, de acordo ainda com a EB-3, para se garantir que as amostras estejam realmente dentro da especificação.

5.3. Ensaio de dobramento em corpos de prova soldados

O ensaio de dobramento em corpos de prova soldados [25] retirados de chapas ou tubos soldados é realizado geralmente para a qualificação de soldadores e de processos de solda e o método usado é o dobramento guiado. Para a avaliação da qualidade de solda, emprega-se mais o dobramento livre. Nesse último caso, as normas especificam que a largura do corpo de prova deva ser no mínimo igual a uma vez e meia a espessura do mesmo e o ângulo é sempre de 180° Como foi visto na Fig. 72(a), o cutelo tem uma abertura proposital para não tocar a zona soldada durante o primeiro estágio do dobramento. O alongamento das fibras externas é realizado, tomando-se um comprimento inicial, L_0, igual à largura da solda, conforme a Fig. 73 [7]. A observação de fissuras ou fendas na zona tracionada continua válida, apenas que para o caso de corpos de prova soldados, fendas ou fissuras que apareçam nas arestas do corpo de prova não são consideradas, desde que elas não demonstrem que esses defeitos são provenientes de inclusões de escória ou outros defeitos internos ocorridos durante a soldagem. Também fissuras com largura inferior a 1,5 mm não são consideradas como defeitos que condenem a qualidade da solda.

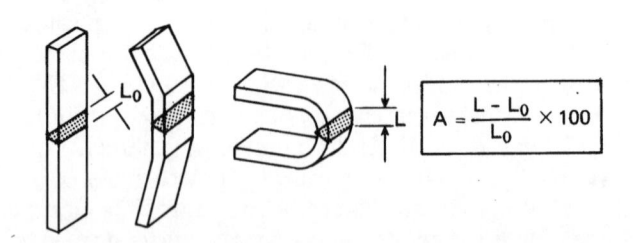

$$A = \frac{L - L_0}{L_0} \times 100$$

Figura 73. Alongamento medido durante o ensaio de dobramento livre de corpos de prova soldados, retirados de chapas ou tubos soldados [7].

O dobramento guiado para qualificação de soldadores e processos de solda possui cinco tipos distintos (Fig. 74) [25]: 1) dobramento lateral transversal, onde a solda é perpendicular ao eixo longitudinal do corpo de prova, o qual é dobrado de modo a que uma das superfícies laterais torne-se a superfície convexa do corpo de prova; 2) dobramento transversal de face, onde a solda também é perpendicular ao eixo longitudinal do corpo de prova, o qual é dobrado de modo a que a face da solda (parte que contém a maior largura do material de solda) fique tracionada; 3) dobramento transversal de raiz, semelhante ao anterior, porém é a raiz da solda (parte oposta à face) que fica tracionada; 4) dobramento longitudinal de face, onde a solda é paralela ao eixo longitudinal do corpo de prova, ficando a face tracionada e 5) dobramento longitudinal de raiz, semelhante ao anterior, porém ficando a raiz tracionada.

Os resultados são avaliados pela aparição ou não de fendas, fissuras ou ruptura na zona tracionada do corpo de prova dobrado até 180°, da mesma maneira explicada no caso do dobramento livre de corpos de prova soldados. Para esse método de ensaio, usa-se indiferentemente o tipo de solda em filete ou de topo, para a soldagem das chapas ou dos tubos. A posição de retirada dos corpos de prova, tamanho dos mesmos e processo de usinagem são sempre indicados nas normas técnicas, bem como dos corpos de prova de tração que sempre acompanham os corpos de prova para dobramento.

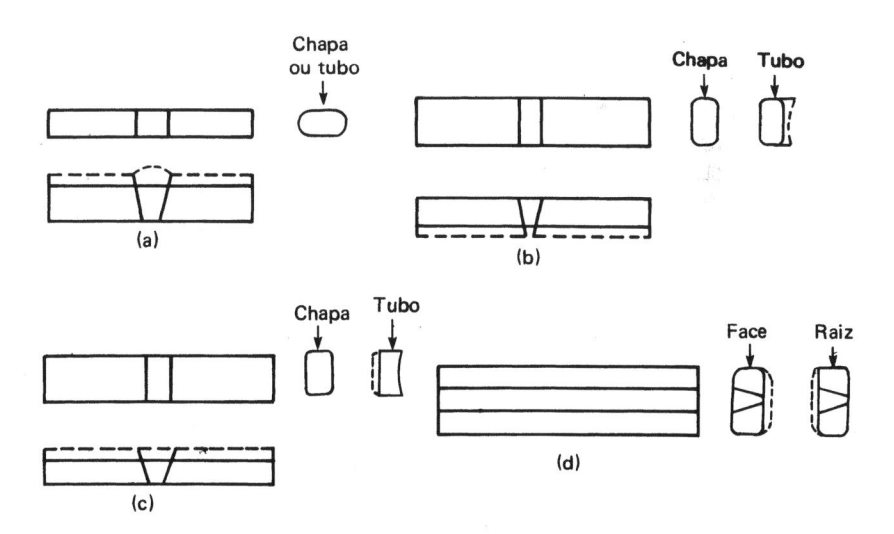

Figura 74. (a) Corpo de prova para dobramento lateral transversal; (b) corpo de prova para dobramento transversal de face; (c) corpo de prova para dobramento transversal de raiz; (d) corpo de prova para dobramento longitudinal de face e de raiz [25].

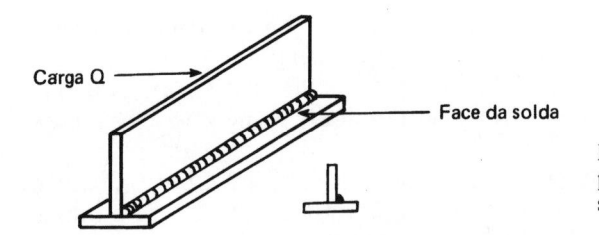

Figura 75. Corpo de prova para ensaio de fratura de solda [25].

No caso de solda em filete há ainda outro tipo de dobramento, denominado comumente de ensaio de fratura de solda [25], que consiste num corpo de prova com dimensões especificadas (Fig. 75), que é submetido a uma força lateral, de modo que a raiz da solda fique tracionada, até que haja fratura na solda ou até que os dois lados do corpo de prova se encostem ou se toquem, sem que aconteça a fratura ou o rompimento da solda. No primeiro caso, as superfícies de fraturas não devem ter evidência de trincas ou fusão incompleta na raiz da solda ou ainda inclusões de comprimento maior que o especificado pelas normas.

5.4. Aplicação do ensaio de dobramento em materiais frágeis — ensaio de flexão

Materiais frágeis como ferro fundido cinzento, aços-ferramenta ou carbonetos sinterizados são freqüentemente submetidos a um tipo de ensaio de dobramento, denominado dobramento transversal, que mede sua resistência e ductilidade (além da possibilidade de se avaliar também a tenacidade e resiliência desses materiais). Entretanto, sempre que possível, o ensaio de tração também deve ser realizado, ficando o dobramento transversal como uma espécie de ensaio substituto. Quanto mais duro for o material, maior aplicação terá esse ensaio, porque a facilidade de execução torna-o mais rápido que a usinagem de um corpo de prova para ensaio de tração. No entanto, para materiais muito frágeis, os resultados obtidos são muito divergentes, variando até 25%, de modo que, para esses casos, deve-se fazer sempre vários ensaios para se estabelecer um valor médio.

O ensaio é realmente um ensaio de flexão, sendo o corpo de prova constituído por uma barra de secção qualquer, preferivelmente circular ou retangular para facilitar os cálculos, com um comprimento especificado (ver o método A-438 da ASTM, usado para ensaio em ferro fundido cinzento) [17]. O ensaio consiste em apoiar o corpo de prova sob dois apoios distanciados entre si de uma distância L, sendo a carga de dobramento ou de flexão aplicada no centro do corpo de prova (a uma distância $L/2$ de cada apoio) (Fig. 76). A carga deve ser elevada lentamente até romper o corpo de prova. A carga de ruptura (resultado do ensaio) deve ser corrigida para o caso de barras de secção não-uniforme, para garantir uma perfeita uniformidade da secção necessária para os cálculos posteriores. Essa correção é explicada no método A-438 da ASTM e a carga corrigida pode ser relacionada com o limite de resistência do material, conforme tabela existente naquele método.

Desse ensaio, pode-se também retirar outras propriedades do material, como o módulo de ruptura ou resistência ao dobramento, que é o valor máximo da tensão de tração ou compressão nas fibras extremas do corpo de prova durante o ensaio de flexão (ou torção), calculado pela expressão

$$M_r = \frac{Mc}{J}, \qquad (77)$$

onde M é o momento máximo de dobramento, calculado pela carga máxima atingida no ensaio (Q_{max}) e o valor $L/2$, c é a distância inicial do eixo da barra à fibra extrema onde se deu a ruptura ou onde foi mais tensionado e J é o momento de inércia inicial da secção transversal do corpo de prova com relação ao seu eixo.

A Expr. (77) é dada a seguir em valores numéricos aplicados aos casos de barra circulares e retangulares [32].

$$M_r = \frac{2{,}546 Q_{max} L}{D^3} \qquad \text{(Secção circular)}; \qquad (78)$$

$$M_r = \frac{3 Q_{max} L}{2bh^2} \qquad \text{(Secção retangular)}; \qquad (79)$$

onde D é o diâmetro da barra, b a sua largura e h sua altura ou espessura. Nesse caso, $c = D/2$ ou $c = h/2$, que é o ponto de máxima tensão localizado na interseção do plano de aplicação da carga com a superfície inferior da barra.

Se a ruptura ocorrer dentro da zona elástica do material, M_r representará, pois, a tensão máxima na fibra externa; caso ocorra na zona plástica, o valor obtido para M_r é maior que a tensão máxima

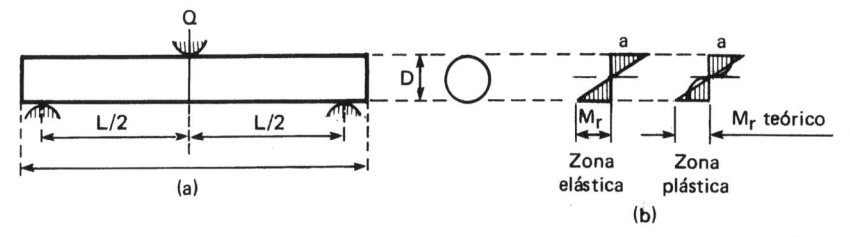

Figura 76. (a) Ensaio de dobramento transversal (flexão) [17]; (b) distribuição das tensões resultantes da força externa.

realmente atingida, porque a expressão (77) é determinada para uma distribuição linear (elástica) de tensão entre o eixo da barra e as fibras externas (Fig. 76) [17].

O valor do módulo de ruptura também pode ser relacionado com o limite de resistência do material. A Tab. 15 dá essa correlação para ferro fundido cinzento [7].

Tabela 15. Módulo de ruptura e limite de resistência para ferro fundido cinzento [7]

Ferro fundido cinzento	Módulo de ruptura (kgf/mm²)	Limite de resistência (kgf/mm²)
1	55,44	27,16
2	57,89	30,10
3	61,04	31,50
4	70,63	37,94

Outra propriedade possível de ser medida é o módulo de elasticidade do material, pela Expr. (80).

$$E = \frac{QL^3}{48yJ} \, . \tag{80}$$

Essa expressão, aplicada a barras de secção circular e retangular, torna-se

$$E = 0,424 \, \frac{QL^3}{yD^4} \quad \text{(Secção circular);} \tag{81}$$

$$E = 0,25 \, \frac{QL^3}{ybh^3} \quad \text{(Secção retangular);} \tag{82}$$

onde y é a deflexão (flecha) medida para cada carga Q aplicada, que também deve ser corrigida no caso de secção circular, por causa de excentricidade possível do diâmetro do corpo de prova, conforme mostra a norma A-438 da ASTM. Nesse caso, então, é preciso medir, com um micrômetro ou outro medidor preciso de deformação, a deflexão da barra com o acréscimo de carga.

A medida das flechas permite obter curvas tensão-deformação, sendo a deformação dada pelas flechas e a tensão de dobramento, σ_d, dada pelas Exprs. (78) ou (79), usando-se as diversas cargas, Q, no lugar de Q_{max}, isto é

$$\sigma_d = \frac{2,546QL}{D^3} \quad \text{(Secção circular),} \tag{83}$$

$$\sigma_d = \frac{3QL}{2bh^2} \quad \text{(Secção retangular).} \tag{84}$$

A Fig. 77 mostra uma dessas curvas para um aço-ferramenta com 0,88 % C, 1,1 % Cr, 0,4 % Mo e 1,43 % Si em corpo de prova retangular de 76,2 mm de comprimento, 6,3 mm de espessura e 9,5 mm de largura e base de medida de 50,8 mm para as flechas [7]. Para o traçado desse gráfico, foram usados vários corpos de prova com durezas diferentes (indicadas na figura), de modo a haver rupturas dentro e fora da zona elástica para ser possível assim obter-se um gráfico mais completo do material.

Com gráficos como esse mostrado na Fig. 77, pode-se calcular o módulo de tenacidade (caso o ensaio atinja a zona plástica do material) ou o módulo de resiliência (caso contrário) das mesmas maneiras indicadas no ensaio de tração. Verifica-se assim que quanto maior a dureza do metal, menores serão esses módulos.

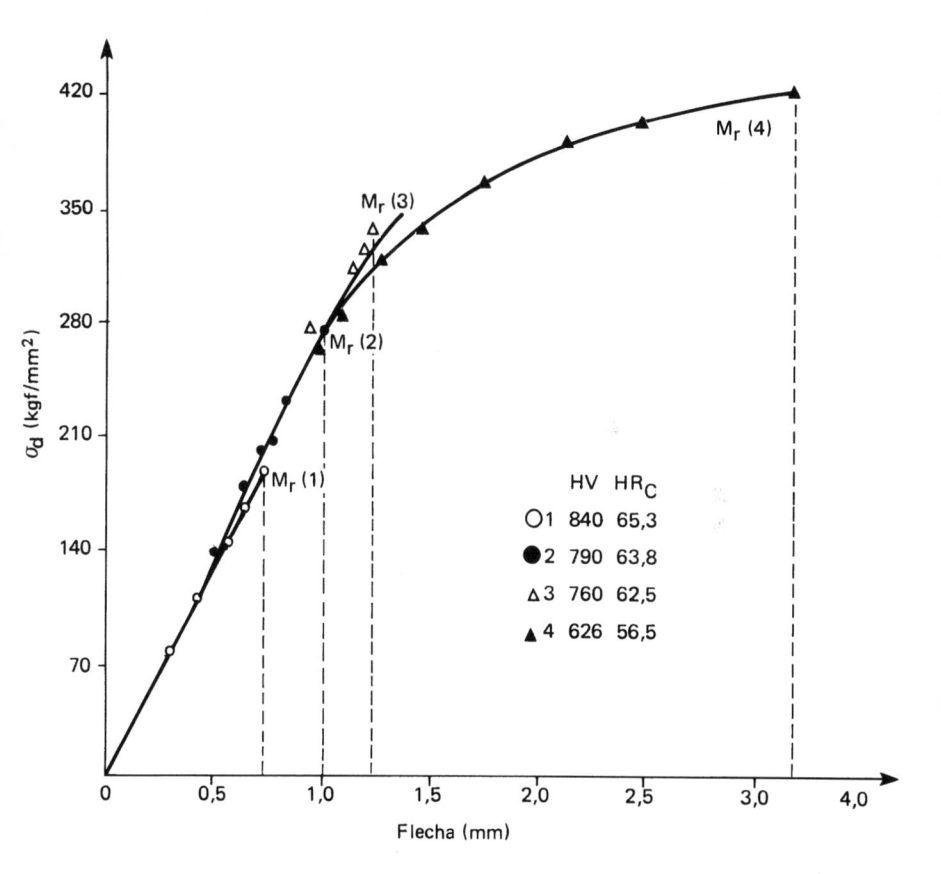

Figura 77. Curva de tensão de dobramento-flecha para um aço-ferramenta (média de quatro corpos de prova); note-se o valor do módulo de ruptura para os diversos corpos de prova [7].

5.5. Outras informações sobre o ensaio de flexão

O ensaio de flexão é geralmente feito de modo a reproduzir, no laboratório, as condições da prática. Desse modo, é possível criar várias maneiras de se efetuar esse ensaio, desde que a peça possa ser adaptada diretamente em uma máquina comum. Muitas vezes, são feitos ensaios de flexão em produtos contendo partes soldadas ou unidas por qualquer tipo de junção, e a carga é aplicada próximo à extremidade de uma das partes até que haja início de ruptura na junção, ficando a outra extremidade presa por meio de dispositivos; assim, pode-se verificar até que esforço de flexão a peça pode sofrer sem se romper.

O ensaio de dobramento é um caso particular do ensaio de flexão, que abrange também outros modos de colocação ou fixação do corpo de prova e outros tipos ou locais de aplicação da carga. As expressões, dadas no item 5.4 sobre ensaio de dobramento transversal, podem ser aplicadas para esses outros modos de ensaio de flexão, bastando para isso recorrer às fórmulas gerais sobre tensões e deformações de flexão encontradas nos livros sobre resistência dos materiais [32] (ver também o Cap. 12).

Com gráficos do tipo daquele mostrado na Fig. 77, pode-se ainda calcular algumas outras propriedades vistas no ensaio de tração, tais como o limite de proporcionalidade pelo método Johnson ou mesmo o limite n para o escoamento e outras que serão dadas mais adiante.

Para a maioria dos metais dúcteis, o corpo de prova se deforma continuamente sem que haja ruptura e por isso, para esses metais, não é conveniente o emprego do ensaio de flexão. Mesmo para os metais frágeis, esses gráficos são aproximados e relativamente insensíveis às particularidades existentes numa curva tensão-deformação, porque a deformação varia com a relação y/R, onde R é o raio de curvatura do eixo longitudinal do corpo de prova e y é a deflexão, fazendo com que a tensão não possa ser determinada diretamente.

Devido à variação da resistência das fibras internas, o tipo da secção transversal do corpo de prova influencia o gráfico, conforme se pode observar na Fig. 78 [2], mesmo mantendo-se invariável, o momento de inércia das diversas secções.

Por expressões equivalentes à Expr. (80) para os diversos tipos de ensaios de flexão, pode-se determinar o módulo de elasticidade, E, e com isso, a rigidez do material [ver item 2.2.4(b)], conforme os tipos de carregamento e de colocação da amostra utilizados.

O módulo de resiliência na flexão, U_F (por unidade de volume), é muito influenciado pelo tipo de carregamento e dimensões do corpo de prova; para o caso de uma barra apoiada e carregada no centro, como na Fig. 76, a expressão é

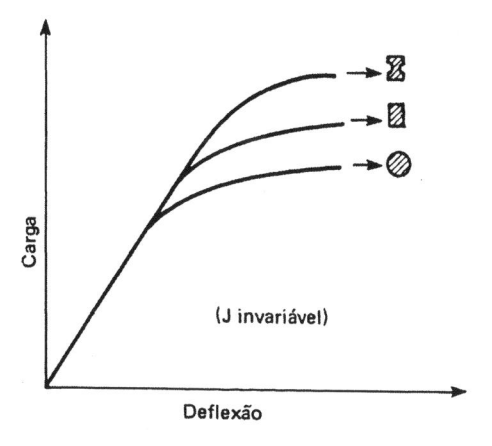

Figura 78. Influência da forma da secção transversal do corpo de prova sobre a curva tensão(carga)--deformação [2].

$$U_F = \frac{\sigma_p^2 J}{6Ec^2 S}, \qquad (85)$$

onde σ_p é a tensão máxima na carga do limite de proporcionalidade, calculada pelas Exprs. (83) ou (84) e S é a área da secção transversal do corpo de prova.

A ductilidade para os metais frágeis é calculada pelo y máximo atingido na ruptura do corpo de prova, mas esse valor serve somente para comparação de ductilidade, uma vez que ele varia com as dimensões do corpo de prova, com a distância entre apoios e com o tipo de carregamento, que devem permanecer os mesmos para efeito de comparação.

Finalmente, a tenacidade pode ser calculada como no ensaio de tração; assumindo-se que para os metais frágeis o gráfico *carga × deflexão* seja parabólico, o módulo de tenacidade na flexão, U_d, por unidade de volume é dado pela Expr. (86) para um carregamento central.

$$U_d = \frac{2Q_f y_f}{3SL}, \qquad (86)$$

onde Q_f é a carga máxima (de ruptura) atingida e y_f é a flecha máxima (nessa carga).

Conforme foi visto no item 5.4, a Expr. (77) só é realmente válida para a zona elástica; após o escoamento, essa expressão torna-se complicada para os vários tipos de flexão e para simplificá-la, costuma-se atribuir ao metal um comportamento plástico ideal ou parabólico. No caso da Fig. 76, é sempre desprezada a deformação (deflexão) causada por algum esforço de cisalhamento.

Capítulo 6
Ensaio de Torção

6.1. Generalidades

O ensaio de torção não é geralmente utilizado para especificações de materiais, embora seja um ensaio de realização relativamente simples e que fornece dados importantes sobre as propriedades mecânicas dos materiais. No entanto, o ensaio de tração substitui sempre a torção nas diversas especificações, por fornecer maiores informações com menor complicação de cálculo, principalmente para os ensaios de rotina. Entretanto, para peças que na prática vão sofrer esforços de torção, como molas em espiral, barras de torção, etc., o ensaio de torção é sempre recomendado. O corpo de prova para o ensaio de torção necessita melhor preparação, o que dificulta também esse ensaio na rotina.

A torção pode ser conduzida da mesma maneira que a tração, ou seja, o traçado do gráfico tensão *versus* deformação pode ser efetuado e, com isso, pode-se determinar as mesmas propriedades vistas no ensaio de tração, transpostas para o caso da torção, utilizando-se naturalmente fórmulas distintas, que serão vistas mais adiante.

Assim, o ensaio de torção é muito utilizado em pesquisas e em aplicações específicas na Engenharia. Para esses fins, o corpo de prova pode ser retirado do material ou pode ser mesmo o próprio material, caso se tenha máquina com tamanho suficiente que o possa ensaiar. Nesse último caso, ensaiam-se diretamente eixos, hastes, brocas e outras peças que, como essas, são sujeitas à esforços de torção durante o serviço. Para materiais frágeis, em particular, o ensaio de torção oferece também vantagens.

A máquina de torção possui uma cabeça giratória que prende uma extremidade do corpo de prova; por essa extremidade é aplicado o momento de torção no mesmo. Esse momento é transmitido pelo corpo de prova que está preso, pela outra extremidade, à outra cabeça da máquina, ligada a um pêndulo, cujo desvio é proporcional a esse momento, o qual é acusado numa escala da máquina. O corpo de prova fica numa posição tal que o seu eixo coincide com o eixo de rotação. A máquina contém ainda dispositivo para a medida da deformação (calculada pelo ângulo de torção). Essa medida do ângulo é feita pelo deslocamento angular de um ponto do corpo de prova perto da cabeça giratória, em relação a um ponto numa mesma linha longitudinal perto da outra cabeça. A máquina possui escalas diversas, conforme o seu pêndulo contenha ou não pesos acessórios para aumentar a sua capacidade. Quanto maior for o peso colocado no pêndulo, maior será o momento de torção possível de ser aplicado no corpo de prova. Existem ainda na máquina um dispositivo que permite contar o número de voltas atingido e um outro, que mede o encurtamento do corpo de prova, que pode ocorrer na zona plástica.

A deformação também pode ser medida por meio de um aparelho especial (troptômetro) montado no corpo de prova e que consiste de dois anéis presos na parte útil do corpo de prova, munidos de dois espelhos ou ponteiros, que indicam a rotação numa escala fixa ou pela rotação relativa entre os anéis.

6.2. Propriedades mecânicas possíveis de serem obtidas no ensaio

6.2.1. Corpo de prova

Para facilidade de cálculo, o corpo de prova deve ter uma secção circular, com um comprimento, L, na parte útil (paralela), que poderá variar, para maior precisão, conforme for a propriedade mecânica que se deseja medir. Nos próximos itens, será usado o símbolo L para o comprimento, mesmo quando L for somente a base de medida no ensaio. Entre a parte útil e as partes que vão ser fixadas nas garras da máquina deve existir um raio de concordância, que também pode ser variável.

Outro tipo também de grande utilidade é o corpo de prova tubular de pequena espessura. As vantagens desse corpo de prova serão vistas nos itens seguintes. No entanto corpos de prova de paredes finas devem conter um mandril semelhante ao visto na Fig. 34 (item 2.4) para não haver amassamento dos mesmos nas garras. As dimensões dos corpos de prova de secção tubular serão dadas para cada caso particular mais adiante.

6.2.2. Momento de torção e tensões no ensaio

Quando é aplicado num corpo de prova sem tensões residuais um esforço de torção pura, a tensão de cisalhamento é zero no centro do corpo de prova e aumenta linearmente com o raio, sendo máxima na superfície do mesmo. Essa distribuição de tensões é verdadeira durante a zona de deformações elásticas.

O momento de torção, M_T, é resistido pelas tensões de cisalhamento que se estabelecem na secção transversal do corpo de prova. Desse modo,

$$M_T = \int_0^R \tau r dS = \frac{\tau}{r} \int_0^R r^2 dS,$$

onde τ é a tensão de cisalhamento, r é uma distância radial medida a partir do centro do corpo de prova, que tem secção, S, e raio, R. Esse momento de torção é também conhecido pela palavra inglesa *torque* ou por conjugado.

O valor da integral da última igualdade acima é o momento polar de inércia, J_p, da área em relação ao eixo do corpo de prova. Portanto,

$$M_T = \frac{\tau J_p}{r},$$

ou seja, para uma distância r qualquer (variando de zero a R),

$$\tau = \frac{M_T r}{J_p}. \tag{87}$$

Na superfície do corpo de prova, τ é máximo e, como para secções circulares $J_p = \frac{\pi D^4}{32}$, sendo D o diâmetro do corpo de prova, tem-se

$$\tau_{max} = \frac{16 M_T}{\pi D^3}. \tag{88}$$

Para cálculos de tensões no fim da zona elástica, o uso do corpo de prova circular com secção sólida pode levar a erros. O gradiente de tensões mencionado num corpo de prova sólido faz com que as camadas superficiais do mesmo fiquem restringidas, podendo essas camadas atingir o regime plástico, enquanto que as camadas mais internas ainda estejam sob regime elástico e a deformação das fibras das camadas periféricas fica então falseada. Particularmente nos metais mais moles, a passagem para a plasticidade é gradativa e não se obtém um escoamento nítido; o gradiente de tensões, antes linear, passa a ser não-linear, encurvando-se também gradativamente durante a zona de transição elástico-plástica. A fim de minimizar esse efeito, utiliza-se corpo de prova tubular para eliminar praticamente o gradiente de tensões, isto é, para distribuir uniformemente as tensões de cisalhamento sem que haja o gradiente.

Para cumprir satisfatoriamente a eliminação desse gradiente de tensões, o corpo de prova tubular deve ter pequena espessura de parede, mas com um certo valor mínimo que não pode ser ultrapassado, porque abaixo desse valor, o corpo de prova poderia romper-se por flambagem em vez de torção. Mais adiante serão dadas as dimensões desse corpo de prova, conforme a finalidade do ensaio.

Para corpos de prova tubulares, a Expr. (87) para a tensão máxima de cisalhamento torna-se [32]

$$\tau_{max} = \frac{16M_T D_1}{\pi(D_1^4 - D_2^4)}, \tag{89}$$

onde D_1 e D_2 são respectivamente os diâmetros externo e interno do tubo. Para uma distância, r, entre D_2 e D_1, a tensão de cisalhamento é

$$\tau = \frac{M_T}{2\pi r^2 e}, \tag{90}$$

onde e é a espessura do tubo.

6.2.3. Deformação na torção

Como foi indicado no item 6.1, a deformação no ensaio de torção é calculada pelo ângulo de torção, θ, expresso em radianos, ou φ expresso em graus. (Fig. 79). Essa deformação é provocada pelo cisalhamento e designa-se pelo símbolo γ. Se L for o comprimento útil do corpo de prova (ou base de medida), γ será dado por

$$\gamma = \operatorname{tg} \varphi = \frac{r\theta}{L}. \tag{91}$$

Para grandes deformações é mais preciso usar-se tg $r\theta/L$ no lugar de $\cdot r\theta/L$.

O diagrama que geralmente se obtém pelo ensaio de torção, equivalente ao diagrama carga-deformação visto no ensaio de tração, é dado pelo momento de torção, M_T, em ordenadas e o ângulo de torção, θ, em abscissas. Como as relações entre a tensão e a deformação são sempre as mesmas num corpo de prova circular, é possível obter, pela curva $M_T \times \theta$, a curva $\tau \times \gamma$ usando-se as expressões dadas acima.

Figura 79. Torção num corpo de prova circular sólido [1].

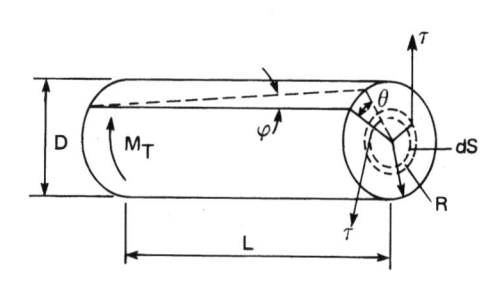

6.2.4. Módulo de elasticidade transversal

Assim como no ensaio de tração pode-se obter pelo gráfico tensão-deformação o valor de E (módulo de elasticidade), no ensaio de torção existe o seu equivalente, que é o módulo de elasticidade transversal G, dado pela expressão

$$G = \frac{\tau}{\gamma}, \tag{92}$$

que vale na zona elástica do material.

A relação entre G e E é

$$G = \frac{E}{2(1 + v)}, \tag{93}$$

onde v é o coeficiente de Poisson [ensaio de tração, item 2.2.4(g)].

No ensaio de torção, pode-se calcular G mais facilmente pela Expr. (94), derivada de (87), (91) e (92) [32],

$$\theta = \frac{M_T L}{G J_p},$$

ou

$$G = \frac{M_T L}{\theta J_p}, \tag{94}$$

onde J_p é o momento polar de inércia da secção, em relação ao seu centro.

O produto $G \cdot J_p$ é denominado produto de rigidez transversal da secção da barra (ou do corpo de prova).

Para um corpo de prova circular $J_p = \pi D^4/32$ e para um corpo de prova tubular $J_p = (\pi D_1^3 \, e/4) \; [1 - (3 \, e/D_1 + 4 \, e^2/D_1^2 - 2 \, e^3/D_1^3)]$, onde D_1 é o diâmetro externo e e é a espessura do tubo. Entretanto, para evitar cálculos trabalhosos devidos ao valor de J_p para corpos de prova tubulares, pode-se empregar a expressão

$$G = \frac{M_T L}{2 \pi r^3 \, e \theta} \quad \text{(secção tubular)}, \tag{95}$$

onde r é a média entre o diâmetro externo D_1 e o diâmetro interno D_2 [32].

O valor de G pode ser também determinado de maneira análoga ao visto para E no ensaio de tração (Fig. 5) [2]. No caso de material não-isotrópico, o valor de G dependerá da direção que foi extraído o corpo de prova. A Eq. (92) demonstra isso, pois tanto E quanto v dependem dessa direção.

O ensaio para a determinação de G deve ser feito com velocidade constante e não muito lentamente, para evitar possível fluência (*creep*) do metal e a temperatura deve ser também constante [8]. Experiências anteriores indicaram que se deve utilizar um corpo de prova onde L/D seja igual a aproximadamente 10 e, no caso de corpos de prova tubulares, D_1/espessura deve estar entre 8 e 10 para minimizar o erro.

G também é chamado de módulo de cisalhamento e módulo de rigidez em certos compêndios sobre resistência dos materiais.

6.2.5. Limite de proporcionalidade e limite de escoamento

Analogamente ao ensaio de tração, pode-se determinar no ensaio de torção o limite de proporcionalidade e o limite de escoamento por torção. O primeiro deles é a tensão de cisalhamento máxima na zona elástica que ainda mantém a proporcionalidade entre a tensão e a deformação. Pelo gráfico M_T *versus* θ pode-se usar o método Johnson visto no ensaio de tração [item 2.2.4(c)] conforme a Fig. 80(a), para determinar o momento de torção, M_{Tp}. Com o valor de M_{Tp} pode-se determinar o limite de proporcionalidade, τ_p, pela expressão

$$\tau_p = \frac{M_{Tp}R}{J_p} \quad \text{(secção circular)}, \tag{96}$$

$$\tau_p = \frac{M_{Tp}}{2\pi r^2 \, e} \quad \text{(secção tubular)}, \tag{97}$$

onde também r é a média entre D_1 e D_2.

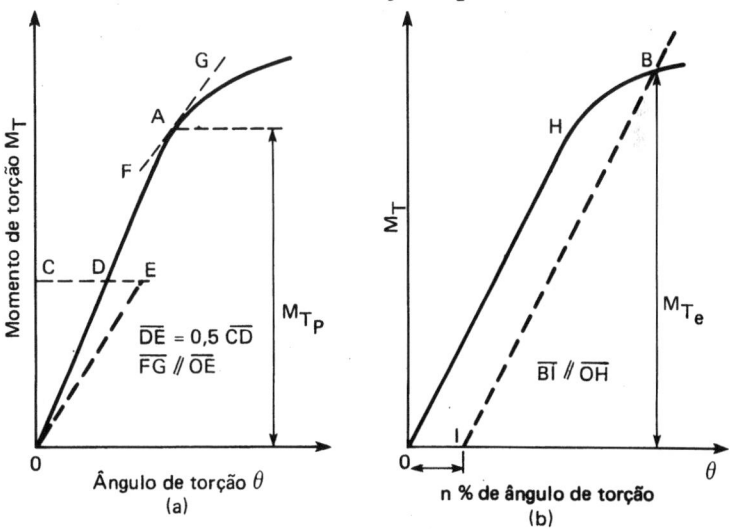

Figura 80. (a) Determinação do limite de proporcionalidade e (b) do limite de escoamento (limite n) [2].

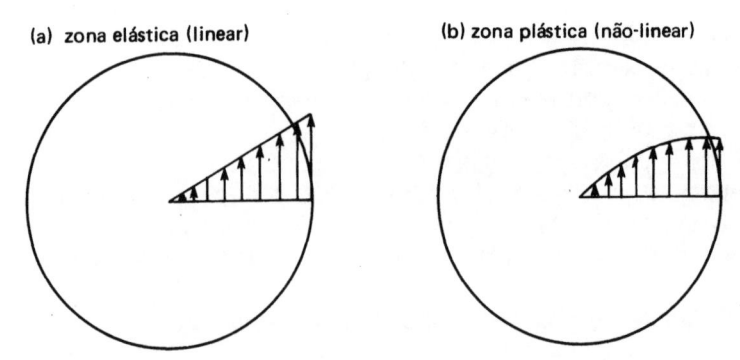

Figura 81. Distribuição das tensões, no ensaio de torção, nas zonas elástica e plástica, em um corpo de prova circular.

No caso da torção, já foi mencionado que o limite de escoamento é um valor difícil de ser medido, principalmente para os metais mais moles, devido à pouca nitidez do fenômeno (o inverso do caso da tração), não sendo indicado pelo gráfico. Assim, utiliza-se sempre o limite n pelo método do "limite de desvio" (*offset*) [ensaio de tração, item 2.2.4(f)]. O ponto B da Fig. 80(b) mostra o momento de torção no escoamento, M_{Te}, por esse método; o limite de escoamento é dado por

$$\tau_e = \frac{M_{Te}R}{J_p} \quad \text{(secção circular)}, \tag{98}$$

$$\tau_e = \frac{M_{Te}}{2\pi r^2 e} \quad \text{(secção tubular)}. \tag{99}$$

O valor de τ_e dado por (98) e (99) é aproximado, porque o ponto B da Fig. 80(b) já está na zona plástica da curva, onde a relação entre a tensão e a deformação não é mais linear (Fig. 81) [2].

Além disso, as Exprs. (97) e (99) só valem para corpos de prova tubulares de paredes finas, para garantir uniformidade na distribuição das tensões. Conforme experiências realizadas nesse tipo de corpo de prova, a relação L/D_1 deve ser cerca de 10 e D_1/espessura deve estar entre 8 e 10 para as determinações de τ_p e τ_e.

Para metais dúcteis, pode-se ter uma boa aproximação do limite de escoamento na torção, fazendo-se τ_e igual a 0,6 vezes o limite de escoamento na tração, evitando-se o trabalho da determinação do limite n.

6.2.6. Resiliência

As definições de resiliência e módulo de resiliência já foram vistas no item 2.2.4(g).

Para corpos de prova circulares, o módulo de resiliência, U_{Rt}, por unidade de volume é dado na torção pela Expr.

$$U_{Rt} = \frac{\tau_p^2}{4G}.$$ (100)

Pela dificuldade de se medir τ_p, pode-se obter uma boa aproximação para U_{Rt}, substituindo o numerador por τ_e^2, isto é

$$U_{Rt} = \frac{\tau_e^2}{4G}$$ (101)

Para o caso de corpos de prova tubulares

$$U_{Rt} = \frac{\tau_p^2}{2G},$$ (102)

ou em termos de M_{Tp}

$$U_{Rt} = \frac{M_{Tp}^2}{8\pi r^4 e^2 G} \quad \text{(secção tubular)},$$ (103)

podendo-se também substituir M_{Tp}^2 por M_{Te}^2 para se obter um U_{Rt} com boa aproximação, como no caso anterior.

Comparando-se as Eqs. (100) e (11), verifica-se que no caso da torção, o valor do módulo de resiliência é a metade do valor para o caso da tração. Como a tensão no ensaio de torção varia linearmente até o limite de proporcionalidade desde zero no centro do corpo de prova até o valor τ_p na superfície e no ensaio de tração a tensão é uniforme, a energia de deformação por unidade de volume na torção é realmente a metade da energia na tração.

6.2.7. Zona plástica, módulo de ruptura, ductilidade e tenacidade

A Fig. 81 mostra a distribuição das tensões na zona plástica. Assim, as expressões vistas até agora não valem mais no regime plástico. Entretanto, pelas dificuldades trazidas pela modificação da distribuição das tensões, não se leva em consideração na prática a não validade dos conceitos determinados na zona elástica e continua-se a aplicar esses mesmos conceitos para a zona plástica, pelo menos para o cálculo do módulo de ruptura, que seria equivalente ao limite de resistência no ensaio de tração. Assim, o módulo de ruptura τ_r' que é definido como a resistência máxima à torção ou seja, a tensão máxima na fibra externa correspondente ao máximo momento de torção, é dada pelas Exprs. (104) e (105).

$$\tau_r' = \frac{M_{Tr}R}{J_p} \quad \text{(secção circular)}, \tag{104}$$

$$\tau_r' = \frac{M_{Tr}}{2\pi r^2 e} \quad \text{(secção tubular)}, \tag{105}$$

onde M_{Tr} é o momento de torção máximo atingido no ensaio (Fig. 82) [2].

O valor de τ_r', assim calculado, serve apenas como termo de comparação e para seleção de materiais. No caso de secção tubular, a Expr. (105) é melhor determinada em corpo de prova que tenha uma relação L/D_1 igual a 0,5 e D_1/e entre 10 e 12.

A ductilidade é também no caso da torção a capacidade do metal se deformar na zona plástica e é medida pelo ângulo de torção para um corpo de prova com um certo L e um certo D. Entretanto, pode-se aplicar uma expressão idêntica à Expr. (7) do alongamento no ensaio de tração. Nesse caso, para corpos de prova circulares, L_0 é o comprimento inicial da fibra externa e L, o seu comprimento final na ruptura.

A ductilidade é a deformação por cisalhamento correspondente ao momento máximo de torção ou na ruptura. Essa deformação pode ser dada pelo ângulo de torção causado pelo momento máximo de torção ou na ruptura e, principalmente para o caso de corpo de prova tubular, a ductilidade pode ser baseada nessa deformação, pois aqui, a distribuição de tensões é quase uniforme.

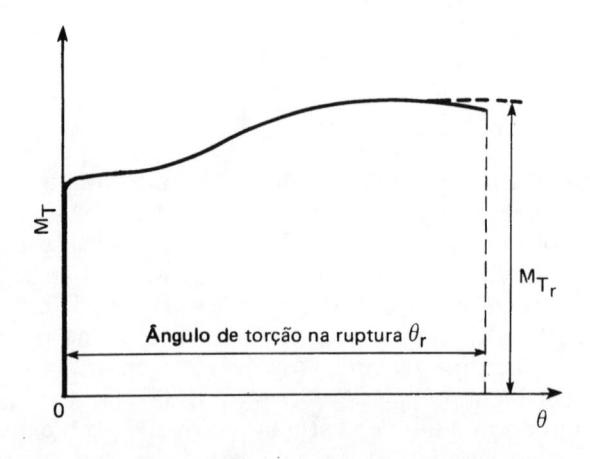

Figura 82. Gráfico do momento de torção-ângulo de torção, na zona plástica [2].

A tenacidade para os metais dúcteis, análoga ao caso da tração, é dada pelo módulo de tenacidade, U_{Tt}, por unidade de volume [2],

$$U_{Tt} = \frac{M_{Tr}\theta_r}{SL} \quad \text{(secção circular)}, \tag{106}$$

$$U_{Tt} = \frac{M_{Tr}\theta_r}{2\pi reL} \quad \text{(secção tubular)}, \tag{107}$$

onde θ_r é o ângulo de torção na ruptura (em radianos), conforme mostra a Fig. 82.

6.3. Determinação da tensão e da deformação na zona plástica

Já foi mencionado que a distribuição das tensões não é mais linear, quando se atinge a zona plástica durante o ensaio de torção (Fig. 81). Pode-se determinar a tensão de cisalhamento em qualquer ponto da zona plástica, conhecendo-se a curva momento e torção-ângulo de torção (Fig. 83) [2]. Quanto à deformação, basta aplicar a Expr. (91) aplicada ao raio R do corpo de prova, isto é

$$\gamma = \frac{R\theta}{L}. \tag{108}$$

Considerando nesse caso um corpo de prova de secção circular, determina-se a curva $M_T \times \theta$ por pontos e a relação entre essa curva e a curva *tensão* × *deformação* na torção é dada pelas Exprs. (109) e (108).

$$\tau = \frac{1}{2\pi R^3}\left(\frac{\theta dM_T}{d\theta} + 3M_T\right). \tag{109}$$

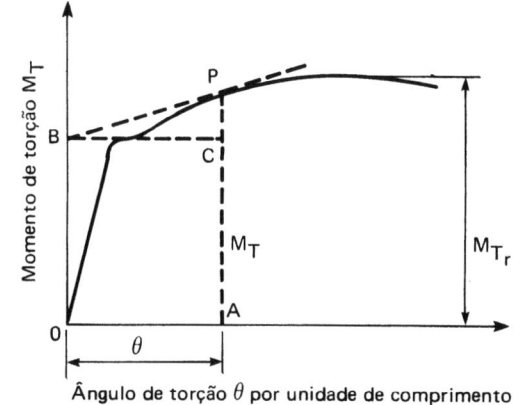

Figura 83. Diagrama $M_T \times \theta$ para determinar o diagrama $\tau \times \gamma$ na zona plástica [2].

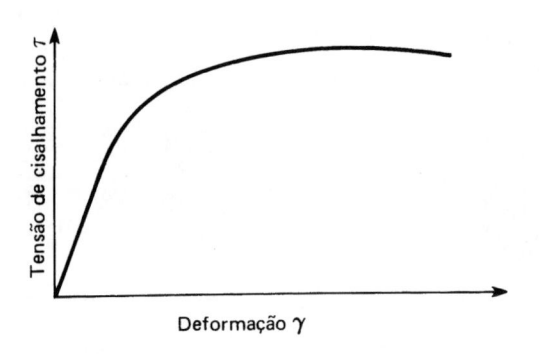

Figura 84. Diagrama tensão de cisalhamento-deformação, no ensaio de torção.

A Expr. (109) é deduzida pelos conceitos encontrados nos compêndios sobre resistência dos materiais [32]. Pela curva da Fig. 83, pode-se determinar os valores dos termos da Expr. (109), pois, $\theta = \overline{BC}$, $dM_T/d\theta = \text{tg } P\hat{B}C = \overline{PC}/\overline{BC}$ e $M_T = \overline{AP}$ num ponto qualquer P da curva. Assim, a Expr. (109) transforma-se em

$$\tau = \frac{\overline{PC} + 3\overline{AP}}{2\pi R^3}$$

Portanto, com a Expr. (108) e com a expressão acima, obtêm-se os valores de τ e γ, em qualquer ponto e pode-se traçar o gráfico tensão-deformação na zona plástica, o qual é mostrado na Fig. 84. No valor máximo de M_T, $dM_T/d\theta = 0$ e assim, o limite de resistência à torção, τ_r, (módulo de ruptura corrigido) é

$$\tau_r = \frac{3M_{Tmax}}{2\pi^3}. \tag{110}$$

Compare-se o valor de (110) com o valor de (104) e verifica-se que τ'_r tem um erro de 33,33%, pois, $\tau'_r = 2M_{Tmax}/\pi R^3$.

Para metais frágeis, como ferro fundido cinzento, pode-se ter boa aproximação, igualando τ_r com o limite de resistência no ensaio de tração, evitando-se o ensaio de torção. Para materiais menos frágeis, pode-se fazer $\tau_r = 1,1$ a $1,3 \sigma_r$. Analogamente, para os metais dúcteis, pode-se assumir $\tau_r = 0,8 \sigma_r$.

A tensão de cisalhamento deve ser dada em kgf/mm^2 e a deformação em mm/mm.

6.4. Ensaio de torção em produtos acabados

Além de ensaios particulares efetuados em barras de torção, eixos, hastes, brocas e outras peças, que podem ser classificados como ensaios industriais, no laboratório são executados ensaios de prova de carga por torção em arames e fios metálicos. Nesses produtos, muitas vezes são exigidos ensaios onde se aplica um certo número de torções para um lado e um certo número de torções para o outro lado, a fim de se verificar ruptura ou descascamento de camadas depositadas. Nesses ensaios, costuma-se aplicar uma pré-carga de tração numa das extremidades do arame ou fio para esticar o segmento ensaiado; essa carga algumas vezes é especificada, outras vezes não.

Outro ensaio de torção exigido pelas especificações industriais é o ensaio em ferramentas, como chaves de boca e outras chaves manuais. Nesses casos, a ferramenta é fixada na máquina por meio de dispositivos especiais, e aplica-se uma carga especificada que tende a torcer a peça, a fim de verificar se ocorreu algum dano na mesma.

6.5. Aspecto da fratura dos corpos de prova na torção

O aspecto da fratura dos corpos de prova submetidos ao ensaio de torção é o inverso do aspecto observado no ensaio de tração. Enquanto que nesse último, os metais mais dúcteis apresentam grande estricção e, portanto, uma ruptura do tipo "taça e cone"; na torção, a secção rompida do corpo de prova é perpendicular ao eixo do corpo de prova [Fig. 85(a)], não havendo estricção, como se fosse uma fratura frágil no ensaio de tração. Inversamente, no ensaio de torção de um metal frágil, a secção rompida apresenta uma forma de hélice, mas igualmente sem sinais de estricção, similarmente a um material dúctil ensaiado à tração [Fig. 85(b)]. A Fig. 85(c) mostra uma ruptura por flambagem (item 6.2.2).

A razão dessa inversão é explicada a seguir: um corpo de prova sujeito à torção tem as tensões máximas de cisalhamento situadas em dois planos perpendiculares entre si, sendo um deles perpendicular e o outro paralelo ao eixo longitudinal do corpo de prova; as tensões principais σ_1 e σ_3 fazem um ângulo de 45° com o eixo longitudinal do corpo de prova, são também perpendiculares entre si e são iguais em módulo às tensões de cisalhamento. A tensão σ_1 é de tração, σ_3 é uma tensão de compressão igual em módulo a σ_1 e σ_2 é igual a zero.

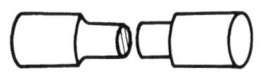

(a) Material dúctil na torção

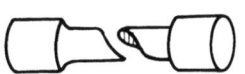

(b) Material frágil na torção

(c) Ruptura por flambagem na torção

Figura 85. Tipos de fratura de torção [2]. (a) material dúctil; (b) material frágil; e (c) ruptura por flambagem.

Sendo assim, como a ruptura de um metal dúctil ocorre por cisalhamento ao longo dos planos onde se situam as tensões máximas de cisalhamento, o aspecto da fratura na torção é plano como mostra a Fig. 85(a). Um metal frágil na torção, por sua vez, rompe ao longo de um plano perpendicular à direção da tensão de tração máxima, isto é, σ_1, que faz um ângulo de 45°, com o eixo longitudinal do corpo de prova, resultando numa ruptura helicoidal como mostra a Fig. 85(b).

No caso especial da fratura começar no plano de tensões máximas de cisalhamento, paralelo ao eixo longitudinal do corpo de prova, o metal pode romper-se (despedaçar-se) em numerosas pequenas partes. Isso acontece às vezes com metais de resistência média.

6.6. Considerações finais sobre o ensaio de torção

Excetuando-se o uso de corpos de prova tubulares e da dificuldade em se obter um escoamento nítido, o ensaio de torção só oferece vantagens sobre o ensaio de tração. Pela ausência da estricção, pode-se conseguir grandes deformações até a ruptura, sem causar mudança na distribuição das tensões e assim, a curva tensão de cisalhamento *versus* deformação tem importância fundamental no estudo do comportamento plástico dos metais em várias temperaturas. A velocidade de ensaio ou de deformação pode ser mais facilmente controlada, mantendo-se constante ou não durante todo o ensaio. Em conseqüência desses fatos, existe um grande desenvolvimento no ensaio de torção a quente, para simular as estruturas metalúrgicas produzidas por processos mecânicos como laminação [1].

Verifica-se que a tensão máxima de cisalhamento na torção é o dobro da mesma tensão na tração para um dado valor de σ_{max}. Como a deformação plástica ocorre quando se atinge um valor crítico de τ_{max} e uma fratura frágil ocorre quando se atinge um valor crítico de σ_{max}, o ensaio de torção promove um comportamento dúctil maior que o ensaio de tração, isto é o regime plástico é atingido com um σ_{max} menor no caso da torção. Isso torna o ensaio de torção importante, principalmente para o estudo de metais frágeis como o ferro fundido cinzento, onde no ensaio de tração o regime plástico não é alcançado.

Finalmente, pode-se mencionar que, devido às dificuldades de ensaio e à necessidade de se ter um corpo de prova melhor preparado do que um corpo de prova para tração (principalmente o corpo de prova tubular), o ensaio de torção é empregado com muito menos freqüência que o ensaio de tração para os ensaios de rotina.

Capítulo 7
Ensaio de Compressão

7.1. Campo de aplicação

Não é freqüente o emprego do ensaio de compressão para os metais, porque a determinação das propriedades mecânicas por esse ensaio é dificultada pela existência de atrito entre o corpo de prova e as placas da máquina, pela possibilidade de flambagem, pela dificuldade de medida dos valores numéricos do ensaio e por alguns outros fatores que provocam incidência considerável de erros.

Conforme o metal a ser ensaiado seja dúctil ou frágil, as condições de ensaio variam muito. No primeiro caso, só se pode determinar com certa precisão as propriedades referentes à zona elástica, sendo impossível medir a carga máxima atingida ou de ruptura. Um corpo de prova cilíndrico de um metal dúctil sujeito a um esforço axial de compressão tende, na zona plástica, a aumentar a sua secção transversal (aumento do diâmetro e diminuição do comprimento) com o acréscimo da carga. Se se considerar a tensão real (carga dividida pela área instantânea), com o aumento da carga, essa tensão diminui, aumentando assim a resistência do material. Por essa razão, um metal dúctil não se rompe, ficando cada vez mais achatado até se transformar num disco. A Fig. 86(a) mostra um corpo de prova de um metal dúctil (cobre, por exemplo) completamente deformado. Por outro lado, um metal frágil, como o ferro fundido cinzento, não tem deformação lateral apreciável e a ruptura ocorre por cisalhamento e escorregamento, ao longo de um plano inclinado de aproximadamente 45°, conforme mostra a Fig. 86(b). Nesse caso, pode-se determinar então algumas propriedades da zona plástica, principalmente o limite de resistência ou limite de ruptura, que coincidem para esses materiais.

Os métodos para a obtenção das propriedades mecânicas cabíveis a cada tipo de metal, conforme foi dito acima, são em essência os mesmos citados no ensaio de tração. Para o traçado do diagrama tensão-deformação, há a necessidade de uma perfeita centralização da amostra entre as placas da maquina, para que a carga de compressão atue exatamente na direção de seu eixo. Para qualquer ensaio de compressão, as placas da máquina devem ser paralelas, a fim de garantir essa axialidade.

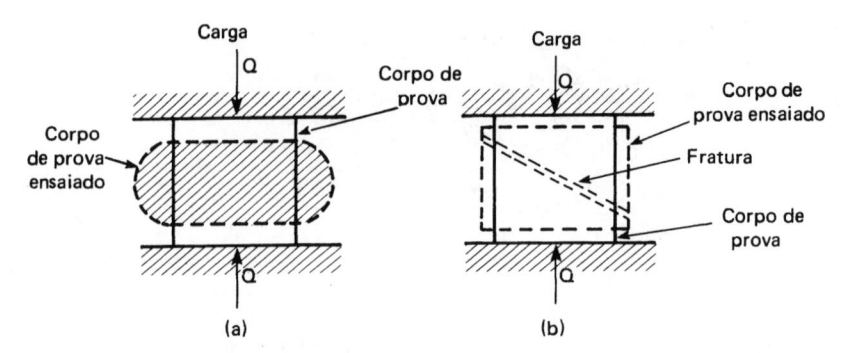

Figura 86. Ensaio de compressão [2] em (a) metal dúctil, deformação sem ruptura, e (b) metal frágil, ruptura sem deformação lateral.

No campo da pesquisa, os ensaios de compressão são feitos para comparação dos resultados com o ensaio de tração, bem como das curvas tensão-deformação nos dois ensaios. Tendo-se o limite $0,2\%$ o módulo de elasticidade e a forma da curva na zona plástica, pode-se determinar a resistência à flambagem do material sob altas tensões de compressão. Esse tipo de estudo é geralmente feito no campo da Aeronáutica, para ligas de alumínio de alta resistência e para certos aços-liga.

Finalmente, para evitar danos nas placas da máquina, recomenda-se inserir, em todo ensaio de compressão, entre as placas e o corpo de prova duas placas de aço finas, com uma secção transversal aproximadamente igual à do corpo de prova.

7.2. Compressão em metais dúcteis

Como no ensaio de tração, pode-se determinar no ensaio de compressão as propriedades referentes à zona elástica, onde é seguida a lei de Hooke. As propriedades geralmente mais medidas nos ensaios comuns são os limites de proporcionalidade e de escoamento (ou $0,2\%$) e o módulo de elasticidade. Segundo Lesslls [3], os valores encontrados para essas propriedades em alguns aços não são os mesmos para a tração. A Tab. 16 mostra esses valores.

O comprimento útil para a medida da deformação deve estar localizada relativamente longe, cerca de 1 diâmetro do corpo de prova, do contato das placas da máquina, para maior precisão dos resultados. No item 7.4 será visto que nas regiões do corpo de prova próximas das placas, a deformação não é uniforme e o escoamento é então falseado. No entanto, os pontos das extremidades do comprimento útil do corpo de prova devem estar situados simetricamente em relação à secção central do mesmo.

Tabela 16. Comparação de certas propriedades de alguns aços na tração e na compressão [3]

	Tração				Compressão		
	σ_p	σ_e (kgf/mm²)	σ_r	E	σ_p	σ_e (kgf/mm²)	E
AISI 1 035	44,1	46,9	67,9	21 000	46,9	49,7	21 000
AISI 1 046	52,5	56,0	84,0	21 000	54,6	59,5	21 000
AÇO 4 340	78,4	86,1	94,5	21 000	76,3	88,9	21 000

O corpo de prova usualmente adotado tem a forma cilíndrica com a relação comprimento/diâmetro variando de 3 até no máximo 8 [4]. Em todo o caso, o comprimento não deve ser muito grande para evitar a flambagem, nem muito curto para que não haja muito atrito com as placas da máquina. O valor 8 é mais usado para a determinação do módulo de elasticidade. No caso especial de metais para mancais ("metal patente"), a relação acima pode ser mesmo igual a 1. Essa relação deve ser sempre citada junto com os resultados obtidos.

Na fase plástica, pelo aumento da secção transversal, a curva real de compressão fica abaixo da curva convencional (confrontar com a Fig. 24). A tensão de ruptura depende da geometria do corpo de prova e da lubrificação entre o corpo de prova e as placas da máquina e portanto não pode ser comparada com outros resultados obtidos de maneira diferente, além de não poder ser usada como especificação do material.

Outras considerações sobre compressão em metais dúcteis serão vistas no item 7.4.

7.3. Compressão em metais frágeis

O ensaio de compressão é mais utilizado para o caso de metais ou outros materiais frágeis. Nesses metais, a fase elástica é muito pequena, de modo que não há possibilidade de se determinar com precisão as propriedades relativas a essa fase.

As dimensões do corpo de prova influem no tipo de fratura. No caso de ferro fundido, usa-se geralmente corpo de prova cilíndrico, com um comprimento igual a duas ou três vezes o diâmetro, relação essa que deve ser sempre citada com os resultados do ensaio, como no caso anterior [4].

Para ferros fundidos, onde a ductilidade é muito pequena, a propriedade mais importante é o limite de resistência à compressão, que difere em valor do limite de resistência à tração, sendo geralmente maior que esse. Segundo McClintock & Argon (1966) [8], o limite de resistência à compressão é oito vezes o mesmo limite à tração para os materiais frágeis, não sendo considerado defeitos internos existentes nos mesmos. O limite de resistência à compressão é calculado pela carga máxima dividida pela secção original do corpo de prova.

Para os metais frágeis, o ensaio de compressão pode ser efetuado numa própria peça acabada, obtendo-se assim apenas a carga de ruptura, desde que a peça caiba entre as placas da máquina.

7.4. Considerações sobre flambagem e atrito durante a compressão

Num ensaio de compressão, evita-se a flambagem (instabilidade na compressão de um metal dúctil) dimensionando-se o corpo de prova, de modo a se obter uma tensão máxima menor que a tensão crítica que provocaria a flambagem.

Uma estimativa da carga crítica, Q_c, que causaria a flambagem na zona plástica de um corpo de prova sólido é dada (segundo Avery & Findley) [8] pela expressão

$$Q_c = \pi^2 \left(\frac{\delta\sigma}{\delta\varepsilon} \right) \frac{J}{L^2}, \qquad (111)$$

onde J é o momento de inércia da secção transversal, L é o comprimento do corpo de prova preso entre as placas da máquina e $\delta\sigma/\delta\varepsilon$ é a inclinação da curva tensão-deformação na carga, Q_c. Para o caso de corpos de prova cilíndricos de diâmetro D, a tensão crítica σ_c é

$$\sigma_c = 0,615 \left(\frac{\delta\sigma}{\delta\varepsilon} \right) \left(\frac{D}{L} \right)^2 \qquad (112)$$

e para o caso de corpos de prova de secção retangular com espessura igual a b

$$\sigma_c = 0,82 \left(\frac{\delta\sigma}{\delta\varepsilon} \right) \left(\frac{b}{L} \right)^2. \qquad (113)$$

Quanto maior a zona plástica apresentada pelo metal no ensaio de compressão, maior deve ser a relação D/L ou b/L, pois nessa zona $\delta\sigma/\delta\varepsilon$ é pequeno.

A flambagem é sensível principalmente à uniformidade da aplicação da carga, a qual é controlada pelo paralelismo das placas da máquina, e à heterogeneidade do corpo de prova. Qualquer excentricidade na aplicação do esforço de compressão tende a favorecer a flambagem.

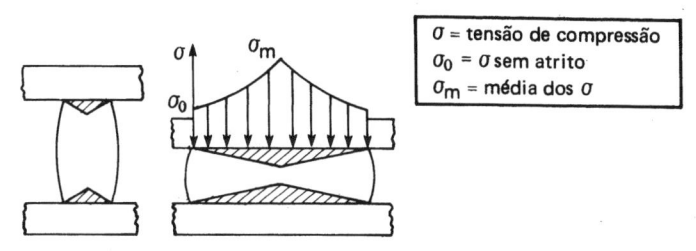

Figura 87. Regiões não-deformadas devido ao atrito entre o corpo de prova e as placas da máquina [4].

O atrito existente entre as placas da máquina e as extremidades dos corpos de prova de secção uniforme produz tensões que tendem a retardar o escoamento nas regiões próximas aos contatos (Fig. 87) [4], produzindo um gradiente de tensões ao longo do comprimento do corpo de prova. O metal adjacente ao contato sofre pequena ou nenhuma deformação. É por essa razão que a base de medida para a deformação no ensaio de compressão deve ser tomada sempre fora dessas regiões, no mínimo igual a um diâmetro afastado de cada placa da máquina, ocasionando então um comprimento, L, suficientemente grande, mas que não produza a flambagem vista acima. Um meio de minimizar o atrito seria o de lubrificar as extremidades do corpo de prova com parafina, graxa, teflon ou outros lubrificantes.

Flambagem na zona elástica pode ser estudada pela carga crítica, Q_c, nessa zona, dada por

$$Q_c = \frac{\pi^2 EJ}{4L^2}, \qquad (114)$$

onde a carga é aplicada em uma extremidade livre do corpo de prova [8].

Se o comprimento L for constante para diversos materiais, a flambagem dependerá apenas do módulo de elasticidade E (ou da rigidez) dos mesmos, desde que mantenham-se as mesmas dimensões para os corpos de prova, isto é, $J = constante$. Em outras palavras, a flambagem independe do limite de escoamento do metal. No caso de fixações diferentes dos corpos de prova, o valor de Q_c na Expr. (114) muda, conforme mostra a Fig. 88 [8]. Algumas fixações diferentes tendem a diminuir o atrito, mas podem em certos casos ser desfavoráveis para o propósito de se evitar a flambagem.

Variando J, verifica-se que as secções tubulares com paredes finas são mais resistentes à flambagem que as secções cheias. A espessura da parede deve, no entanto, ter um mínimo, abaixo do qual, ocorrerá flambagem dos elementos longitudinais do tubo, produzindo um escorregamento das paredes do corpo de prova tubular.

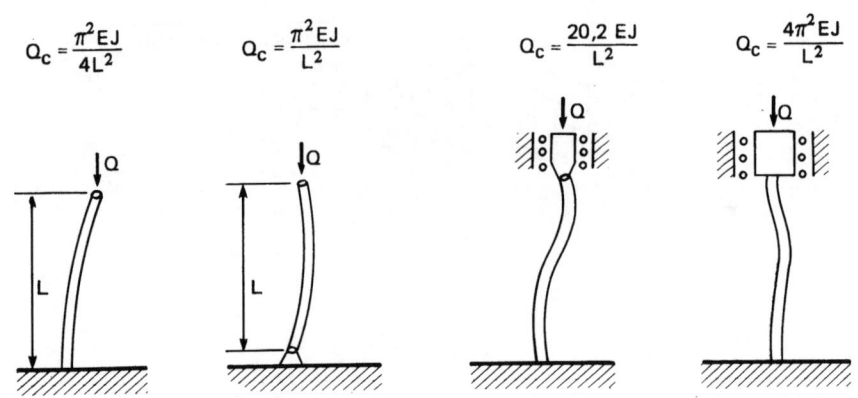

$$Q_c = \frac{\pi^2 EJ}{4L^2} \qquad Q_c = \frac{\pi^2 EJ}{L^2} \qquad Q_c = \frac{20,2\ EJ}{L^2} \qquad Q_c = \frac{4\pi^2 EJ}{L^2}$$

Figura 88. Algumas maneiras de fixação de corpos de prova para estudo da flambagem. Na figura são mostradas as diversas cargas críticas para cada tipo de fixação [8].

Outras considerações sobre flambagem escapam às finalidades deste livro e o leitor deverá recorrer aos compêndios especializados em resistência dos materiais [32].

7.5. Ensaio de compressão em produtos acabados

7.5.1. Ensaios em tubos

Existem alguns ensaios específicos empregados para a verificação da ductilidade de produtos tubulares que utilizam esforço de compressão para a realização dos mesmos, embora não seja necessário medir a carga aplicada.

O ensaio de achatamento [17] em segmentos de tubos ou mesmo em anéis cortados de tubos metálicos é realizado, colocando-se o corpo de prova deitado entre as placas de uma máquina de compressão e aplicando-se a carga até achatar o corpo de prova, sendo especificada a distância final entre as placas, variável conforme as dimensões do tubo. A severidade do ensaio é medida por essa distância final e o resultado é dado pelo aparecimento ou não de fissuras, fendas ou trincas na zona tracionada, isto é, na parte do tubo que fica fora do contato com as placas da máquina. Na maioria dos casos, essa distância final é zero, isto é, o achatamento vai até as paredes internas do tubo se tocarem. Geralmente, para tubos com costura ou soldados, a parte que fica fora do contato com as placas é a zona soldada, com o intuito de se ensaiar a ductilidade da solda.

Uma variante do ensaio de achatamento é o ensaio de achatamento reverso [17] para aplicação em tubos soldados eletricamente, onde se observam possíveis defeitos de soldagem. Ensaia-se um seg-

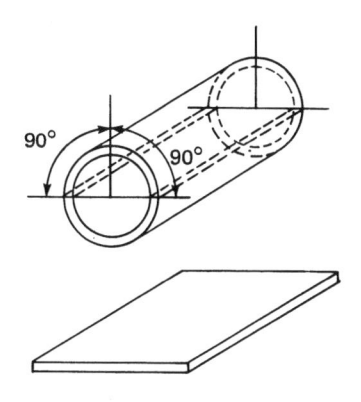

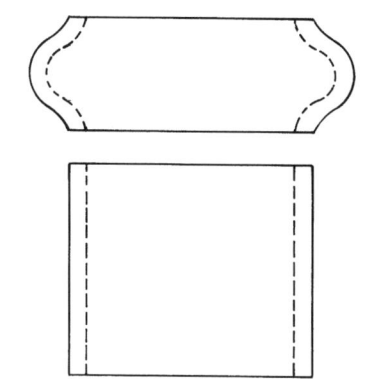

Figura 89. Ensaio de achatamento reverso [17].

Figura 90. Ensaio de amassamento [17].

mento de tubo de tamanho especificado, cortado longitudinalmente ficando com a forma de uma meia-cana. O ensaio consiste em achatar essa meia-cana até torná-la uma placa reta, com a solda no ponto de máximo esforço de dobramento (Fig. 89) [17].

O ensaio de amassamento [17], aplicado em tubos que serão submetidos à alta pressão, é semelhante ao ensaio de achatamento, exceto que nesse caso, o segmento de tubo é colocado de pé. A distância final entre as placas da máquina é especificada. A Fig. 90 mostra um esquema do ensaio.

Também para determinar a ductilidade de tubos submetidos a alta pressão de vapor, o ensaio de flangeamento [17] é indicado em algumas normas técnicas. Esse ensaio ainda fornece uma indicação da capacidade do metal em resistir a um dobramento de 90°. Coloca-se um segmento do tubo de tamanho normalizado no interior de um

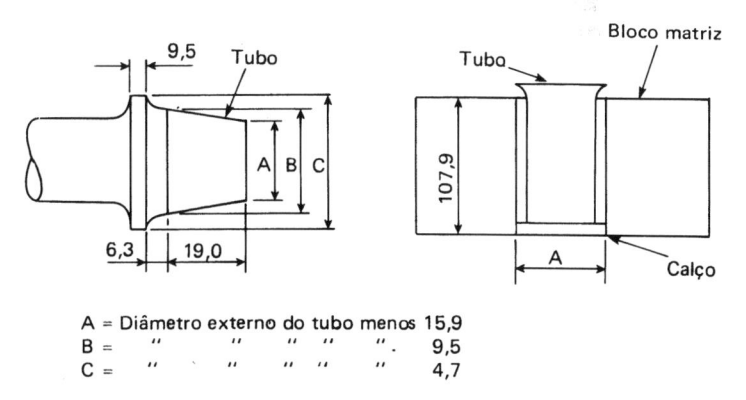

A = Diâmetro externo do tubo menos 15,9
B =   ''   ''   ''   ''   ''.   9,5
C =   ''   ''   ''   ''   ''   4,7

Figura 91. Ensaio de flangeamento [17].

bloco-matriz e flangeia-se uma das extremidades do corpo de prova por meio de uma compressão, conforme indica a Fig. 91, utilizando-se um tufo para o dobramento da flange, mostrado na mesma figura.

O ensaio de expansão [17] é um ensaio alternativo ao ensaio de flangeamento. Consiste em introduzir por compressão um mandril em forma de um tronco de cone de dimensões padronizadas dentro de um segmento de tubo por meio de uma de suas extremidades, até que o diâmetro interno nessa extremidade do tubo aumente de uma quantidade especificada pela norma que rege o produto tubular. O comprimento do segmento do tubo também é especificado e a expansão é geralmente expressa em porcentagem.

7.5.2. Ensaios em molas

As molas são ensaiadas à compressão para se determinar sua constante de mola, ou simplesmente para serem submetidas a prova de carga. No primeiro caso, comprime-se a mola três vezes até fechamento total e, a seguir, faz-se uma quarta compressão com medida das deformações na altura. Constrói-se um gráfico carga-deformação, cuja curva é uma linha reta que passa pela média dos pontos obtidos no ensaio. O coeficiente angular dessa reta é a constante de mola com dimensão força por comprimento. No segundo caso, que é utilizado apenas para se verificar a resistência da mola, aplicam-se algumas cargas pré-determinadas e medem-se as respectivas alturas da mola. Pelo desenho da mola, verifica-se se o resultado obtido confere com a resistência indicada.

7.5.3. Prova de ruptura e prova de carga

Provas de ruptura são também realizadas por meio de carga de compressão, em tampões de ferro fundido para uso em ruas. Esse ensaio é normalizado pela ABNT, segundo o método MB-825, e a carga é aplicada lentamente no centro da peça, porém sobre uma placa de aço com dimensões padronizadas. A carga pode ir até a ruptura da peça ou até uma carga pré-estabelecida e, neste caso, medem-se as deformações (flechas) conforme indicado no método.

Provas de carga em porcas são executadas para verificação de espanamento, conforme já foi explicado no item 2.4.5. Quando a porca tem dimensões grandes, onde o esforço de tração seria muito grande, é preferível ensaiar por compressão por questões de segurança.

O número de peças submetidas a esforços de compressão para prova de carga ou de ruptura é muito grande, e não caberia relacionar todos os ensaios geralmente executados devido à sua extensa variação.

7.5.4. Ensaio de cisalhamento por compressão

O ensaio de cisalhamento é freqüentemente utilizado em parafusos, pois esse produto é muitas vezes solicitado por este tipo de esforço. Introduz-se o parafuso em um dispositivo especial e aplica-se uma carga de compressão que provoca um cisalhamento puro na peça. Quando se atinge a carga que inicia o corte do parafuso, essa carga permanece constante até o destacamento das duas partes rompidas. O dispositivo deve possuir vários diâmetros de furos para ensaiar parafusos de bitolas diversas. A carga de ruptura é o único resultado do ensaio.

Capítulo 8
Ensaio de Fadiga

8.1. Generalidades e definições

8.1.1. Generalidades

O limite de resistência determinado pelo ensaio de tração é função da carga máxima atingida durante o teste, após a qual ocorre a ruptura do material. Ficou então estabelecido que o material não se romperá com uma carga menor que aquela, quando submetido a esforços estáticos. Entretanto, quando são aplicados esforços dinâmico, repetidos ou flutuantes a um material metálico, o mesmo pode romper-se com uma carga bem inferior à carga máxima atingida na tração (ou na compressão). Nesse caso, tem-se a chamada ruptura por fadiga do material. Mais adiante será dado um resumo das características e do processo da ruptura por fadiga (item 8.8).

Um metal rompe-se por fadiga, quando a tensão cíclica, aplicada a ele, tem uma flutuação suficientemente grande e é maior que um valor característico de cada metal, denominado limite de fadiga, o qual pode ser determinado mediante um ensaio de fadiga. É de se notar, porém, que nem todos os materiais metálicos apresentam um limite de fadiga definido; no item 8.2 esse fato será discutido com mais detalhes. A ruptura geralmente ocorre quando o número de ciclos de tensão aplicada é também suficientemente grande. No entanto, muitos outros fatores afetam a ruptura por fadiga, tornando muito extenso o seu estudo e nos itens seguintes serão resumidos também alguns deles. Neste trabalho, serão vistas apenas as bases elementares de como são realizados os ensaios para se determinar o limite de fadiga, sem entrar em pormenores a respeito do estudo completo da fadiga dos metais, campo mais restrito à física dos metais [33].

O estudo da fadiga é de primordial importância para projeto de peças sujeitas a tensões cíclicas, as quais modernamente são cada vez maiores. O ensaio de fadiga pode ser realizado na própria peça, caso se possua uma máquina adequada, reproduzindo no ensaio da melhor maneira possível os esforços a que ela é submetida na prática ou em corpos de prova, nesse caso testando o material em si, sem verificar os efeitos das particularidades existentes na própria peça. A determinação do limite de fadiga é freqüentemente realizada em corpos de prova usinados. Deve-se, no entanto, observar que os resultados obtidos em laboratório, ensaiando-se corpos de prova usinados, não podem ser diretamente aplicados às condições da prática.

8.1.2. Definições e simbologia

A seguir são fornecidas as definições com a respectiva simbologia das tensões utilizadas no estudo e no ensaio de fadiga. Note-se que a simbologia para esse tipo de ensaio é exclusiva para a fadiga, não devendo ser aplicada ou confundida com a simbologia adotada nesse livro para os outros ensaios. Os índices dos símbolos são os mesmos utilizados pela **ASTM** no seu *Manual on Fatigue Testing* (Manual de Ensaios de Fadiga), de 1949 [31].

A Fig. 92 [1] mostra três dos diversos ciclos de tensões possíveis para o ensaio de fadiga encontrados na prática e nos laboratórios em geral. Esses ciclos são do tipo regular, isto é, repetitivos ou alternativos e com todas as características constantes. Tais ciclos são encontrados na maioria das máquinas de ensaio de fadiga, as quais mantêm uma velocidade constante durante cada teste. Ciclos do tipo irregular não são geralmente usados nos ensaios, sendo porém igualmente encontrados na prática. Modernamente existem máquinas que também reproduzem esses ciclos de tensões, para estudos específicos.

Um ciclo de tensão é a menor parte da função tensão-tempo que é periódica e identicamente repetida. Os ciclos da figura são completamente reversos de forma senoidal, sendo que a Fig. 92(a) mostra um ciclo onde as tensões máxima e mínima são iguais e de sinais opostos. Uma tensão de tração é considerada positiva e uma de compressão, negativa. Na Fig. 92(b), todas as tensões são positivas e as tensões máxima e mínima são desiguais. O ciclo da Fig. 92(c) tem tensões positivas e negativas e tensões máxima e mínima também desiguais.

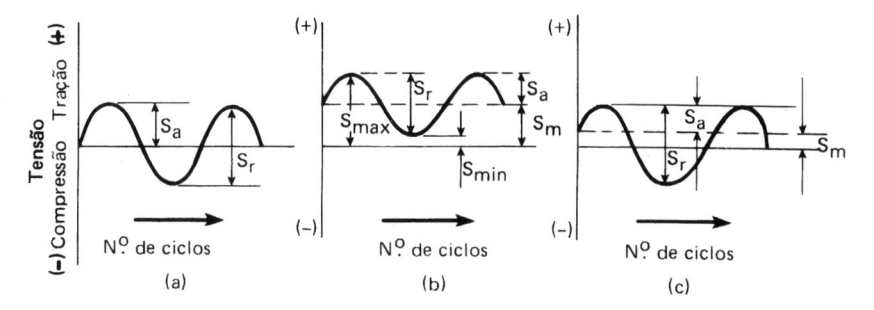

Figura 92. Ciclos regulares de tensões: (a) tensão reversa; (b) tensão repetida (campo de tração); e (c) tensão repetida (campos de tração e compressão).

A tensão (*stress*) máxima, S_{max}, é o maior valor algébrico da tensão no ciclo e a tensão mínima, S_{min}, é o menor valor algébrico.

Intervalo de tensão, S_r, é a diferença algébrica entre S_{max} e S_{min}; amplitude de tensão alternativa, S_a, é a metade de S_r; tensão média, S_m, é a média algébrica entre S_{max} e S_{min}. No caso da Fig. 92(a), $S_m = 0$.

O número de ciclos de tensões suportado pelo corpo de prova até a fratura é designado por N. Esse número é contado na própria máquina de fadiga e representa a soma do número de ciclos para iniciar uma trinca de fadiga mais o número de ciclos para propagar a trinca através do material. Caso o material não rompa, o número, N, também pode indicar o número de ciclos atingido no ensaio (alguns autores usam n).

O limite de fadiga, S_e, já mencionado é definido como o valor limite da tensão, abaixo da qual o material pode suportar um número infinito de ciclos de tensões regulares sem romper. Genericamente, a resistência de um material à fadiga S_n é o valor máximo da tensão suportada para um dado número de ciclos, sem romper. Caso o ciclo de tensões utilizado não seja igual ao da Fig. 92(a), S_e ou S_n devem ser expressos em função de S_a ou de S_{max}, isto é, deve-se mencionar os valores dessas tensões aplicadas, bem como da tensão média, S_m. A relação S_e (ou S_n)/*limite de resistência*, no ensaio de tração, é denominada relação de fadiga. A relação algébrica entre S_{min} e S_{max} é simbolizada por R.

Em resumo

$$S_r = S_{max} - S_{min} : \tag{115}$$

$$S_a = \frac{S_r}{2} = \frac{S_{max} - S_{min}}{2} : \tag{116}$$

$$S_m = \frac{S_{max} + S_{min}}{2} : \tag{117}$$

$$R = \frac{S_{min}}{S_{max}} . \tag{118}$$

A tensão, S, num ciclo regular para um dado tempo, t, é dada pela expressão

$$S = S_m + S_a \operatorname{sen} \frac{2\pi t}{T} . \tag{119}$$

onde T é o tempo para um ciclo completo.

8.2. A curva tensão-número de ciclos (curva S-N ou curva de Wöhler)

A curva tensão-número de ciclos, também chamada curva de Wöhler ou simplesmente curva S-N [S símbolo de *stress* (tensão)] [24] [31], é o modo mais rápido para a apresentação dos resultados dos ensaios de fadiga. Nessa curva, o número, N, (ou $\log N$) é colocado no eixo das abscissas e no eixo das ordenadas vai a tensão máxima, S_{max}, que também pode vir expressa por meio de logaritmo. Assim, há três modos de se construir o diagrama da curva S-N variando as escalas dos eixos cartesianos, a saber, $S \times N$, $S \times \log N$ e $\log S \times \log N$. A escala logarítmica facilita a comparação de dados, pois fornece curvas de diversos materiais com a mesma forma, além de facilitar e diminuir a escala de N. Caso S_m não seja igual a zero, o eixo das ordenadas pode vir a ser representado por outra tensão, conforme será dito mais adiante.

Geralmente as tensões aplicadas pelas máquinas mais encontradas na prática são do tipo flexão rotativa, torção ou tração-compressão. Para tensões conjugadas, poucas determinações foram realizadas. Todas as máquinas de fadiga interrompem o seu funcionamento no mesmo instante em que ocorre a ruptura do corpo de prova.

Exemplos de curvas S-N são dados na Fig. 93 [1] [2] [7]. Note-se que quanto menor o S_{max} aplicado, maior é o número, N, suportado pelo material para romper. Verifica-se que para os aços, a curva apresenta um patamar que corresponde justamente ao limite de fadiga do material (confrontar com a definição de S_c) mas as ligas não-ferrosas em geral, como por exemplo uma liga de alumínio, não apresentam esse patamar (verificou-se que dentre os metais não-ferrosos, o titânio por exemplo tem limite de fadiga definido).

Para o caso de existir o patamar, constatou-se que basta ensaiar o corpo de prova até 10 milhões de ciclos de tensão e se até esse número não houver ruptura, a tensão correspondente será o limite de fadiga. Para o caso do metal não apresentar esse patamar, deve-se levar o ensaio até 50 milhões ou mesmo em certos casos até 500 milhões de ciclos, dependendo do material, (níquel, duralumínio), fixando-se a tensão correspondente a esse valor máximo de N ensaiado, como o limite de fadiga desse material (ou mais precisamente, como a sua resistência à fadiga).

Como uma ruptura por fadiga depende de inúmeros fatores e para se traçar um diagrama S-N é necessário uma quantidade muito grande de corpos de prova, a curva S-N deve ser traçada como uma curva média de diversos pontos ou mesmo uma faixa que englobe todos os pontos espalhados (Fig. 94) [2]. Os pontos são determinados pela tensão máxima, S_{max}, aplicada no corpo de prova correspondentes e pelo número, N, de ciclos suportado até a fratura do corpo de prova.

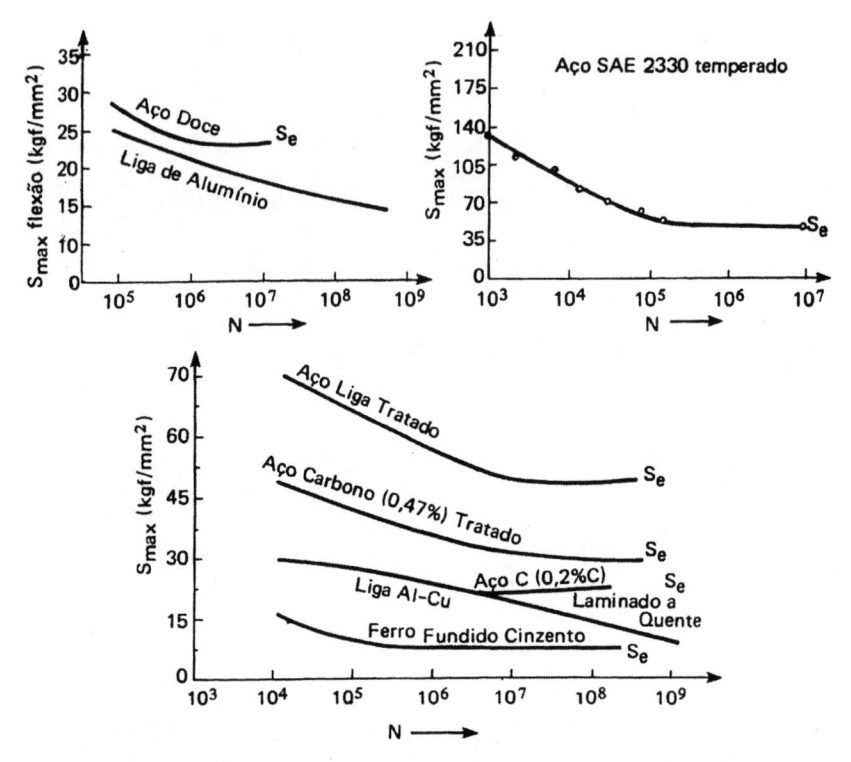

Figura 93. Exemplos práticos de algumas curvas *S-N* [1] [2] [7].

Inicialmente, escolhe-se uma S_{max} alta, onde se espera que a fratura do corpo de prova aconteça num número de ciclos, N, pequeno; essa tensão é geralmente de cerca de 2/3 do limite de resistência do material à tração. (Em geral, para os aços, $S_e \cong 1/2\sigma_r$ para ligas não-ferrosas $S_e \cong 0,35\sigma_r$). Diminui-se S_{max} progressivamente para os demais corpos de prova, sempre usando a mesma velocidade de rotação preferivelmente, até que se atinja uma S_{max} onde não haja a ruptura do corpo de prova depois de atingir um número, N, especificado conforme o material. Conseguida essa tensão máxima sem ruptura, aumenta-se a tensão gradativamente nos demais corpos de prova, até se conseguir a máxima tensão correspondente ao patamar, que será o S_e do material. Os corpos de prova deverão ser todos o mais possível idênticos e a sua quantidade é variável para a determinação de S_e, mesmo porque, deve-se repetir uma ou mais vezes o ensaio em cada resultado duvidoso ou para se ter a média do valor de S_n em cada ponto. Em geral, deve-se também fornecer junto à curva *S-N* os valores de S_m e S_{min}.

Se S_m for diferente de zero, o eixo das ordenadas é alterado. Um modo de apresentar a curva *S-N* é colocar S_a (se for constante) no eixo das ordenadas, de forma linear ou logarítmica; outra maneira, usada

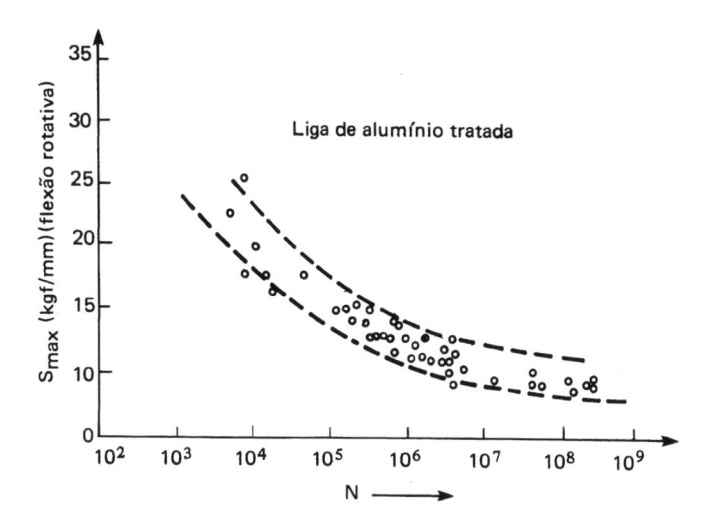

Figura 94. Resultados obtidos para determinação de S_e em uma liga de alumínio 75S-T6 [2].

quando se deseja várias curvas num mesmo gráfico, seria manter S_{max}, mas referir a curva a R, isto é, mantendo-se constante a relação S_{min}/S_{max} para valores diferentes de S_{min} e S_{max} em cada curva. Analogamente, variando S_{max}, mas mantendo S_{min} constante, pode-se deixar S_{max} em ordenadas, porém referir as curvas a S_{min}.

A escolha do método de apresentação dos resultados depende de qual tensão é a mais importante para a finalidade dos ensaios.

8.3. Outros métodos de ensaio e de apresentação dos resultados

8.3.1. Método estatístico para a resistência à fadiga

Para tentar minimizar o espalhamento dos resultados obtidos, procurou-se outros métodos para fornecimento dos mesmos. Um desses métodos consiste em fixar alguns valores de tensões máximas (no mínimo 5 valores) e ensaiar vários corpos de prova com esses valores selecionados, obtendo-se assim para cada tensão, diversos pontos no gráfico (Fig. 95) [2]. Constrói-se também gráficos auxiliares de curvas de distribuição (histogramas), tendo $\log N$ em abscissas e número de corpos de prova rompidos em ordenadas (Fig. 96) [2] para se saber qual é a curva de distribuição normal ou gaussiana. Essa curva está tracejada na Fig. 96. A partir dessa figura, pode-se construir famílias de curvas *S-N* para diversas probabilidades de ruptura (Fig. 97) [1]; assim, a curva correspondente à probabilidade, P, de 0,50 seria a curva

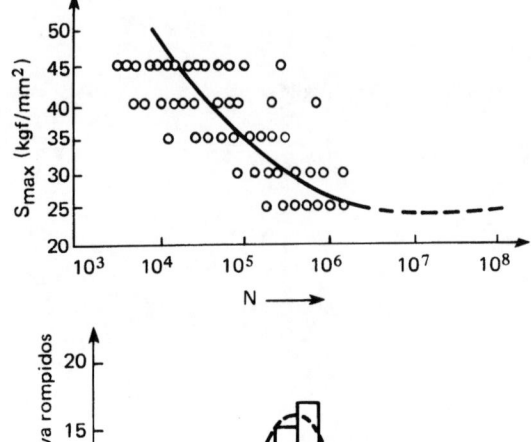

Figura 95. Espalhamento dos resultados na determinação da resistência à fadiga S_n [2].

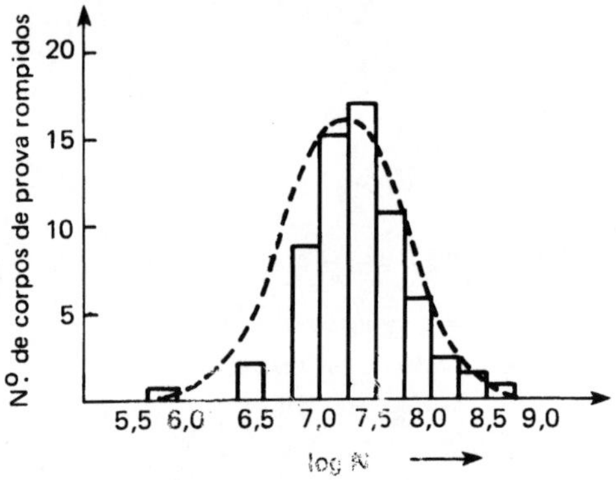

Figura 96. Curva de distribuição dos resultados da figura anterior (esquemático) [2].

média S-N da figura. Para uma certa tensão máxima aplicada, S_1, 1 % dos corpos de prova romperiam com N_1 ciclos, 50 % dos corpos de prova romperiam com N_2 ciclos e assim por diante. Note-se que quanto mais alta a tensão, menos espalhamento dos resultados existe. A curva gaussiana tracejada da Fig. 96 pode ser considerada, conforme estudos de Muller-Stock (1938) [2] com ensaios em apenas 200 corpos de prova, como uma distribuição válida, uma vez que no eixo das abscissas foi usado $\log N$ em lugar de N; mesmo assim, a probabilidade, P, deve estar entre 10 % e 90 %, isto é, $0,10 \leqslant P \leqslant 0,90$ para projetos no campo da Engenharia.

8.3.2. Método estatístico para o limite de fadiga

Verificou-se, para a determinação específica e precisa do limite de fadiga, que o método anterior conduz a grande espalhamento e que esse limite é uma quantidade estatística que exige uma técnica especial. O S_e médio indicado na Fig. 97 não tem grande precisão. Desse modo, não adianta usar grande número de corpos de prova "iguais", retirados de uma mesma amostra, que ainda assim não se consegue um limite de

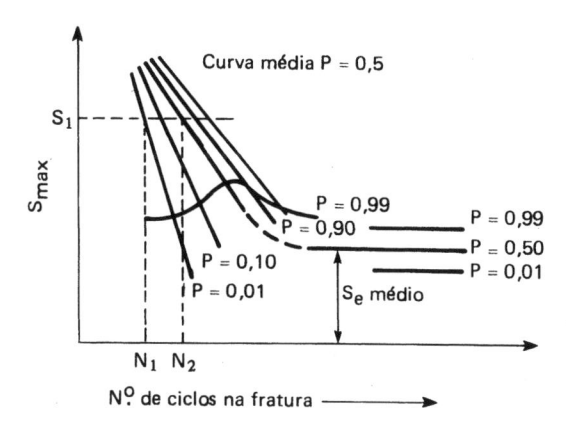

Figura 97. Família de curvas *S-N* para diversas probabilidades de ruptura [1].

fadiga preciso, porque foi visto que cada corpo de prova tem o seu próprio limite de fadiga, dependente de inúmeros fatores mecânicos (principalmente) e metalúrgicos, respectivamente na usinagem do corpo de prova e na fabricação do material. Observe-se que nesses estudos, o material mais utilizado é o aço, obviamente porque possui limite de fadiga bem definido.

O método de tentativa, seria muito laborioso e impraticável para uma medição precisa, como já foi indicado ao ser descrito o método para a construção da curva *S-N*. Dessa maneira, foram elaborados métodos especiais baseados na Estatística, que indicam o limite de fadiga de uma forma mais rápida e com maior precisão. Dentre os métodos existentes, será visto aqui o método "escada" desenvolvido por Dixon e Mood em 1948, que não envolve conceitos muito complicados da Estatística [1].

O método "escada", ilustrado na Fig. 98 [1], não requer número muito grande de corpos de prova. Primeiramente, ensaia-se um corpo

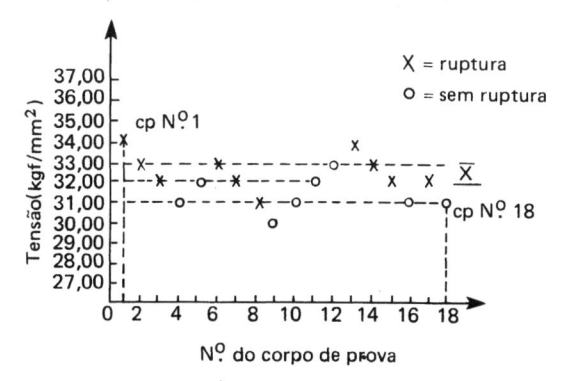

Figura 98. Método "escada" para determinação do limite de fadiga proposto por Dixon & Mood (1948) [1].

de prova a um valor da tensão próximo do valor estimado do limite de fadiga para economia de tempo. Caso o corpo de prova se rompa, após atingir um número, N, menor que 10 milhões de ciclos, diminui-se a tensão de um valor fixo e que deve ser mantido constante no decorrer dos ensaios. Esse processo é seguido, sempre abaixando a tensão do mesmo valor, até conseguir uma tensão que não rompa o corpo de prova após 10^7 ciclos. A seguir, eleva-se novamente a tensão do mesmo valor fixo e prossegue-se ensaiando corpos de prova até conseguir outra vez uma tensão que rompa o corpo de prova. Atingido esse valor, decresce-se a tensão e assim por diante. Conforme os autores do método, até 25 corpos de prova devem ser ensaiados dessa maneira "em escada".

No caso hipotético ilustrado na Fig. 98, verifica-se que 10 corpos de prova romperam-se e 8 não se romperam (sendo, portanto, ensaiados 18 corpos de prova). Para se determinar o limite de fadiga médio (estatístico), baseia-se no evento que ocorreu em menor número, ou seja, consideram-se apenas os corpos de prova que não se romperam e constrói-se uma tabela auxiliar (Tab. 17)[1].

Nessa tabela, $i = 0$ significa a menor tensão ensaiada onde não ocorreu ruptura ($30,00\,kgf/mm^2$); o valor seguinte onde não ocorreu ruptura é $i = 1$ (ou seja $31,00\,kgf/mm^2$) e assim por diante. n_i é o número de corpos de prova que não se romperam com as tensões ensaiadas; N, A e B representam respectivamente a soma de n_i, in_i e i^2n_i.

Tabela 17. Análise dos resultados pelo método "escada"

Tensão (kgf/mm^2)	i	n_i (sem ruptura)	in_i	i^2n_i
33,00	3	1	3	9
32,00	2	2	4	8
31,00	1	4	4	4
30,00	0	1	0	0
Total	–	$N = 8$	$A = 11$	$B = 21$

As Exprs. (120) e (121) fornecem as fórmulas para o cálculo do limite de fadiga médio, S_c, e o desvio padrão, δ.

$$\bar{S}_c = S_c + d\left(\frac{A}{N} \pm \frac{1}{2}\right); \tag{120}$$

$$\delta = 1,620d\left(\frac{NB - A^2}{N^2} + 0,029\right), \text{ sendo } \frac{NB - A^2}{N^2} \text{ maior que } 0,3. \tag{121}$$

Nessas expressões, d é o incremento fixo crescente ou decrescente da "escada", no caso visto igual a $1\,kgf/mm^2$, S_0 é o valor da tensão para $i = 0$, isto é, "o degrau inferior da escada", no caso igual a $30,00\,kgf/mm$; portanto pelas expressões acima

$$\bar{S}_c = 30,00 + 1 \left(\frac{11}{8} + \frac{1}{2}\right) = 31,87\,kgf/mm^2$$

$$\delta = (1,620 \times 1) \left(\frac{8 \times 21 - 11^2}{8^2} + 0,029\right) = 1,236\,kgf/mm^2$$

É de se notar que o sinal $+$ da Expr. (120) é usado quando se consideram os corpos de prova não rompidos e o sinal $-$, para análise baseada nos corpos de prova rompidos.

Esse método consegue uma boa estimativa do valor do limite de fadiga médio, mas verificou-se que o valor de δ pode ser melhorado, utilizando-se outros processos, principalmente o método *probit* também baseado na Estatística.

8.3.3. Métodos gráficos para ensaios com *N* constante e tensões axiais

(*a*) *Método de Smith — Peterson-Goodman* [24] [31]

Esse método consiste em se colocar os valores da resistência à fadiga do material para um determinado número de ciclos de tensões axiais. Caso o material seja aço, que possui o limite de fadiga praticamente definido, pode-se substituir a resistência pelo limite de fadiga, fazendo-se N igual a 10 milhões de ciclos. O gráfico do diagrama de Smith, também chamado diagrama de Peterson ou de Goodman (1930), tem em abscissas a tensão média, S_m, e em ordenadas as tensões máximas, S_{max}, e mínimas, S_{min}. A Fig. 99 mostra esse diagrama para dois valores de N prefixados. Essas tensões podem ser ambas de tração ou uma de tração e outra de compressão ou ambas de compressão. A Fig. 99 fornece um diagrama onde S_{max} e S_{min} são, na maioria, de tração. Em verdade, esses diagramas representam os valores de uma série de curvas S-N de todos os tipos de solicitações. Note-se que quanto maior é a S_m, menor é o S_r, até que se tenha o valor $S_r = 0$, na altura do limite de resistência (ponto N).

O gráfico contém, portanto, duas curvas, uma inferior, correspondente aos valores de S_{min} e uma superior, correspondente aos da S_{max} aplicados nos diversos corpos de prova. Uma reta $\overline{OD}$ traçada a 45°, conforme mostra a figura, dá o valor da tensão média, S_m, para cada par de solicitações S_{max} e S_{min}, isto é $\overline{AB} = \overline{AC}$ ou $\overline{AB'} = \overline{AC'}$.

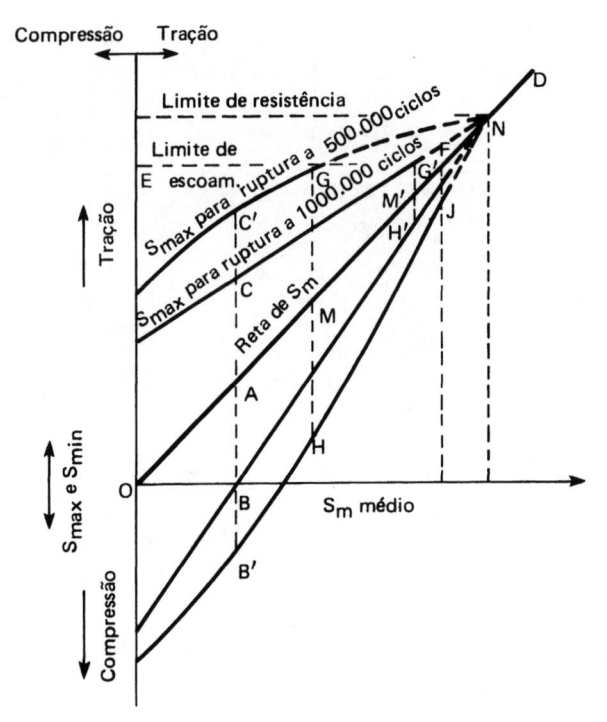

Figura 99. Diagrama de Smith-Peterson-Goodman. As escalas dos eixos são iguais. $\overline{GH}$ e $\overline{CB}$ correspondem a valores de S_r. $\overline{CA}$, $\overline{GM}$ correspondem a valores de S_a.

O ponto E no eixo das ordenadas representa o valor do limite de escoamento no ensaio de tração (ou de compressão, se as curvas estivessem no campo da compressão) e a reta $\overline{EF}$ assinala os valores limites a que devem chegar as tensões durante os ensaios para impedir que aconteça alguma deformação plástica nos corpos de prova. No dimensionamento de peças sujeitas à fadiga, o triângulo FGH (ou $FG'H'$) delimita a região onde as tensões (indicadas no gráfico como linhas tracejadas) não podem ser atingidas, para garantir que as tensões aplicadas estejam sempre na zona elástica do aço. Note-se nesses triângulos que $\overline{GM} = \overline{MH}$ (ou $\overline{G'M'} = \overline{M'H'}$). A consideração desses triângulos foi indicada por Smith [31], ao passo que Peterson apenas considera as tensões que não podem ser atingidas, aquelas delimitadas pelas linhas $\overline{EF}$ e $\overline{FJ}$, o que realmente não diferem muito. Além do projeto de peças sujeitas à fadiga, a deformação plástica introduz complicações no ensaio e no estudo da fadiga dos metais.

Portanto, para a construção desses diagramas basta ter os valores de S_m, S_{max}, S_{min} e S_a (que também deve ser mencionado); esses valores

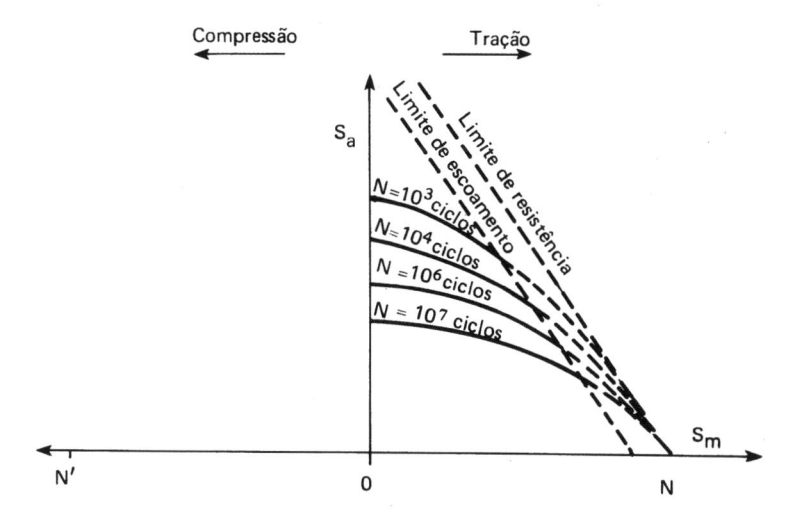

Figura 100. Método de Haigh-Soderberg [31].

devem constar igualmente quando se traçam as curvas S-N, mais comumente determinada nos ensaios.

Para uma aproximação dessas curvas traça-se uma reta a partir do ponto N até o valor de S_e colocado nas ordenadas (usando o valor de S_e do material para um ciclo completamente reverso, onde $S_m = 0$).

(b) Método gráfico de Haigh-Soderberg

Nesse método, coloca-se no gráfico os valores de S_a em ordenadas e de S_m em abscissas. Também aqui fixa-se um certo valor para N em cada curva e a tensão deve igualmente ser axial. A Fig. 100 [31] mostra a curva de Haigh-Soderberg (1930) para vários valores fixados de N, bem como a posição das retas do limite de escoamento e do limite de resistência que delimitam o gráfico. O ponto N da Fig. 100 corresponde ao ponto N da Fig. 99, ambos se situam no mesmo lugar onde $S_r = 0$. O ponto N' é análogo a N na região de compressão.

Existem vários outros métodos de apresentação dos resultados, além de aperfeiçoamentos dos mostrados aqui, porém, devido ao uso mais restrito dos mesmos, não serão considerados neste livro. Nos diversos artigos e livros sobre fadiga o leitor poderá encontrar esses métodos com bastante detalhes [3] [24] [31].

Todos esses métodos gráficos são úteis para reunir os resultados de ensaios de fadiga, mas não dispensam a curva S-N, que deve ser sempre traçada.

8.4. Corpos de prova para ensaio de fadiga

Os ensaios de fadiga podem ser realizados com três espécies diferentes de corpos de prova [31]; 1) a própria peça ou um modelo ou protótipo podem ser usados como corpos de prova para determinar a vida da peça a uma determinada tensão ou a um determinado número de ciclos, desde que se possua máquina apropriada; 2) produtos acabados tais como barras, chapas, tubos, arames, etc., que podem ser colocados diretamente em máquinas apropriadas, são usados como corpos de prova; 3) corpos de prova usinados para ensaio. Esses corpos de prova podem ser planos (lisos) ou com entalhe. Para o estudo prático da fadiga, as duas primeiras espécies são preferíveis, porque reproduzem as condições da prática, mas exigem máquinas mais caras e quase específicas para cada tipo de peça.

A forma do corpo de prova plano usinado varia muito de acordo com o tipo de solicitação e com as diversas normas propostas para o ensaio de fadiga. Em geral, os corpos de prova são de secção circular ou retangular, dependendo do produto, tendo na parte útil uma biconicidade ao longo do seu comprimento, com um raio grande e contínuo, ficando o centro dessa parte útil com uma dimensão mínima (diâmetro ou os lados do retângulo). O grande raio usado evita a concentração de tensões pela ausência de mudança brusca de secção. A tensão aplicada ao corpo de prova deve sempre ser calculada pela dimensão mínima. Também podem ser usinados corpos de prova igualmente já normalizados, que não possuam conicidade, ficando a parte útil paralela como no ensaio de tração.

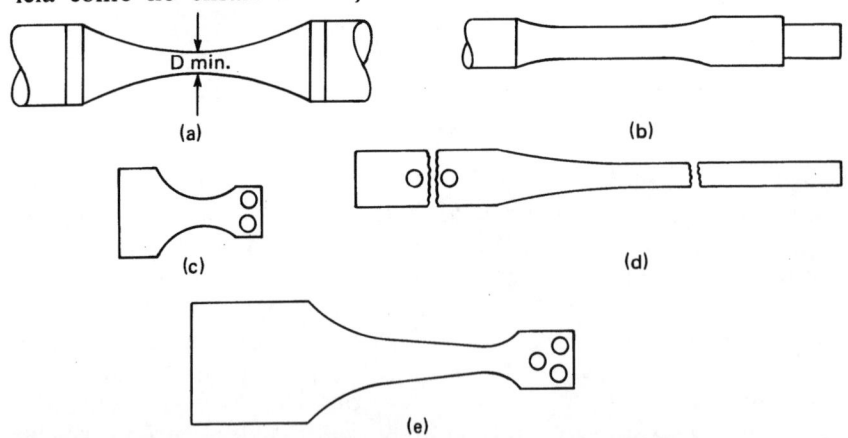

Figura 101. Desenhos esquemáticos de alguns tipos de corpos de prova: (a) para ensaio de fadiga por flexão rotativa ou qualquer outro carregamento axial; (b) tipo paralelo, para flexão rotativa; (c) retirado de lâminas; (d) retirado de chapas finas; (e) retirado de chapas grossas. O esquema (b) também serve para fadiga por torção e os esquemas (c), (d) e (e) podem ser usados para fadiga por tração-compressão [2] [31].

A Fig. 101 mostra alguns dos diversos tipos de corpos de prova utilizados [8] [31].

A parte útil do corpo de prova deve ter um acabamento superficial perfeito com polimento do tipo espelhado. Em geral, os métodos para ensaio de fadiga existentes nas normas técnicas indicam como deve ser feita a preparação do corpo de prova. O efeito da superfície será visto em item posterior.

Pequenas variações nas dimensões dos corpos de prova quase não alteram os resultados dos ensaios, não importando o tipo de solicitação. A Tab. 18 [3] mostra que pode haver alguma mudança no valor do limite de fadiga em corpos de prova cilíndricos de aço-carbono, caso a variação do diâmetro seja muito grande, conforme estudos de Horger (1953). Também o mesmo acontece para outros aços, ferro fundido e aços-liga, todos com variados tratamentos térmicos, conforme experiências de Lessells [3].

Em estudos com corpos de prova entalhados (havendo, pois, mudança brusca de secção), porém, o efeito das dimensões tem significado preponderante, devido à modificação do gradiente de tensões no entalhe (Fig. 102) [31]. Grandes corpos de prova tendo menor

Tabela 18. Limite de fadiga de um aço-carbono normalizado (0,45 % C) ensaiado por flexão rotativa [3]

Diâmetro do corpo de prova (mm)	S_e (kgf/mm^2)
7,62	25,20
38,10	20,30
152,40	14,70

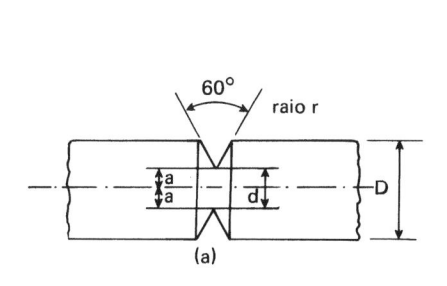
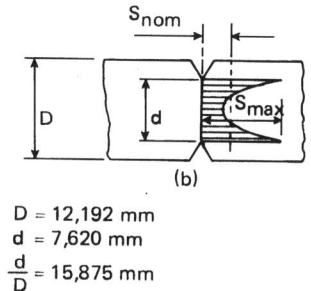

$D = 12,192$ mm
$d = 7,620$ mm
$\dfrac{d}{D} = 15,875$ mm

Figura 102. (a) Tipo de corpo de prova entalhado para ensaio de fadiga, conforme proposta da ASTM (*Manual on Fatigue Testing* da ASTM – 1949, STP n.º 91); (b) gráfico da distribuição de tensões no entalhe [31].

gradiente de tensões, têm limite de fadiga mais baixo. Existe um valor crítico da tensão que deve ser ultrapassado sobre uma certa profundidade do material para ocasionar a ruptura do metal. Assim, a tensão média em corpos de prova entalhados grandes é maior, ocasionando menor limite de resistência à fadiga. Conclui-se, pois, que a comparação dos ensaios de fadiga em laboratório com os resultados da prática de uma ruptura por fadiga é inconsistente, porque depende muito do gradiente de tensões existentes em ambos os casos. O uso do entalhe para procurar imitar no laboratório as condições da prática ainda não é satisfatório, devido ao tamanho reduzido do corpo de prova comparado com as peças sujeitas à fadiga (ou vice-versa) na prática, alterando muito o gradiente de tensões, que é o agente provocador da nucleação da trinca de fadiga. Exemplificando, a resistência à fadiga de um aço doce pode diminuir de um fator de 10%, se o diâmetro do corpo de prova entalhado for aumentado de D para $10D$. A probabilidade de se encontrar ou de se formar uma trinca num corpo de prova grande é maior do que num corpo de prova pequeno, entalhado ou não.

Os corpos de prova entalhados são ensaiados usualmente por flexão rotativa com o fito de comparar os resultados com corpos de prova de mesmo material sem entalhe, para estudo de alguns fatores que afetam a ruptura por fadiga dos metais, tais como irregularidades superficiais, gradientes e concentrações de tensões, etc. Nesses corpos de prova, a S_{max} é calculada pela secção entalhada dos mesmos.

De acordo com o *Manual on Fatique Testing* da ASTM [31], a concentração de tensão tem um fator teórico, K_t, dado conforme a Tab. 19. Os símbolos empregados nessa tabela referem-se aos dados no desenho do corpo de prova entalhado da Fig. 102.

Tabela 19. Variação de K_t com as dimensões do corpo de prova [31]

r (mm)	r/d	a/r	t/r	Fator teórico de concentração de tensão[1] (K_t) Carga axial	Carga de flexão
2,286	0,300	1,29	1,00	1,60	1,30
0,889	0,117	2,07	1,60	2,15	1,80
0,508	0,066	2,75	2,11	2,75	2,25
0,381	0,050	3,16	2,45	3,10	2,60
0,254	0,033	3,88	3,00	3,65	3,10

[1]para coeficiente de Poïsson $v = 0,3$

Nessa tabela, K_t é calculado por

$$K_t = \frac{S_{max}}{S_{nom}},\qquad(122)$$

onde S_{nom} é a tensão nominal igual, por exemplo, à carga dividida pela área menor ou do entalhe, para tensões axiais, ou equivalente para outros tipos de tensões. K_t também pode ser determinado através de medidas fotoelásticas para geometrias mais complicadas ou então, pela teoria da elasticidade da resistência dos materiais.

8.5. Efeito da concentração de tensões

No capítulo precedente foi introduzido o conceito de fator de concentração de tensão, K_t. Num corpo de prova entalhado para ensaio de fadiga, a eficiência do entalhe em diminuir o limite de fadiga do material é expressa pelo fator de redução da resistência à fadiga, K_f, também chamado fator fadiga-entalhe.

$$K_f = \frac{S_e}{S_e'}, \qquad (123)$$

onde S_e e S_e' são os limites de fadiga para os corpos de prova, respectivamente, não-entalhado e entalhado. Para o caso em que o material não apresente patamar na curva S-N, substitui-se S_e e S_e' por S_n e S_n' de significados análogos, para um número específico de ciclos de tensões.

Verificou-se que K_f depende da severidade e do tipo de entalhe, do material, do tipo de carregamento e do nível de tensão. Para ciclos completamente reversos [Fig. 92(a)], K_f é geralmente menor que K_t e quando K_t aumenta (pelo aumento da agudeza do entalhe), a relação K_f/K_t diminui, o que significa que altos valores de K_t têm menor efeito em S_n.

A severidade ao entalhe q é dada pela expressão [2]

$$q = \frac{K_f - 1}{K_t - 1} \qquad (124)$$

A relação (124) é válida mesmo se se considerar um fator de tensão biaxial. O valor de q pode variar de zero (quando $K_f = 1$) até 1 (quando $K_f = K_t$). O caso de $q = 0$ significaria que o material não é sensível ao entalhe, isto é $S_e = S_e'$ (ou $S_n = S_n'$). Também a sensitividade ao entalhe depende do tipo do entalhe, do carregamento, do tamanho do corpo de prova e do limite de resistência do material. A determinação de q é um dos principais motivos para serem usados corpos de prova entalhados no ensaio de fadiga. A Fig. 103 mostra curvas S-N para corpos de prova de mesmo material (aço) com mesmos tratamentos mecânicos e térmicos com e sem entalhe (Weissman & Kaplan, 1950) [33].

A Fig. 104 [1] mostra valores de q em função do raio do entalhe r para aço temperado e revenido (curva I), aço recozido e normalizado

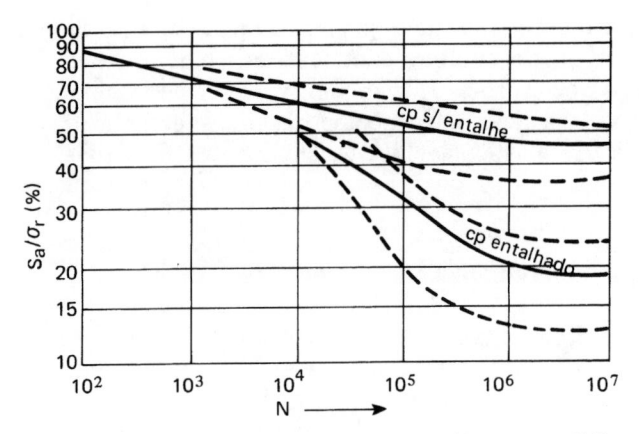

Figura 103. Efeito do entalhe na curva *S-N* dos aços [33].

Figura 104. Variação de *q* com o raio *r* do entalhe para aço e liga de alumínio (vide texto) [1].

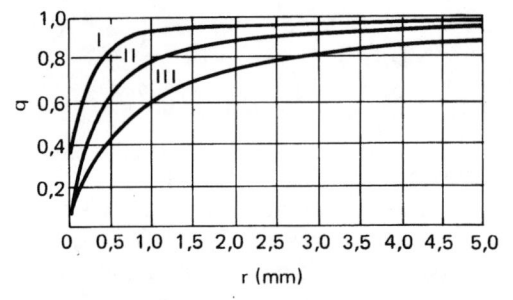

(curva II) e liga de alumínio (curva III), conforme estudos realizados por Peterson em 1959 [1].

Em geral, quanto maior o diâmetro do corpo de prova e o seu limite de resistência, maior será o valor de *q*. Além disso, materiais com granulação fina também têm *q* maiores.

Pela pequena inclinação da curva *S-N* na parte inicial, regiões que sofram uma tensão um pouco maior que a tensão média aplicada no corpo de prova, romperão num tempo muito mais curto. Isso mostra como uma fratura por fadiga é muito mais sensível à concentração de tensões que uma fratura do tipo dúctil.

8.6. Efeito da superfície do corpo de prova

A Tab. 20 [24] indica o efeito do acabamento superficial no limite de fadiga de um corpo de prova de aço-carbono $(0,33\% \text{ C})$ ensaiado à flexão rotativa, através de estudos de Thomas (1923) e de Moore & Kommers (1921).

Uma superfície mal acabada contém irregularidades que, como se fossem um entalhe, aumentam a concentração de tensões, resultando em tensões residuais que tendem a diminuir a resistência à fadiga do material.

Aço descarbonetado superficialmente também possui menor resistência à fadiga, quanto maior for a descarbonetação [8]. O mesmo acontece com defeitos causados pelo polimento, como por exemplo queima, recozimento, trincas, etc. Tratamentos superficiais endurecedores podem, no entanto, aumentar a resistência à fadiga, principalmente em ensaios com carga de flexão ou torção. Observou-se, por exemplo, que anodização pode conduzir uma liga de alumínio, que não apresenta patamar na curva S-N, a ter um limite de fadiga definido. Nesses casos, a ruptura começa na interface entre a camada endurecedora e o material base. Tratamentos superficiais como cromeação, niquelação e outros, diminuem a resistência à fadiga, porque introduzem grandes mudanças nas tensões residuais, além de conferir porosidades no metal.

Essa dependência importante da fadiga, com o acabamento superficial do metal, é causada pelo fato de que praticamente as rupturas por fadiga começam na superfície do metal, porque os tipos de carga usados nos ensaios (flexão ou torção) ocasionam as tensões máximas na superfície. Mesmo com cargas axiais, quase sempre a ruptura se inicia na superfície.

Conclui-se, pois, que o acabamento superficial dos diversos corpos de prova utilizados no ensaio de fadiga deve ser sempre o mesmo para dar resultados comparativos e reproduzíveis.

A influência do acabamento superficial é maior, quanto mais alto for o limite de resistência do material, o que significa que a sensitividade ao entalhe também é influenciada pelo limite de resistência.

8.7. Efeito das condições de ensaio

Os efeitos vistos até aqui referem-se às condições do corpo de prova; porém, o ensaio de fadiga depende também das variáveis associadas às condições do ensaio, como as tensões, velocidade de variação das tensões (em bem menor escala), temperatura e meio ambiente. No item 8.10 será visto o efeito da temperatura sobre o ensaio de fadiga.

8.7.1. Efeito da tensão média em ciclo não completamente reverso

No item 8.2, foi mostrado que uma das curvas para apresentação dos resultados seria o de construir um diagrama S_{max} *versus* N (ou log N) e obter várias curvas, uma para cada valor de R. Isso pode ser feito

Tabela 20. Influência do acabamento superficial no limite de fadiga [24]

Acabamento	Aço 0,4 % C temperado e trefilado (flexão rotativa)		Aço 0,02 % C recozido (flexão rotativa)		Aço 0,33 % C (cantilever rotativo)		Aço SAE 1 045 (flexão rotativa)	
	Limite de fadiga (kgf/mm²)	% de desvio do acabamento padrão	Limite de fadiga (kgf/mm²)	% de desvio do acabamento padrão	Limite de fadiga (kgf/mm²)	% de desvio do acabamento padrão	Limite de fadiga (kgf/mm²)	% de desvio do acabamento padrão
Alto polimento longitudinal	35,3	103	—	—	29,0	102	21,7	100
Polimento padrão (pó de esmeril fino)	34,3	100	18,2	100	28,3	100	21,7	100
Esmeril grosso	—	—	—	—	27,3	100	—	—
Esmerilhado	31,5	93	—	—	—	—	—	—
Lima fina	—	—	—	—	26,9	95	26,6	90
Torneado fino	30,1	88	16,8	92	25,5	95	19,6	90
Torneado grosso	29,0	85	16,1	88	—	—	—	—
Lima bastarda	—	—	—	—	24,8	88	—	—
Lima grossa	—	—	—	—	23,0	81	—	—

por meio de ensaios com diferentes ciclos de tensão, decrescendo S_{max} e ajustando S_{min} para manter R constante para cada curva. O caso de $R = -1,0$ é o caso do ciclo completamente reverso, onde $S_m = 0$. Verifica-se que para valores de R maiores que $-1,0$, isto é, com tensões S_m maiores que zero, o limite de fadiga aumenta.

Em 8.3.2 foram vistos os efeitos de S_m nos diagramas obtidos pelos ensaios de fadiga.

A Fig. 100 já discutida atrás (diagrama de Haigh-Soderberg) mostra curvas parabólicas, que obedecem à fórmula de Gerber e valem tanto para o lado da tração, como para o lado da compressão. A fórmula de Gerber é

$$\frac{S_r}{S_e} + \left(\frac{S_m}{\sigma_r}\right)^2 = 1. \tag{125}$$

Em projeto de Engenharia, pode-se facilitar o uso dessas curvas, aproximando-as de uma reta, conforme as relações de Goodman (126) e de Soderberg (127)

$$\frac{S_r}{S_e} + \frac{S_m}{\sigma_r} = 1, \tag{126}$$

$$\frac{S_r}{S_e} + \frac{S_m}{\sigma_e} = 1, \tag{127}$$

onde σ_r é o limite de resistência, σ_e é o limite de escoamento no ensaio de tração e S_e é o limite de fadiga para um ciclo reverso ($S_m = 0$).

Teoricamente, assumindo-se que a energia de deformação elástica, absorvida durante N ciclos de tensão reversa, corresponda à energia de deformação, para o caso de tensão estática superimposta a uma

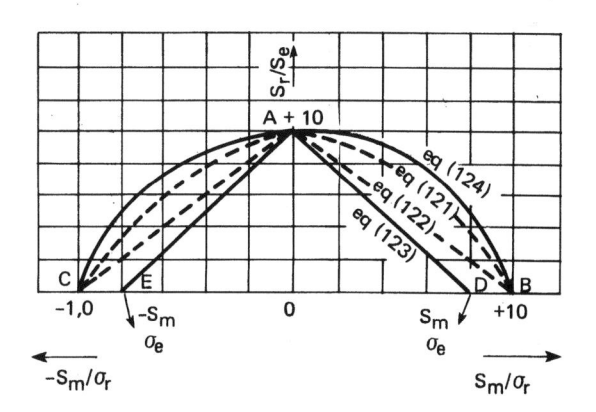

Figura 105. Variações teóricas e práticas do diagrama de Haigh-Soderberg da Fig. 100 [2].

tensão senoidal variável com o tempo, pode-se mostrar que vale também a relação elíptica (128)

$$\left(\frac{S_r}{S_c}\right)^2 + \left(\frac{S_m}{\sigma_r}\right)^2 = 1. \tag{128}$$

A Fig. 105 mostra o diagrama da Fig. 100 (experimental) para as quatro relações (125), (126), (127) e (128).

Para cada tipo de solicitação obtêm-se resultados diferentes, conforme as tensões usadas. Assim, quando os esforços não forem axiais, os valores obtidos para S_c e S_n serão diferentes.

8.7.2. Efeito da velocidade de ensaio

Foi verificado por diversos autores nas mais variadas experiências, que a velocidade do ensaio (em ciclos por unidade de tempo) não tem grande influência na resistência à fadiga dos aços para o mesmo tipo de solicitação, quando se empregam freqüências usuais nos ensaios comuns de laboratório (até 10 000 ciclos por minuto). Com freqüências mais altas, acontece um pequeno aumento no limite de fadiga.

Estudos de Korber e Hempel (1936) [3] verificaram que aumentando a freqüência de 450 a 26 000 ciclos/minuto, a resistência à fadiga aumenta de 2 a 16% (ou 20% conforme experiências de Fluck em 1951) [8].

8.7.3. Efeito do meio ambiente

A influência da atmosfera na ruptura por fadiga é considerável, geralmente provocando grande redução no limite de fadiga do material (metal ferroso ou não-ferroso) [1] [3]. Há casos, porém, em que esse limite pode ser aumentado. Exemplificando, se um corpo de prova ferroso for ensaiado em meio salino ou ácido, seu limite de fadiga decresce, podendo mesmo desaparecer. Um aço-carbono com 0,36% C pode deixar de exibir o patamar na curva *S-N*, se o meio ambiente for constituído de uma solução salina com pH ácido (cerca de 6,5), conforme experiências de Radd e outros, em 1959 [8]. Em compensação, soluções fortemente básicas podem em certos casos elevar o patamar da curva *S-N*. Nesses ensaios é importante, portanto, mencionar o número, *N*, de ciclos sofrido pelo corpo de prova.

A ação corrosiva superposta à tensão cíclica ocasiona uma redução pronunciada nas propriedades de fadiga dos metais que é maior que a causada pela corrosão isoladamente. Essa redução é devida ao fato de que o ataque químico acelera a velocidade de propagação da trinca de fadiga e a tensão cíclica acelera a corrosão no metal. Uma descrição pormenorizada do processo de ruptura por fadiga com corrosão não poderia ser dada aqui, mas pode-se resumir [4] dizendo-se que a trinca se forma, quando os *pits* de corrosão chegam a produzir uma alta concentração localizada de tensões no metal e a sua propagação é rápida.

Os resultados dos ensaios efetuados em ambientes corrosivos, ao contrário dos ensaios ao ar, dependem bastante da velocidade do ensaio, sendo que quanto mais alta for essa velocidade, menor será a redução do limite de fadiga devida à corrosão.

Ensaios de fadiga conduzidos no vácuo ou protegendo-se os corpos de prova com óleo resultam em um limite de fadiga ligeiramente maior que os ensaios realizados em contato com o ar, demonstrando que o ambiente normal atmosférico também influi na fadiga dos metais [3]. Ensaios desse tipo foram realizados com aço, cobre, chumbo e alumínio, inclusive examinando as influências prejudiciais da umidade do ar.

A Tab. 21 dá alguns exemplos numéricos da variação do limite de fadiga pela presença de um meio corrosivo, no caso a névoa salina (*salt spray*), para várias ligas metálicas, de acordo com experiências de Gough e Sopwith (1937) [3].

Tabela 21. Variação de S_e de ligas metálicas devida à corrosão durante o ensaio [3]

Material	Limite de resistência (kgf/mm²)	Limite de fadiga em contato com o ar (kgf/mm²)	Resistência à fadiga com corrosão em *salt spray* (kgf/mm²)	N.º de ciclos suportado
Aço doce	−	26,6	1,75	100 × 10⁶
Aço-0,5 % C	99,4	39,2	6,12	50 × 10⁶
Aço-15 % Cr	67,9	38,5	14,35	50 × 10⁶
Aço-17 % Cr-1 % Ni	85,4	51,4	19,25	50 × 10⁶
Aço-18 % Cr-8 % Ni	103,6	37,4	24,85	**50 × 10⁶**
Bronze de berílio	65,8	25,5	27,16	50 × 10⁶
Bronze fosforoso	43,4	15,4	18,20	50 × 10⁶
Bronze de alumínio	56,0	22,4	15,40	50 × 10⁶
Duralumínio	44,1	14,3	5,32	50 × 10⁶
Liga Mn-2,5 % Al	25,9	10,6	desprezível	50 × 10⁶

Outras variáveis que afetam a fadiga dos metais serão vistas no capítulo referente às propriedades mecânicas com relação à estrutura interna dos metais, sob o ponto de vista físico-metalúrgico.

8.7.4. Efeito da variação da tensão máxima durante o ensaio

Até agora foi visto ensaio de fadiga onde a tensão máxima ou a amplitude de tensões durante o ensaio permaneceu constante. Quando, porém, essa tensão for alterada subitamente ou por etapas no decorrer do teste, verifica-se alterações no comportamento do metal quanto à fadiga. Nesse capítulo serão vistas a sobretensão e a subtensão (mais conhecidas por *overstress* e *understress*).

(a) Sobretensão

Se um corpo de prova for ensaiado com uma tensão, S_1 (máxima), superior ao seu limite de fadiga, S_e, durante um número de ciclos, N_1, menor que o necessário para rompê-lo, indicado pela sua curva S-N, e depois essa tensão for abaixada a um valor S_2 inferior, porém maior ainda que S_e, ele romperá após atingir um número de ciclos, N_2, menor que o previsto pela curva S-N. Graficamente, se a tensão prévia, S_1, for aplicada até a um número de ciclos, N_1, representado pelo ponto F da Fig. 106 [1] e depois reduzida para S_2, o corpo de prova romperá com um número de ciclos, N_2, representado pelo ponto H na mesma figura. Caso o corpo de prova tivesse sido ensaiado desde o início com a tensão, S_2, ele deveria romper quando atingisse o número de ciclos indicado na Fig. 106 pelo ponto D. O decréscimo na vida BD do corpo de prova é dado por HD, causado pela sobretensão EF. O valor do decréscimo é sempre dado em porcentagem de BD.

Ensaiando-se vários corpos de prova com diversas sobretensões e reduzindo-se a tensão, em todos eles, para S_e em vez de S_2, pode-se obter uma linha de pontos que corresponde à "linha de perda" (*damage line*) devido à sobretensão, conforme mostra a Fig. 107 [3]. A esquerda dessa linha, o material não é afetado pela sobretensão e à direita, é afetado, para um número, N, qualquer de ciclos. Essa linha dá uma indicação da sensitividade do metal à ação da sobretensão. No caso da Fig. 107 (de acordo com Russel, 1936) [3], um aço extradoce é muito sensível à sobretensão, enquanto que o aço inoxidável é menos sensível.

Conforme experiências feitas por diversos autores, quanto maior a queda de S_1 para S_2, maior será a porcentagem do decréscimo da vida do corpo de prova. No caso inverso, se no lugar de decréscimo da tensão for feito um aumento, isto é, $S_2 > S_1 > S_e$, a porcentagem de decréscimo da vida do corpo de prova será menor.

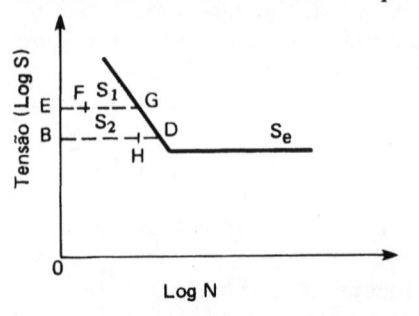

Figura 106. Esquema do ensaio de fadiga com sobretensão [1].

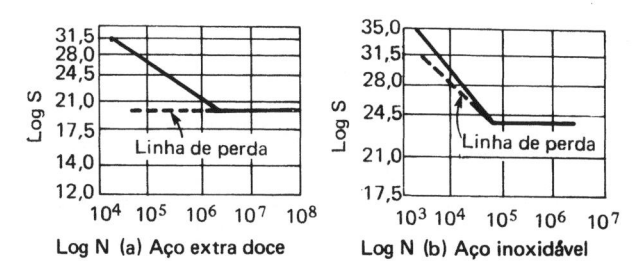

Figura 107. Curva *S-N* mostrando a linha de perda para (a) aço extradoce e (b) aço inoxidável [3].

(b) Subtensão

A subtensão é aquela onde o material é ensaiado a uma tensão abaixo do seu limite de fadiga durante um longo número de ciclos e depois a tensão é elevada a um valor mais alto (maior que S_c) [1]. A subtensão freqüentemente aumenta a resistência à fadiga do material, isto é, ele romperá com um número de ciclos maior que o indicado pela curva *S-N* do material. Esse fenômeno é provavelmente causado pelo encruamento localizado nos lugares de possível nucleação de trincas. Caso o aumento de tensão seja feito gradualmente, por meio de pequenos incrementos, deixando um número de ciclos grande em cada uma das etapas o aumento da resistência à fadiga será substancialmente maior, chegando a 50% em aços doces e extradoces. Para latão, ligas de alumínio, ferro fundido cinzento e aços de baixa liga tratados termicamente, o aumento é menor ou mesmo nulo (Sinclair, 1952) [1].

8.8. Fratura por fadiga

Há muita controvérsia sobre as teorias da fratura de fadiga, com respeito à nucleação e à propagação de uma trinca de fadiga, devido à dificuldade de observação da trinca em alguns casos e à variedade de mecanismos que determinam a ruptura do metal. Neste livro, será feito apenas um pequeno resumo com algumas considerações sobre a ruptura por fadiga e o leitor poderá se aprofundar no assunto através da bibliografia existente.

As etapas de ruptura de um metal sujeito à fadiga são, essencialmente, 1) nucleação da trinca, 2) propagação da trinca e 3) ruptura da peça ou corpo de prova.

As duas primeiras etapas tomam praticamente todo o tempo do ensaio e quando o comprimento da trinca atinge em tamanho tal que a secção tensionada fique relativamente pequena, a porção remanescente não pode resistir à carga e a ruptura ocorre repentinamente.

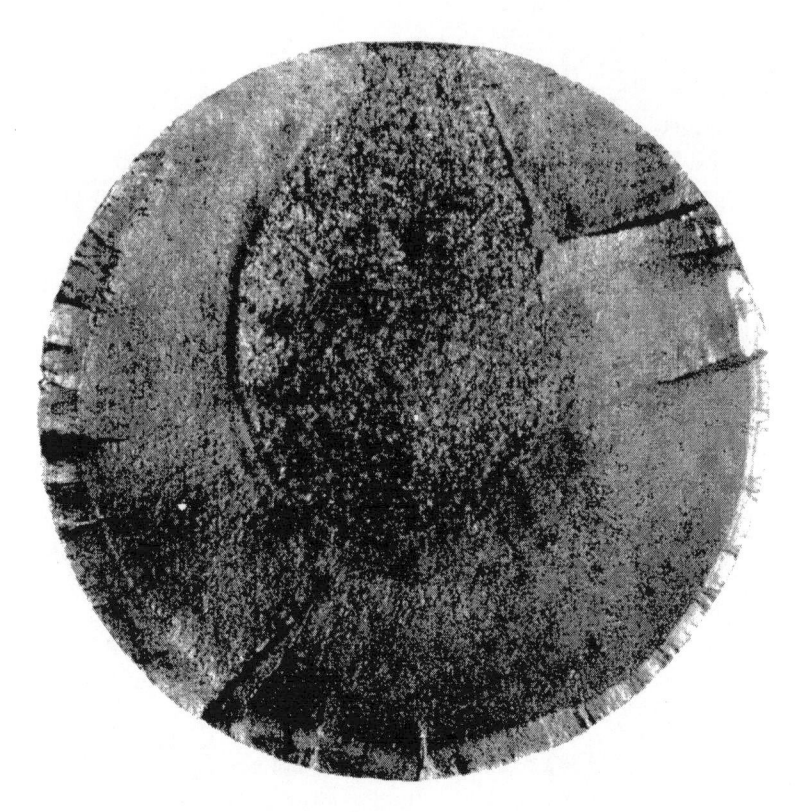

Figura 108. Superfície de ruptura por fadiga de um eixo de tênder de locomotiva [34] (Colpaert, 1969).

Assim, o aspecto de uma ruptura por fadiga apresenta duas zonas (Fig. 108) [34], uma zona produzida pelo desenvolvimento gradual e progressivo da trinca e outra pela ruptura brusca. Essa última tem o mesmo aspecto da fratura do ferro fundido cinzento ensaiado à tração, isto é, como se fosse uma fratura frágil vista a olho nu. A primeira zona se apresenta lisa, devido à propagação da trinca.

Uma ruptura por fadiga sempre é acompanhada de deformação plástica localizada. Essa localização pode acontecer num ponto de concentração de tensões como cantos vivos, entalhes, inclusões, trincas preexistentes, *pits* de corrosão, contornos de grão, contornos de macla, (item 8.9), onde ela se inicia e, geralmente, esse início se dá na superfície do metal.

Em diversos metais policristalinos as trincas freqüentemente se formam pelas concentrações de vazios (ver apêndice, item 8.9) dentro das bandas de escorregamento em alguns grãos, criadas pela tensão cíclica. Essas bandas (ver item 2.2.4(e) do ensaio de tração), no caso da fadiga, diferem daquelas originadas pelos ensaios de carga unidirecional somente pela topografia das mesmas. Um exame micrográfico das bandas de fadiga revela que elas contêm saliências e reentrâncias, onde irão originar as trincas, devido ao fato de agirem como concentradoras de tensões, forçando então uma deformação localizada naqueles pontos. As bandas de escorregamento se formam geralmente nos primeiros milhares de ciclos de tensão e no decorrer do ensaio elas aumentam em número, não importando o valor da tensão máxima (ou amplitude) aplicada ao metal. Assim, essas bandas aparecem mesmo em ensaios efetuados abaixo do limite de fadiga do metal. Quanto maior o número de ciclos, mais finas serão as bandas (ou linhas) de escorregamento, porém, a trinca geralmente aparece no início do ensaio. Há evidências de que a trinca se forma antes de decorrer 10% da vida total do corpo de prova, embora nessa etapa ela não possa sempre ser detectada. O desenvolvimento de trincas de fadiga dentro das bandas de escorregamento depende fundamentalmente do movimento das discordâncias e várias teorias foram propostas para esses mecanismos (teorias de Orowan, de Wood, de Mott, de Cottrel e Hull e outras) [1] [33], que não serão detalhadas aqui.

Uma vez iniciada a trinca, ela se propaga macroscopicamente e de uma maneira descontínua em um plano situado em ângulo reto com o plano das tensões principais atuantes no corpo de prova. A Fig. 109 [4] mostra o estágio I de propagação microscópica e o estágio II de propagação macroscópica da trinca. A propagação durante o estágio II se dá em incrementos durante cada ciclo de tensão, pela abertura e fechamento consecutivos da trinca, conforme o ciclo, fazendo com que a trinca cresça na direção do seu eixo longitudinal de um certo incremento. Esse avanço não sofre quase influências da estrutura cristalográfica do metal ou de subgrãos existentes no metal ou de outros fatores metalúrgicos, mas requer uma tensão mínima para acontecer, abaixo da qual, a trinca não cresce. Existem realmente várias trincas "paradas" dentro de um metal sujeito à fadiga com tensões baixas.

Ensaios efetuados com tensões de tração e compressão demonstram que a tensão de compressão é fator importante no impedimento da propagação da trinca [4]. Quanto ao estágio I, pouco ainda se conhece, mas ele está associado ao cisalhamento cíclico nos planos de escorregamento (ver item 8.9) em conjunto com escorregamentos secundários.

Verificou-se experimentalmente que quanto maior for o volume da parte útil do corpo de prova, menor será a resistência à fadiga, pois maior probabilidade existirá para a formação de trincas e conseqüente ruptura.

Com altos níveis de tensões, as trincas têm caráter mais dúctil, nucleando no interior do metal. A nucleação nas bandas ocorre com

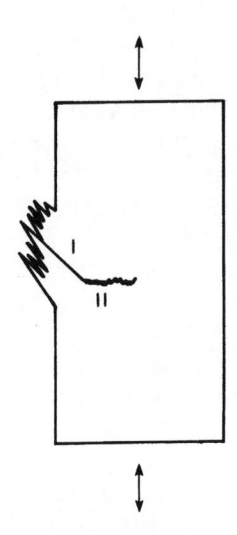

Figura 109. Diagrama esquemático mostrando as regiões do estágio I e do estágio II da propagação de uma trinca de fadiga.

tensões mais baixas. Esses fatos já foram confirmados experimentalmente com ensaios realizados em monocristais, isto é, cristais constituídos por um grão apenas [33]. Entretanto, a deformação plástica total nas regiões de alta tensão é menor que aquela associada a trincas em baixas tensões. O não-crescimento de certas trincas pode ser devido a altas tensões localizadas (em entalhes, por exemplo), fazendo com que a resistência à propagação dessas trincas fique maior (Frost & Phillips, 1957) [4]. Observa-se também que trincas que não se propagam são encontradas em ligas possíveis de serem envelhecidas por deformação (*strain aging*, ver item 8.9), com aços e ligas de alumínio, que oferecem resistência à propagação nas vizinhanças da trinca devido a esse fenômeno de envelhecimento. Por tudo isso, pode-se dizer que a deformação do material na base da trinca é um fator importante para a sua propagação.

8.9. Apêndice

Neste item é dada uma definição de alguns termos utilizados no item 8.8 sobre fratura por fadiga, alguns dos quais já vistos durante o ensaio de tração.

Maclação. Um dos mecanismos por meio do qual os metais se deformam. No processo de maclação, uma porção do cristal toma uma orientação que é relacionada com o resto da estrutura não-deformada, de uma maneira definida e simétrica. A porção deformada é denominada *macla.* O plano de simetria que separa as duas porções deformada e não-deformada é denominado *plano de maclação.*

Vazio ou lacuna. Defeito puntual encontrado na rede cristalina de átomos, que consiste na ausência de um átomo numa posição normal da rede onde deveria estar ocupada.

Banda de escorregamento. Série de linhas paralelas produzidas ao longo do grão cristalino pela deformação plástica e observadas depois do polimento da superfície onde essas linhas aparecem.

Plano de escorregamento. Plano cristalográfico onde ocorre o escorregamento de uma parte do cristal sobre outra, durante a deformação plástica.

Envelhecimento por deformação. O mesmo que encruamento [itens 2.2.4(h), do ensaio de tração, e 11.6]. Comportamento de certas ligas metálicas, onde a sua resistência é aumentada e a sua ductilidade diminuída algum tempo depois de ter sofrido uma deformação plástica a frio, com subseqüente aquecimento.

8.10. Efeito da temperatura nas propriedades de fadiga

A maioria dos componentes de equipamentos sujeitos a esforços cíclicos não é exigida a temperaturas muito elevadas, com algumas exceções, como por exemplo peças de turbina a vapor ou a gás, mas alguns componentes operam em temperaturas bem baixas, como peças de refrigeração, de aeronáutica, etc. O estudo da fadiga em outras temperaturas, que não a ambiente, tem sido campo de pesquisas de vários laboratórios mecânicos das indústrias e institutos do mundo. A técnica de ensaio é a mesma da descrita no item 2.6.3.

Como no ensaio de tração, a resistência à fadiga de um metal ou liga aumenta com a redução da temperatura abaixo da ambiente, não havendo, porém, mudanças bruscas no comportamento durante a passagem da temperatura na faixa de transição dúctil-frágil do material. Esse aumento da resistência é proporcionalmente maior que o aumento na tração, mas depende muito do tamanho do grão do metal.

Analogamente, em altas temperaturas (até cerca da metade da temperatura correspondente ao ponto de fusão do metal) a resistência à fadiga diminui, mas esse efeito só aparece após 50 °C para diversos materiais. Aqui também se observa o problema da fragilidade ao revenido para os aços doces, onde a resistência à fadiga aumenta no intervalo de 200-300 °C. Acima de 400 °C o limite de fadiga dos aços deixa de existir devido à queda da sua resistência.

Com temperatura ainda mais altas, a ruptura passa a ter caráter predominantemente semelhante à ruptura dos ensaios de fluência, isto é, passa a ser intercristalina. Isso faz com que a resistência à fadiga caia muito. Para aços especiais, a temperatura onde a fluência passa a ser predominante é bem mais alta (acima de 750 °C) [3].

A queda do limite de fadiga para os ferros fundidos com a elevação da temperatura é bem menos pronunciada que nos aços. Conforme estudos Moore (1927) [3], a 700 °C o limite de fadiga de um ferro fundido cinzento é de 5,2 kgf/mm^2, ao passo que a 15 °C esse limite é de 8,5 kgf/mm^2, de onde se nota que a queda é pequena.

O termo fadiga térmica [1] é aplicado aos ensaios de fadiga em altas temperaturas, onde a ruptura do metal é causada pelas tensões térmicas variáveis que se criam no interior do corpo de prova e não pelas tensões do ensaio. Essas tensões térmicas podem provir por exemplo das partes que seguram o corpo de prova que impedem a dilatação do mesmo. Essas tensões são proporcionais ao módulo de elasticidade do material, à temperatura do ensaio e ao coeficiente de dilatação térmica do metal. A resistência do material à fadiga térmica depende das suas propriedades físicas e mecânicas, do tamanho e forma do corpo de prova e do método de ensaio. Aços inoxidáveis austeníticos são sensíveis à fadiga térmica, devido à sua baixa condutividade térmica e alto coeficiente de dilatação.

Capítulo 9 ———————————
Ensaio de Fluência

9.1. Introdução

Já foi visto, nos capítulos anteriores, como a temperatura afeta as propriedades mecânicas dos metais. O ensaio de tração é realizado de uma maneira contínua, isto é, a carga é aplicada ao corpo de prova deformando-o e o ensaio é levado diretamente até a ruptura do mesmo pelo aumento crescente da carga. No Cap. 2 foi verificado o efeito das seguintes variáveis nos ensaios de tração: carga (tensão), alongamento (deformação) e temperatura. No presente capítulo, será introduzida uma quarta variável, o tempo. Embora o que será aqui considerado tenha validade para os outros ensaios estudados nos capítulos anteriores, será dada maior ênfase ao ensaio de tração, visto que a maioria dos ensaios e das experiências de pesquisa com relação ao tempo são realizados por meio de tração.

Define-se fluência como sendo a deformação plástica que ocorre em um material sob tensão constante ou praticamente constante em função do tempo. Particularmente com relação aos materiais metálicos, a temperatura exerce uma enorme influência no fenômeno. Assim, os resultados de um ensaio de tração em um metal ou liga metálica de aplicação em Engenharia, realizado na temperatura ambiente, são praticamente invariáveis, se esse ensaio for realizado num tempo normal de 2 minutos ou se levar 2 horas, pelo menos para as finalidades práticas. Entretanto, em temperaturas elevadas, a resistência se torna muito dependente do tempo, além da velocidade de deformação, quando o metal é submetido a um esforço mecânico. No entanto, com a vasta gama de variação de propriedades apresentada pelos materiais metálicos, há metais que exibem o fenômeno da fluência mesmo na temperatura ambiente, enquanto que o molibdênio resiste à fluência até a temperatura da ordem de 800 ºC. Deve-se ainda ressaltar que um ensaio de tração normal efetuado em alta temperatura não tem nada a ver com a fluência, conforme já definido.

O esforço aplicado ao metal também influi nos resultados de fluência. Quanto maior a tensão aplicada, maior será a velocidade de deformação que sofrerá o metal numa dada temperatura.

Os ensaios que envolvem as quatro variáveis mencionadas podem ser divididos em três tipos: ensaio de fluência, ensaio de ruptura por fluência e ensaio de relaxação. No ensaio de fluência, mantém-se constantes a carga (ou a tensão) e a temperatura, medindo-se a deformação com o decorrer do tempo. No ensaio de ruptura por fluência, o ensaio é levado até a ruptura do material, medindo-se o tempo de ruptura, podendo-se ainda medir a deformação ao longo do tempo em certos casos. O ensaio de relaxação é o inverso do primeiro, ou seja, mantém-se a temperatura e uma certa deformação constantes e mede-se a queda da tensão inicialmente aplicada para a obtenção da deformação, com o decorrer do tempo. Ao contrário dos ensaios vistos nos capítulos precedentes, estes ensaios não são ensaios de rotina devido ao longo tempo necessário para sua realização.

9.2. Aplicações práticas

Pela utilização dos metais em altas temperaturas, verificou-se a existência da fluência. Com a finalidade de resistir a essa deformação plástica com o tempo, foram desenvolvidas ligas metálicas especiais, principalmente nesses últimos anos, devido ao crescente desenvolvimento na fabricação de mísseis, foguetes ou aeronaves de alta velocidade, onde sua utilização é feita em temperaturas bastante elevadas (superiores a 1 000 ºC). Durante muito tempo, as principais aplicações de metais em alta temperatura se restringiram a instalações de máquinas a vapor, refinarias de petróleo, instalações químicas, e outras, onde a temperatura raramente excedia 600 ºC. Pouco a pouco, com a introdução de turbinas a gás, geradores de energia nuclear, modificações de vários processos químicos, etc., exigiu-se a elaboração de ligas metálicas que pudessem operar a até 1 000 ºC ou mesmo em temperaturas mais altas. A necessidade de resistência à fluência e à corrosão e oxidação simultaneamente tem limitado o desenvolvimento de tais aplicações pela não disponibilidade em alguns casos de fabricação de materiais unicamente metálicos adequados a esses serviços. Assim, foram ainda desenvolvidos materiais compostos como laminações ou compactação de pós de metais com não-metais (por exemplo, *cermets*), para utilização em temperaturas até 2 700 ºC.

Conforme a aplicação, a tensão em um ensaio de fluência deve ser tal que não promova a fratura do corpo de prova e também não cause uma deformação que exceda um determinado valor limite (por exemplo, 1 % em turbinas a vapor e tubulações usadas a quente) [35]. O ensaio de ruptura por fluência mede o efeito da temperatura e da tensão na possibilidade de ruptura durante a vida útil do material. Por esses dois ensaios, o projetista poderá selecionar as tensões de trabalho possíveis nas aplicações práticas para evitar deformações excessivas ou mesmo ruptura do material. A relaxação da tensão, que ocorre em peças (flanges) juntadas por parafusos ou montagens ajustadas a quente, quando em serviço em altas temperaturas, pode tornar frouxas tais junções e produzir mesmo desconexão, se a tenção inicial não for corretamente selecionada, devido ao alongamento excessivo dos parafusos ou rotação das flanges. Portanto, os ensaios de relaxação são comumente feitos em parafusos e materiais de ligação para uso em alta temperatura.

9.3. Descrição dos ensaios

9.3.1. Ensaio de fluência (*creep test*)

Para se determinar a curva de fluência de um metal, aplica-se ao corpo de prova uma carga inicial, que é mantida constante durante todo o ensaio, a uma determinada temperatura também constante. A carga pode inclusive ser aplicada por meio de pesos. Com o decorrer do ensaio, vai-se determinando o alongamento (deformação) do corpo de prova. A duração de cada ensaio é muito variável, podendo durar desde um mês até pouco mais de um ano. Um tempo geralmente utilizado é de 1 000 horas (cerca de 42 dias). Muitas vezes o tempo do ensaio é determinado pela vida útil esperada do material na prática; às vezes, o ensaio dura apenas alguns dias, quando não for preciso determinar todos os parâmetros normais obtidos pelo ensaio. Quando não for possível atingir-se tempos muito longos, pode-se proceder a extrapolações, conforme será resumido depois.

A curva típica de um ensaio de fluência é mostrada na Fig. 110. A inclinação da curva em qualquer ponto é chamada de velocidade de fluência ($d\varepsilon/dt$ ou $\dot{\varepsilon}$). São observados três estágios nessa curva. O estágio I, chamado de fluência primária ou transitória, onde a velocidade de fluência diminui com o tempo, o estágio II, chamado de fluência secundária ou estacionária, onde a velocidade de fluência quase não é alterada com o tempo e o estágio III, chamado terciário, onde a velocidade de fluência aumenta rapidamente com o tempo até que ocorra a fratura do material. Em geral, nos ensaios de fluência, o ensaio é interrompido antes que aconteça a ruptura do corpo de prova ou mesmo no meio do estágio II.

Em geral, são realizados inúmeros ensaios de fluência, variando a carga aplicada e/ou a temperatura do ensaio, obtendo-se então uma série de curvas que fornecem informações sobre as propriedades de fluência do material para as aplicações práticas (Fig. 111).

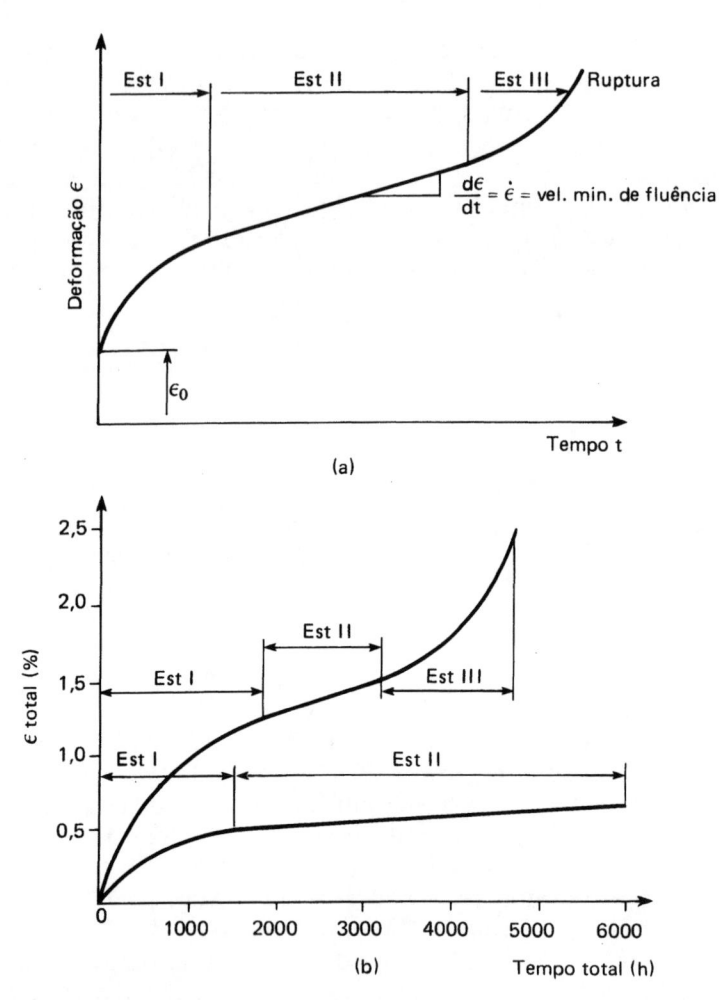

Figura 110. (a) Curva típica de um ensaio de fluência com carga constante, mostrando os três estágios. (b) Curvas de fluência para dois aços-liga sob cargas diferentes [7]. Note-se que, na curva inferior, não há, praticamente, o estágio III até 6 000 horas, devido à carga muito baixa.

A deformação inicial, ε_0, sofrida pelo corpo de prova logo na ocasião da aplicação da carga, geralmente é constituída de deformação elástica e deformação plástica, mesmo se a tensão estiver abaixo do limite de escoamento do material, sendo difícil diferenciá-las, a menos que se conheça o valor do módulo de elasticidade à temperatura do ensaio para se calcular o valor da deformação elástica. O valor de $\dot{\varepsilon}$ do estágio II é também usualmente denominado de velocidade mínima de fluência. A variação da velocidade de fluência durante o ensaio em função do tempo é dada pela Fig. 112, tirada da Fig. 110.

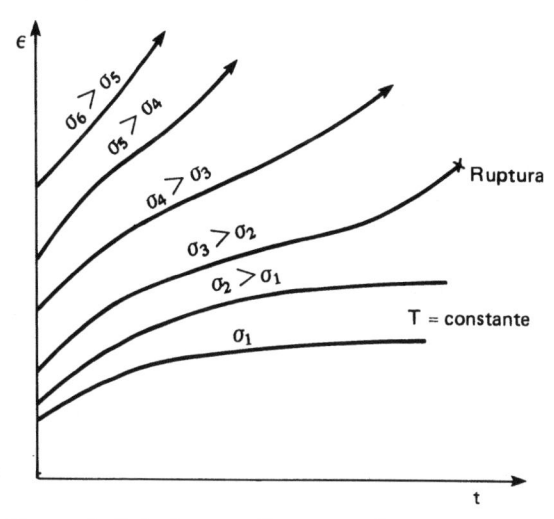

Figura 111. Curvas de fluência para diversas tensões e com temperatura constante. Uma família de curvas semelhantes é obtida para ensaios de fluência com tensão constante para diferentes temperaturas.

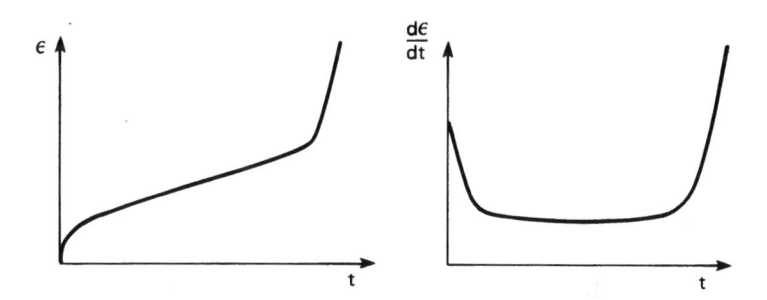

Figura 112. Variação da velocidade de fluência durante o ensaio de fluência.

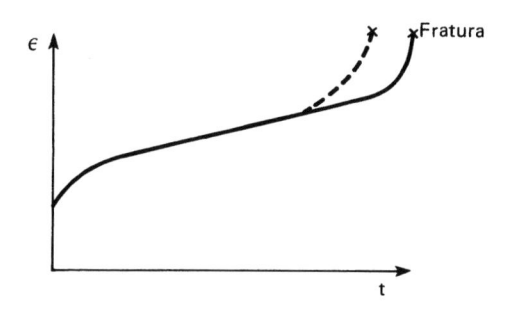

Figura 113. Curva típica de um ensaio de fluência com tensão constante [Cf. Fig. 110(a)]. A linha tracejada é a forma do estágio III da curva com carga constante.

Verifica-se que $\dot{\varepsilon}$ no estágio II não é de fato constante, contendo um mínimo mais ou menos no meio do estágio, porém esse fato é irrelevante.

A curva obtida nos ensaios normais de fluência pode não conter todos os estágios apresentados na curva da Fig. 110. Em temperaturas relativamente altas, a curva pode ter uma velocidade de fluência não constante (acelerada) desde o início do estágio II ou mesmo desde o estágio I. O estágio III, quando atingido, pode não existir na forma mostrada, quando se ensaiam metais frágeis. As alterações estruturais e superficiais no material durante o ensaio podem também modificar a forma da curva. Os ensaios com tensões muito altas alteram a extensão dos estágios e os ensaios com tensões e temperaturas muito baixas exigem tempos extremamente longos para se atingir o estágio III, além de tornarem predominante o estágio I. O estágio III é geralmente atingido com altas tensões e altas temperaturas.

Quando se requer um estudo mais cuidadoso de material ensaiado, pode-se efetuar um ensaio, tecnicamente mais complicado, de manter a tensão constante em vez da carga. Com o fenômeno da estricção, a área da seção transversal do corpo de prova diminui, fazendo com que a tensão aumente durante o ensaio com carga constante. Em ensaios com tensão constante, obtém-se a curva da Fig. 113, não havendo nesse caso o estágio III, a não ser que haja modificações estruturais na liga metálica durante o ensaio.

A diminuição da velocidade de fluência no estágio I é devida ao encruamento do metal, ao passo que no estágio II, o efeito do encruamento é contrabalanceado pela influência da temperatura (recuperação), resultando numa velocidade de fluência constante. A velocidade de fluência crescente do estágio III é devida à estricção do material. Entretanto, observou-se que vários materiais rompem durante a fluência com deformações muito baixas, incapazes de produzir estricção [1], não sendo então a velocidade de fluência unicamente a causadora do estágio III.

Quando se retira a carga durante o ensaio, a curva de descarregamento tem a forma mostrada na Fig. 114, verificando-se que o material metálico se comporta anelasticamente, ou seja, a deformação diminui, porém uma certa quantidade permanece e diminui lentamente com o tempo até atingir o valor original; a anelasticidade é desprezível à temperatura ambiente. A quantidade elástica da deformação é instantaneamente recuperada e a quantidade plástica é irrecuperável (deformação permanente). Quando a deformação elástica é subtraída da deformação total no cálculo da deformação durante o ensaio de fluência, a deformação medida é aquela unicamente devida à fluência.

As extrapolações dos resultados obtidos poderão ser feitas no caso da vida útil da peça ser por demais longa, tornando impraticáveis ensaios com durações tão grandes. Exemplificando, caso a vida útil

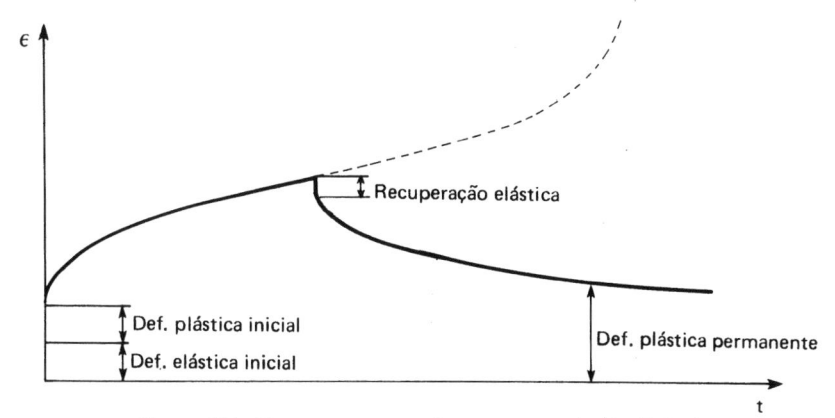

Figura 114. Descarregamento durante o ensaio de fluência.

da peça seja de 10 anos e durante esse tempo não possa haver uma deformação do material superior a 2%, extrapolam-se as curvas para esse tempo, a fim de se verificar o valor da deformação. Nas curvas de extrapolação, provindas das curvas da Fig. 111, usam-se outras maneiras de se confeccionar os gráficos com os resultados dos ensaios. A Tabela 22 indica os valores que podem ser adotados para os eixos das coordenadas (em escala linear ou logarítmica). A Fig. 115 mostra um tipo desses gráficos para aço-carbono.

Tabela 22. Coordenadas das curvas de extrapolação

Ordenadas	*Abscissas*	*Constante*	*Família de curvas de*
carga ou tensão	tempo	temperatura	deformação
carga ou tensão	deformação	temperatura	tempo
carga ou tensão	velocidade de fluência	tempo	temperatura
carga ou tensão	temperatura	tempo	deformação
carga ou tensão	temperatura	—	tempo e deformação
velocidade de fluência	tempo	temperatura	carga ou tensão
velocidade de fluência	carga ou tensão	temperatura	tempo
velocidade de fluência	deformação	—	tempo e carga ou tensão
velocidade de fluência	temperatura	tempo	carga ou tensão
deformação	temperatura	tempo	carga ou tensão
deformação	tempo	temperatura	tensão
tempo	temperatura	—	deformação e carga ou tensão

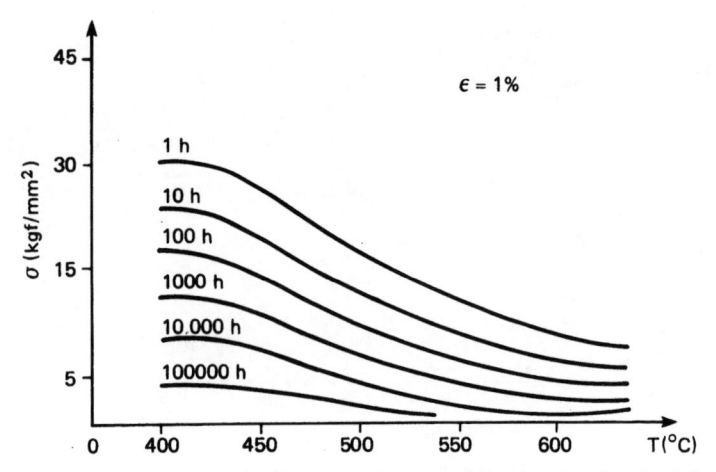

Figura 115. Gráfico tensão-temperatura para aço-carbono com 1% de deformação sob ensaio de fluência.

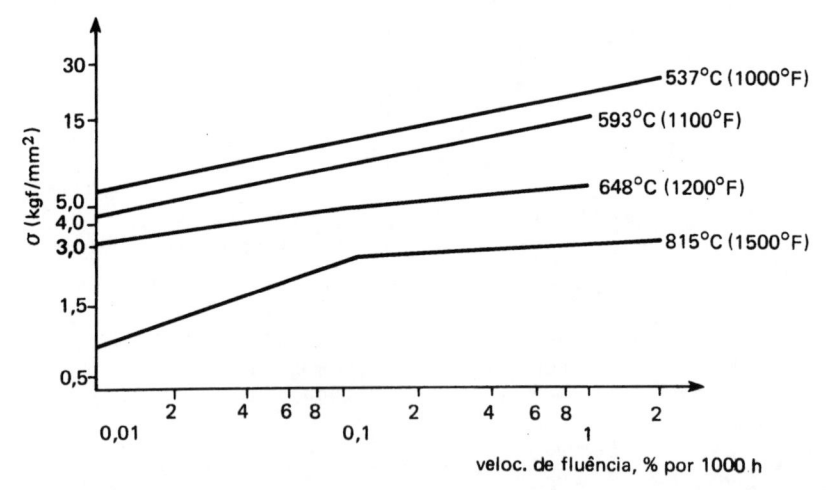

Figura 116. Curva log-log tensão-velocidade de fluência mínima, para aço inoxidável austenítico 18-8, para quatro temperaturas [35].

As curvas da Fig. 111 mostram que a curva típica da Fig. 110 é obtida somente quando se têm certas combinações de carga (tensão) e temperatura. Além disso, como já foi mencionado, quanto mais alta for a temperatura do ensaio, maior será a velocidade de fluência.

Uma peça projetada para resistir à fluência deve geralmente tomar em consideração a velocidade mínima de fluência (estágio II). Determina-se, então a tensão necessária para produzir uma velocidade de fluência de ε porcento por hora ou por 1 000 ou 10 000 horas, numa dada temperatura. O valor de ε geralmente é de 0,0001% a 1%. Em certos casos mais delicados, o tempo pode chegar a até 100 000 horas (tempos longos são tomados por extrapolação). Essa tensão (ou carga) é denominada resistência à fluência. A Fig. 116 ilustra uma curva $\sigma \times \varepsilon$ para aço inoxidável 18-8. A vida útil de uma estrutura é algumas vezes tomada como sendo o espaço de tempo decorrido antes do término do estágio II.

9.3.2. Ensaio de ruptura por fluência (*stress-rupture test*)

Neste ensaio semelhante ao ensaio de fluência, a característica principal é que os corpos de prova são sempre levados até a ruptura. Para abreviar o ensaio, utilizam-se cargas maiores e portanto, tem-se maiores velocidades de fluência. Além disso, a deformação (alongamento) atingida pelos corpos de prova é bem maior. Enquanto que no ensaio de fluência a deformação pouco ultrapassa 1%, nos ensaios de ruptura por fluência, a deformação pode atingir 50%. Assim, um ensaio de ruptura por fluência freqüentemente leva apenas cerca de 1 000 horas.

Como a velocidade de fluência é bem mais alta nestes ensaios, ocorrem geralmente mudanças estruturais no material ensaiado bem antes do que no ensaio anterior.

O ensaio de ruptura por fluência é muito usado pela sua brevidade, além de ser útil para o estudo de novas ligas. Quando o projeto permite uma deformação por fluência alta, porém não permite ruptura do material, o ensaio também se aplica melhor que o anterior. As condições destes ensaios são, portanto, bem mais severas que o ensaio de fluência e se aplicam então em peças submetidas a esse tipo de condição, cuja vida útil é bem menor.

Os parâmetros constantes em cada ensaio são a carga (tensão) e a temperatura. Mede-se principalmente o tempo para a ruptura do corpo de prova, além da deformação e da estricção em certos casos. Os gráficos geralmente são da carga (ou tensão) aplicada nos vários ensaios em função do tempo de ruptura, obtendo-se uma linha reta que pode mudar sua inclinação, quando ocorrerem alterações estruturais, tais como oxidação, recristalização, crescimento de grão, mudança do tipo de fratura (transgranular ou intergranular). Para se fazer extrapolações, é importante conhecer bem essas alterações estruturais que determinam a nova inclinação. Os resultados são tomados de tempos em tempos durante os ensaios. A Fig. 117 ilustra o que foi mencionado. Outros gráficos também podem ser feitos, como: tempo de ruptura em função da temperatura para várias cargas, deformação total na ruptura em função do tempo de ruptura para várias temperaturas, e outros mais.

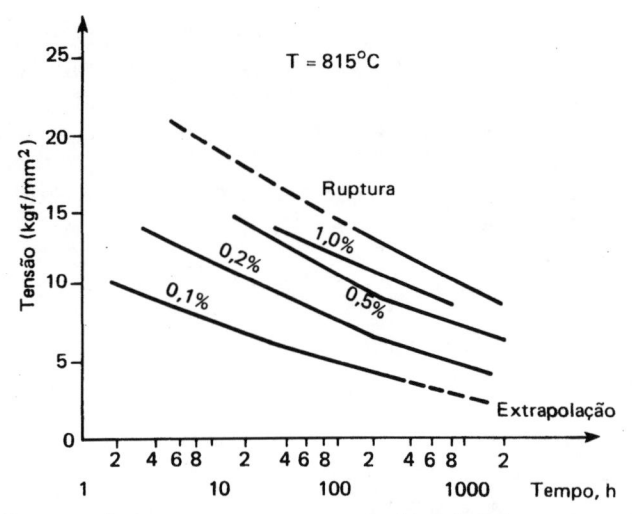

Figura 117. Curva tensão-log tempo para aço austenítico de baixo carbono, forjado pelo ensaio de fluência e ensaio de ruptura por fluência [7].

9.3.3. Ensaio de relaxação

Este ensaio mede a redução da carga (tensão) aplicada a um corpo de prova com o tempo, quando a deformação é mantida constante a uma certa temperatura. A constância da deformação é obtida diminuindo-se a carga ou tensão com o tempo ou parando-se a movimentação dos cabeçotes da máquina, anotando a carga em função do tempo na posição fixa dos cabeçotes. Como habitualmente a temperatura é alta, tem-se condições de fluência durante o ensaio. A deformação total, ε, é igual à soma da deformação elástica, ε_e, e a deformação plástica (deformação por fluência), ε_p, ou seja,

$$\varepsilon = \varepsilon_e + \varepsilon_p. \tag{129}$$

Para que a deformação ε permaneça constante, é preciso que a deformação elástica diminua com o tempo e a deformação plástica cresça proporcionalmente e como conseqüência, a tensão necessária para se ter ε constante deve diminuir com o aumento da fluência. As Figs. 118 (A) e (B) contêm curvas esquemáticas que se obtêm nos ensaios de relaxação e a Fig. 118 (C) é o resultado de ensaio de relaxação para um parafuso de aço cromo-molibdênio-vanádio a 454°C. Observe-se que no início do ensaio e com o aumento da temperatura do ensaio, a queda da tensão é mais acentuada, porém vai se tornando constante com o tempo (análogo ao estágio II do ensaio de fluência).

O aumento de ε_e é igual ou menor que o aumento de ε_p. Para que a queda da tensão seja verificada corretamente, é preciso que a parte

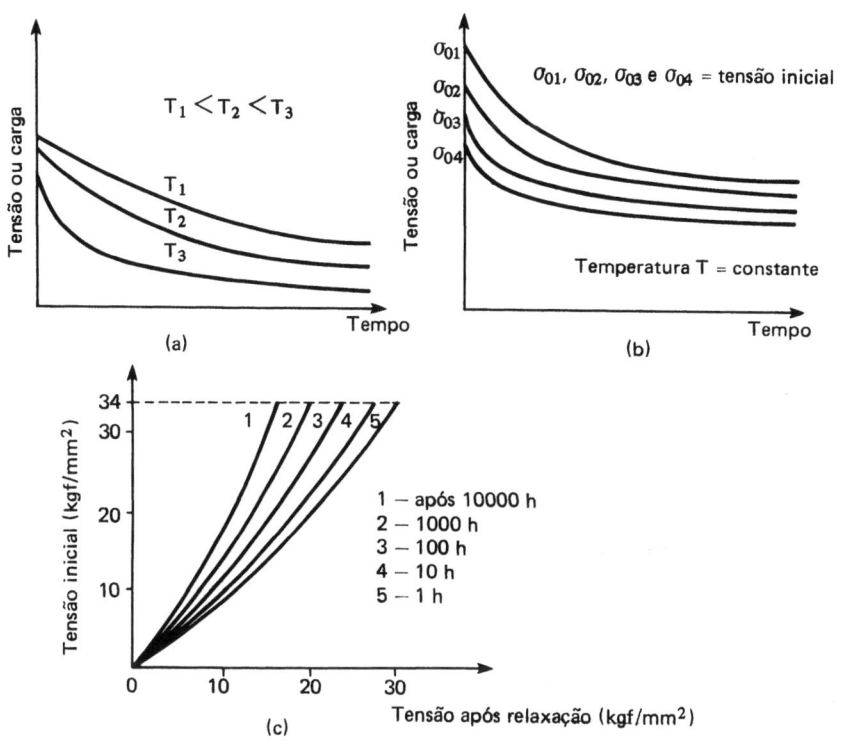

Figura 118. (a) Curva de relaxação tensão ou carga vérsus tempo com variação da temperatura. (b) Curva de relaxação tensão ou carga vérsus tempo com variação da tensão inicial e temperatura constante. (c) Relaxação do aço Cr-Mo-V para parafuso a 454 °C, após cinco intervalos de tempo [35].

útil do corpo de prova, ou seja, a parte aquecida na temperatura do ensaio fique rigidamente fixada, a fim de que a deformação por fluência, ε_p, substitua a deformação elástica, ε_e, apenas nesta parte útil, caso contrário, será criada sempre uma deformação elástica do corpo de prova fora do comprimento de medida, reduzindo a queda real da tensão. Assim, os resultados do ensaio dependem também das propriedades elásticas da máquina utilizada. A temperatura de ensaio deve ser bem controlada num comprimento suficiente para que não ocorra fluência desigual durante o ensaio. Algumas vezes, os ensaios são realizados acentuando-se o efeito da criação de deformação elástica fora do corpo de prova para se aproximar das condições particulares da prática.

A maioria dos ensaios de relaxação dura de 1 000 a 2 000 horas. Os métodos de extrapolação são empíricos, usando-se gráficos log-log. Os gráficos são usados para comparar o comportamento do material na prática. Uma maneira interessante de se apresentar os resultados, quando são feitos inúmeros ensaios, é o de colocar em ordenadas a tensão medida após um tempo t (1 000 horas, por exemplo) e em abscissas, a temperatura T.

9.4. Teoria da fluência — resumo

Os mecanismos da fluência envolvem quatro processos de deformação: 1.°) o escorregamento de discordâncias, fator predominante; 2.°) a ascensão de discordâncias, ocasionando a formação de subgrãos; 3.°) o deslizamento de contornos de grão e 4.°) a difusão de lacunas (vazios).

9.4.1. Estágio I

Devido à forma da curva observada nesse estágio, verifica-se que existe um encruamento que diminui a velocidade de fluência no material. Daí, o mecanismo de fluência é aquele que se torna mais difícil de operar com o prosseguimento do ensaio durante o primeiro estágio. Dessa maneira, o escorregamento de discordâncias (deformação plástica) deve ser impedido por barreiras que surgem no decorrer do tempo (ver item 9.4.2). Portanto, quando se aplica a tensão no metal a uma dada temperatura, as discordâncias são primeiramente impedidas de escorregar por pequenas barreiras; depois, por ativação térmica, elas conseguem vencer as barreiras, porém encontram novas barreiras maiores que só serão vencidas após tempos mais longos. Além disso, ainda existem processos de recuperação devido a ascensão de discordâncias e algum *cross-slip* principalmente quando a temperatura for suficientemente alta. A recuperação, entretanto, no estágio I é pequena, de modo que o fator controlador deste estágio é o mecanismo de interseção das discordâncias com as barreiras.

9.4.2. Estágio II

Neste estágio, o processo de recuperação é suficientemente rápido para contrabalançar o encruamento. A recuperação significa a libertação de discordâncias dos obstáculos ou barreiras (florestas ou empilhamento de discordâncias, precipitados, etc.), por meio de ascensão ou *cross-slip*. Como a ascensão requer maior energia de ativação, ela é o processo controlador da velocidade de fluência, e como a ascensão depende da temperatura, quanto maior for a temperatura, maior será a recuperação e portanto, menos estacionário será o estágio II. Em outras palavras, com temperaturas muito altas, o estágio II é mais curto, atingindo-se logo o estágio III.

Outros processos de encruamento e recuperação existem: com o aumento da deformação, aumenta a densidade de discordâncias (encruamento), porém as discordâncias tendem a se aniquilar mutuamente (recuperação) ou se agrupar para formar contornos de grão de pequeno ângulo (poligonização), o que também constitui barreiras à movimentação das discordâncias (encruamento). Certos autores afirmam também que os subgrãos provenientes da poligonização são importantes durante o Estágio I. A ascensão das discordâncias é feita por absorção e emissão de lacunas. A energia de ativação para esse processo é, portanto, a de difusão de lacunas, isto é, quanto maior for essa energia, mais resistente o material será à fluência, pois para haver a ascensão, será necessário vencer uma barreira energética maior. Como exemplo, sabe-se que os aços austeníticos possuem maior energia de difusão de lacunas que os aços ferríticos, sendo, portanto, um dos fatores que os torna mais resistentes à fluência que os aços ferríticos.

A formação de novos contornos de grão (subgrãos) é uma das alterações estruturais observadas na fluência, conforme já mencionado anteriormente.

Finalmente, tem-se outra contribuição importante, porém não predominante, para os processos de deformação, que é o deslizamento de contornos de grão. Esse deslizamento pode também criar lacunas que facilitam a ascensão de discordâncias. O deslizamento é um processo de cisalhamento que ocorre na direção dos contornos de grão, sendo importante com o aumento da temperatura e com baixas tensões. O fenômeno acontece intermitentemente com o tempo, fazendo com que a deformação não seja uniforme ao longo do contorno. A precipitação de partículas duras nos contornos de grão e a acomodação desses contornos em nova posição diminuem a velocidade de deslizamento. Quanto menor for o tamanho do grão de um metal ou liga, maior será a área dos contornos. Portanto, um refino de grão pode ser prejudicial à resistência à fluência, ou seja, o inverso do observado na resistência à temperatura ambiente.

9.4.3. Estágio III

O estágio III é caracterizado por uma grande movimentação das discordâncias. É nesse estágio que surge mais acentuadamente a estricção do corpo de prova ensaiado por tração, e durante este estágio, ocorre a nítida formação contínua de microtrincas no material. Essas microtrincas provêm de fenômenos de deformação localizados nos contornos de grão, ocasionando fratura intercristalina. Com altas tensões e temperaturas mais baixas, ocorrem pontos triplos formados onde três contornos de grão se encontram. Por causa do deslizamento dos contornos de grão, produzem-se tensões diversas suficientemente altas, que provocam o início de trincas. Além disso, no caso de baixas tensões e altas temperaturas, formam-se pequenos poros (orifícios) nos contornos de grão na direção normal à tensão, que crescem e coalescem devido à concentração de lacunas. Entretanto, quando se tem altas temperaturas ou se ocorrer migração de contornos de grão para aliviar a tensão, também pode acontecer algumas vezes o aparecimento de fraturas transcristalinas (no interior dos grãos). Em certos casos, também pode ocorrer fratura transcristalina com temperaturas relativamente baixas e altas velocidades de fluência, analogamente às fraturas dúcteis comuns [8]. Observou-se que no intervalo 600-700° C há mudança de fratura transcritalina para fratura intercristalina nos aços austeníticos e em ligas de níquel [36], quando se tem velocidade de fluência mais baixa.

9.5. Técnica de ensaio — normas gerais

Devido ao grande número de máquinas de ensaio à fluência, não serão dados aqui detalhes de tais máquinas. Pode-se afirmar que grande número de máquinas utiliza pesos pendurados para a aplicação de carga constante nos ensaios de fluência.

9.5.1. Temperatura de ensaio

A Tab. 23 fornece os intervalos de variação das temperaturas de ensaio para três normas internacionais.

O controle da temperatura é muito importante. Verificou-se que pequenas variações de temperatura podem causar alterações na velocidade de fluência [37]. Em aço carbono com 0,3% e em duralumínio (liga de alumínio com cobre e pequenas adições de manganês, magnésio ou silício) submetido a uma tensão de 3,5 kgf/mm² durante 1 000 h, obteve-se os seguintes resultados:

Aço	500 °C	540 °C
Duralumínio	200 °C	230 °C
Deformação por hora	4×10^{-7}	4×10^{-5}

9.5.2. Corpos de prova

Os corpos de prova para os três ensaios em questão podem ter seção circular ou retangular e assemelham aos corpos de prova usados para ensaio de tração (ver item 2.2.3).

Tabela 23. Temperatura de ensaio e variação permissíveis

Norma	Temperatura (°C)	Intervalo de variação
ASTM − E 139 − 1970 (fluência e ruptura por fluência)	≤ 1 000 > 1 000	± 2° C ± 3° C
BS 3 500 − Partes 1, 3 e 6 (1969) (fluência, ruptura por flexão e relaxação)	≤ 600	± 2° C com 100 h ⩾ t ⩾ 10 h ± 3° C com t > 100 h
	800 ⩽ T > 600	± 2,5° C com 100 h ⩽ t ⩾ 10 h ± 4° C com t > 10 h
	1 000 ⩽ T > 600	± 3° C com 100 h ⩽ t ⩾ 10 h ± 6° C com t > 100 h
	> 1 000	Conforme acordo
ISO/R 203, R 204 e R 206 (1960) (fluência e ruptura por fluência)	≤ 600 800 ⩽ T ⩾ 600 1 000 ⩽ T > 800 T > 1 000	± 3° C ± 4° C ± 6° C conforme acordo
ASTM − E 150 (1975) (fluência e ruptura por fluência com aquecimento rápido e tempos curtos)	$T \leqslant 538$ (1 000° F) $T > 538$	± 5,5° C (10° F) ⩽ ± 1,0 % T

9.5.3. Aquecimento do corpo de prova

O período de aquecimento deve ser uniforme até se atingir a temperatura do ensaio. O aquecimento deve ser feito por meio de resistência elétrica, por radiação ou indução. No caso da ASTM − E 150 (ver Tab. 23), a temperatura do ensaio deve ser atingida após 60 segundos ou menos. A temperatura deve ser medida preferencialmente por meio de dois ou três termopares aferidos de pequeno diâmetro, soldados aos corpos de prova; pirômetros de radiação sensíveis podem ser usados para temperaturas maiores que 100 °C. Antes de iniciar o ensaio, deve ser mantido um tempo de espera suficiente para homogeneização do corpo de prova.

9.5.4. Extensômetros

Os extensômetros usados podem ser mecânicos ou elétricos [4]. Os extensômetros são fixados em lados opostos do corpo de prova para evitar erros, caso haja alguma falta de axialidade na aplicação da carga. A deformação será, então, a média das medidas nos dois lados. Apenas os braços de fixação do extensômetro devem ficar dentro da região aquecida. O aparelho em si deve evidentemente ficar fora do calor. A fixação dos braços do extensômetro no corpo de prova deve ser feita em locais onde haja uma pequena descontinuidade proposital na parte útil para evitar escorregamento.

Quando não for praticável se fixar o extensômetro no comprimento útil do corpo de prova, pode-se confeccionar corpos de prova com a parte paralela mais comprida que a normalizada e com seção diferente (em grandeza), a fim de tornar mais fácil a adaptação. Pode-se ainda adaptar o extensômetro na cabeça do corpo de prova, mas nesse caso, as normas indicam a correção nas leituras das deformações que deverão ser feitas.

9.6. Ligas metálicas resistentes à fluência

As ligas metálicas resistentes à fluência possuem sempre vários elementos de liga para atuarem cada um de uma maneira, a fim de dificultar a ação dos mecanismos de fluência e portanto, diminuir a deformação ao longo do tempo.

O aumento da resistência à fluência pode ser feito por meio de mecanismos de endurecimento por solução sólida ou por precipitação (Cap. 11). Esses mecanismos provocam uma barreira ao escorregamento das discordâncias e contribuem para um endurecimento por fricção do reticulado cristalino. O escorregamento das discordâncias é dificultado, fazendo-se com que a ascensão e o *cross-slip* das discordâncias, além da formação e migração de lacunas, fiquem mais difíceis de ocorrer.

Conforme as condições de temperatura e tensão durante a fluência, a efetividade desses mecanismos varia, cada um deles contribuindo com uma fração. Assim, um material resistente à fluência é uma liga com uma estrutura cuja matriz é endurecida por solução sólida, contendo um número suficiente de partículas precipitadas. Um exemplo de um desses materiais é a liga Nimonic, que consiste de uma matriz de níquel contendo cromo, titânio e cobalto dissolvidos na matriz e precipitados como compostos intermetálicos.

Os aços empregados para resistirem a altas temperaturas são aços-liga obtidos por trabalho mecânico ou por fundição. Os primeiros são aços ao cromo ou ao cromo-níquel, conforme o tipo de aço, o teor de cromo pode ir de 4 a 27% e o teor de níquel de 8 a 36%. Alguns aços contêm molibdênio até 3%, titânio e nióbio como outros elementos de liga. Esses materiais são fabricados em forma de chapas, lâminas, tiras, forjados, barras, tubos e arames. Alguns aços-liga trabalhados para uso em válvulas ainda contêm teores variados de tungstênio. Todos eles são resistentes também à oxidação e à corrosão química, devido principalmente ao cromo, porém adições de alumínio e silício também auxiliam a resistência à oxidação. O aumento da resistência à fluência é dado pelo molibdênio, tungstênio ou nióbio. Os aços ferríticos foram os primeiros a serem desenvolvidos para resistirem à fluência. São, portanto, aços-carbono com teores altos de cromo e molibdênio, que formam carbonetos complexos precipitados. Essas ligas são limitadas ao uso até cerca de 540 °C, devido à instabilidade dos seus carbonetos e da susceptibilidade à oxidação em temperaturas mais altas. Devido a esse último inconveniente e à formação da fase sigma nos aços ferríticos, os aços inoxidáveis austeníticos (cromo-níquel) foram posteriormente utilizados e resistem a até 650 °C, além de serem ainda mais resistentes à fluência que os primeiros, conforme já mencionado (item 9.4.2). Também nesses aços, a adição de manganês, molibdênio, tungstênio e nióbio aumentam a resistência à fluência. A Tab. 24 fornece a tensão de ruptura na fluência desses aços austeníticos para várias temperaturas e durante 1 000 h e 100 000 h (extrapolado). A Tab. 25 dá a resistência à fluência para 1 % de deformação em 10 000 h em várias temperaturas dos aços austeníticos.

Os aços-carbono trabalhados são utilizáveis em condições de fluência com baixa tensão e até 400 °C, raramente até 500 °C.

Tabela 24 Tensão de ruptura no ensaio de ruptura por fluência de aços austeníticos em várias temperaturas [7]

Temperatura em °C(°F)	Aço 304 (18-8)	Aço 321 (18-8 Ti)	Aço 347 (18-8 Nb)	Aço 316 (18-8 Mo)	Aço 309 (24-12)	Aço 310 (25-20)
Tensão (kgf/mm²) para ruptura em 1 000 horas						
538 (1 000)	—	—	—	—	—	22,4
593 (1 100)	19,6	18,9	21,0	23,1	—	16,8
649 (1 200)	10,5	12,3	11,9	17,5	17,3	11,9
704 (1 300)	6,3	7,0	7,8	11,9	8,2	7,7
760 (1 400)	4,2	3,8	5,1	7,7	—	4,9
815 (1 500)	2,6	2,6	3,1	4,9	3,4	3,2
871 (1 600)	—	1,9	—	2,8	1,9	2,1
982 (1 800)	—	—	—	0,9	0,7	1,4
Tensão (kgf/mm²) para ruptura em 100 000 horas (extrapolado)						
538 (1 000)	—	—	—	—	—	11,2
593 (1 100)	—	—	11,5	—	—	9,1
649 (1 200)	5,9	—	7,7	8,7	7,9	5,6
704 (1 300)	2,8	—	3,1	6,3	2,6	3,2
760 (1 400)	2,1	—	—	2,9	—	1,8
815 (1 500)	1,0	—	—	1,0	—	0,8

Tabela 25. Resistência à fluência (em kgf/mm²) de aços austeníticos para 1 % de deformação sob fluência, em 10 000 horas e em várias temperaturas [7]

Aço	538°C(1 000°F)	593°C(1 100°F)	649°C(1 200°F)	704°C(1 300°F)	760°C(1 400°F)	815°C(1 500°F)
302, 304(18-8)	12,2	8,4	4,9	2,8	1,7	0,7
302 B(18-8Si)	–	–	4,9	3,1	–	0,7
321 (18-8Ti)	12,6	9,1	5,6	3,1	1,4	0,6
347 (18-8Nb)	13,3	10,5	6,6	3,5	1,7	0,8
309 (24-12)	11,9	9,1	5,9	3,1	1,4	0,7
310 (25-20)	14,0	10,5	6,3	3,5	1,6	0,7
316 (18-8Mo)	16,8	12,6	7,7	4,9	3,1 .	1,4

As ligas fundidas resistentes a altas temperaturas não são propriamente aços, porém ligas ferro-cromo ou ferro-cromo-níquel, com médio carbono e com pequenos teores dos demais elementos constituintes dos aços.

As chamadas superligas para aplicações em motores a jato são baseadas em ligas austeníticas de níquel ou cobalto, contendo cromo. para dar maior resistência à oxidação. Resistem a altas temperaturas (superiores a 700 °C), devido à dispersão estável de suas partículas da segunda fase (carbonetos complexos de molibdênio, tungstênio e nióbio), no caso das ligas à base de cobalto. Algumas destas ligas são chamadas estelitas e outras apenas denominadas por números. Os valores típicos de resistência à fluência dessas ligas são $T = 730$ °C, tensão $\sigma = 8,5$ kgf/mm², alongamento total $\varepsilon = 0,22\%$ após 500 h, 0,27% após 1 000 h, 0,32% após 1 500 h e 0,34% após 2 000 h (estelita 21) [7]. Para temperaturas maiores e tensões proporcionalmente menores, obtém-se deformações semelhantes após os mesmos tempos. A tensão de ruptura a 730 °C é cerca de 35 kgf/mm² após 10 h, 28 kgf/mm² após 100 h e 21 kgf/mm² após 500 h (resultados de ensaios de ruptura por fluência).

Para as superligas à base de níquel, o aumento da resistência à fluência é fornecido pela adição de pequenos teores de alumínio e titânio, que formam compostos intermetálicos estáveis, sendo portanto ligas envelhecíveis. O Nimonic acima mencionado é uma dessas ligas. Existem ainda ligas com combinações de elementos como níquel-molibdênio-ferro (Hastelloys) ou níquel-molibdênio-cromo-ferro para serviços em alta temperatura com resistências pouco abaixo das indicadas das Tabs. 24 e 25. Em geral, as superligas são fabricadas por fundição. Recentemente foram introduzidas também ligas à base de cromo (ligas cromo-ferro-tungstênio e ligas cromo-ferro-molibdênio) para utilização em alta temperatura.

Os metais sinterizados e trabalhados mecanicamente, sendo ligas resistentes por dispersão de partículas de segunda fase termicamente estáveis (óxidos de alumínio, silício e zircônio), estão sendo ultimamente muito empregados. Uma forma análoga utilizada é o produto, no qual partículas de cerâmica (boretos, carbonetos e silicietos) são combinadas com metal por meio de laminação e metalurgia do pó, constituindo os chamados *cermets*, que resistem à fluência até 1 000 °C. O único inconveniente é a baixa resistência aos choques térmico e mecânico que esse produto apresenta.

A elaboração de ligas metálicas está ainda em pleno desenvolvimento e muitos estudos estão sendo feitos para se atingir materiais ainda mais resistentes à fluência.

9.7. Ensaios em alguns produtos acabados

9.7.1. Ensaio de fluência em cabos de alumínio

Cabos de alumínio, com ou sem alma de aço, para fins elétricos, são submetidos a ensaio de fluência à temperatura ambiente (20 a 30 °C), com o objetivo de se verificar a manutenção de sua posição nas linhas após vários anos de utilização. Caso ocorra uma deformação exagerada no cabo após um tempo longo, o cabo perde a sua posição inicial, acarretando danos no sistema de alimentação de energia elétrica. Esse ensaio é normalizado pela ABNT. A duração do ensaio é de 1 000 h. Aplica-se uma pré-carga no sentido de tornar o cabo retilíneo, de modo a facilitar a colocação de marcas e extensômetros para a medida do alongamento (deformação) durante o ensaio. Essa pré-carga pode ser de até 5% da carga de ruptura nominal do cabo. Aplicam-se, em seguida, as cargas especificadas, mantendo-se cada uma durante 1 000 h, e mede-se a deformação de tempos em tempos. Geralmente se fazem quatro ensaios com cargas de 15%, 20%, 25% e 30% da carga de ruptura nominal do cabo. Para tempos maiores que 1 000 horas, faz-se uma extrapolação nas curvas de deformação-tempo para as quatro cargas. Com as curvas-padrão existentes para cada tipo de cabo, pode-se verificar se o cabo ensaiado está satisfatório ou não.

9.7.2. Ensaio de relaxação em fios, barras e cordoalhas de aço

Fios, barras e cordoalhas de aço destinadas a armaduras de protensão são submetidos ao ensaio de relaxação isotérmica, conforme o método MB-784 da ABNT, à temperatura ambiente (20 ± 1 °C), durante 1 000 h. A carga é aplicada, e o bloqueio do comprimento do corpo de prova é feito após dois minutos de aplicação da carga.

De tempos em tempos, faz-se a leitura da nova carga relaxada, sendo determinadas, então, as perdas de carga ocorridas durante o ensaio. Os resultados do ensaio são colocados em um gráfico tempo-carga, que é comparado à especificação do material.

Capítulo 10
Ensaios Diversos em Produtos Metalúrgicos

10.1. Ensaios de estampabilidade

10.1.1. Noções preliminares

Durante uma seqüência de estamparia complexa de chapas finas podem coexistir várias operações, que são denominadas genericamente de conformação de chapas. Entre essas operações, destacam-se o estiramento, ou repuxamento, e a estampagem. Os ensaios mais utilizados para se determinar características de estampabilidade são ensaios simulativos dessas duas operações.

As chapas para estamparia, de um modo geral, podem ser submetidas aos seguintes ensaios mecânicos: tração, dobramento, dureza e os ensaios simulativos. Existem inúmeros ensaios de estampabilidade, dos quais os mais empregados são os ensaios de embutimento Erichsen, o ensaio Olsen e o ensaio de Nakazima, em que predomina a operação de estiramento, e o ensaio Swift, em que predomina a operação de estampagem.

O processo de estiramento consiste em afinar a espessura de uma chapa por meio de um punção, prendendo-se a chapa numa matriz, de modo a impedir que o material deslize para dentro da matriz, onde é colocado inicialmente. No caso do processo de estampagem, a chapa não é presa, sendo então arrastada para dentro da matriz durante a operação. Dificilmente, num processo de conformação de chapa, têm-se estiramento ou estampagem puros. Sempre existe uma combinação das duas operações com outras (dobramento, corte, etc.). Os ensaios simulativos são muito dependentes da forma do punção e das condições de atrito entre punção, matriz e chapa, de modo que eles não são reprodutíveis nos diversos laboratórios. O único ensaio padronizado pelas normas internacionais é o ensaio Erichsen, sendo freqüentemente realizado para comparação de materiais e para se verificar se a chapa possui a ductilidade desejada.

O ensaio de tração é feito com os mesmos objetivos de determinação de ductilidade que o ensaio Erichsen, além de se determinar a resistência mecânica do material. Entretanto trabalhos recentes mostraram que duas propriedades dos materiais influenciam muito a capacidade de conformação de um material [14]. A primeira é o coeficiente de encruamento n, visto no item 2.3.5, e a segunda é o índice de anisotropia r, visto no item 2.3.6. O coeficiente de encruamento determina a capacidade do material de ser estirado, e o índice de anisotropia controla a capacidade de um material de ser estampado. Atualmente essas duas propriedades são mais utilizadas em estamparia que os ensaios simulativos, pois, como há sempre superposição de operações, como foi mencionado acima, esses ensaios não fornecem um índice confiável de conformabilidade. Infelizmente, ainda não existem normas técnicas para estabelecer critérios que determinem os valores mínimos de n e r ou $\bar{r}$ (anisotropia normal), que a chapa deve apresentar para melhor desempenho de conformação.

10.1.2. Ensaios de estiramento

Os ensaios de estiramento são realizados em máquinas apropriadas, onde se coloca a chapa entre uma matriz e um anel de fixação, sendo presa por uma carga de compressão. O punção aplica uma carga que força a chapa a se abaular, formando um copo. A impressão deve ser feita no centro da chapa ou, no mínimo, a 45 mm das bordas. Esses ensaios medem a profundidade do copo no momento da estricção localizada ou no momento em que ocorra a ruptura do copo. O punção tem cabeça esférica, com 20 mm de diâmetro, e a carga que prende a chapa é de aproximadamente 1 000 kgf, no caso do ensaio de embutimento Erichsen [Figs. 119(a) e (b)]. No punção, coloca-se graxa grafitada como lubrificante, cuja composição é dada nos diversos métodos de ensaio das normas internacionais, como, por exemplo, no método MB-362 da ABNT. No ensaio Erichsen, o resultado final é a medida da altura do copo (em milímetros) no momento em que se dá a fratura no topo do copo. Essa fratura pode ser acompanhada com os olhos ou por um estalo característico da ruptura. A altura do copo após o ensaio é o índice Erichsen de embutimento (*IE*). Existem várias especificações de chapas na ABNT que exigem um valor mínimo para o índice Erichsen para cada espessura da chapa, ou tipo de estampagem para qual a chapa foi fabricada (média, profunda ou extraprofunda).

Além da determinação ou da avaliação da ductilidade do material, o ensaio Erichsen é usado para detectar rugosidades superficiais da chapa deformada, resultantes de tamanho de grão excessivo [7].

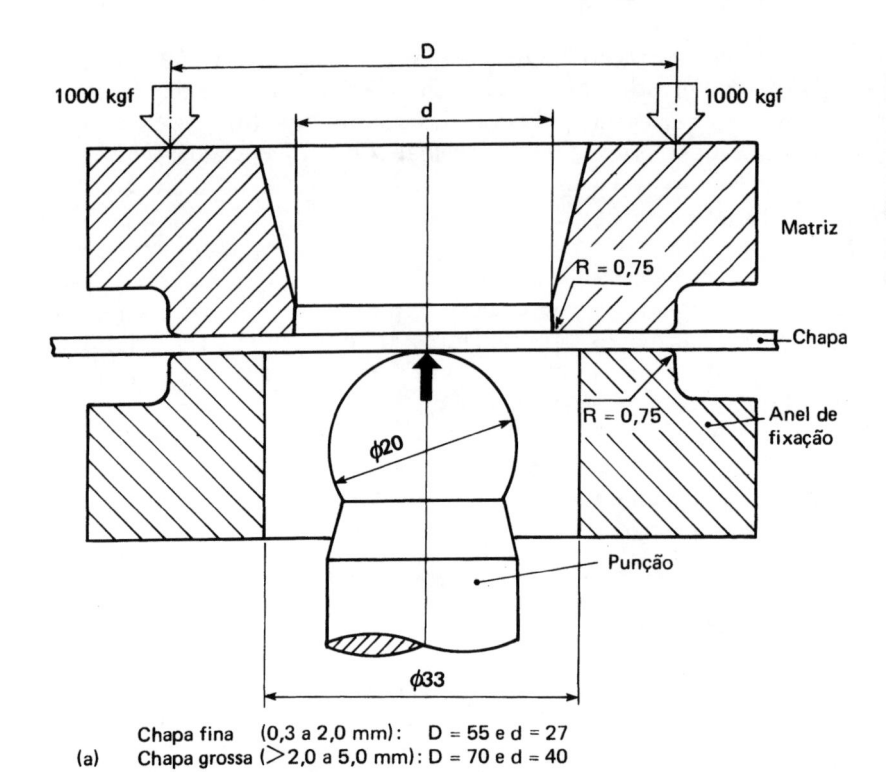

Chapa fina   (0,3 a 2,0 mm):   D = 55 e d = 27
(a)   Chapa grossa (>2,0 a 5,0 mm): D = 70 e d = 40

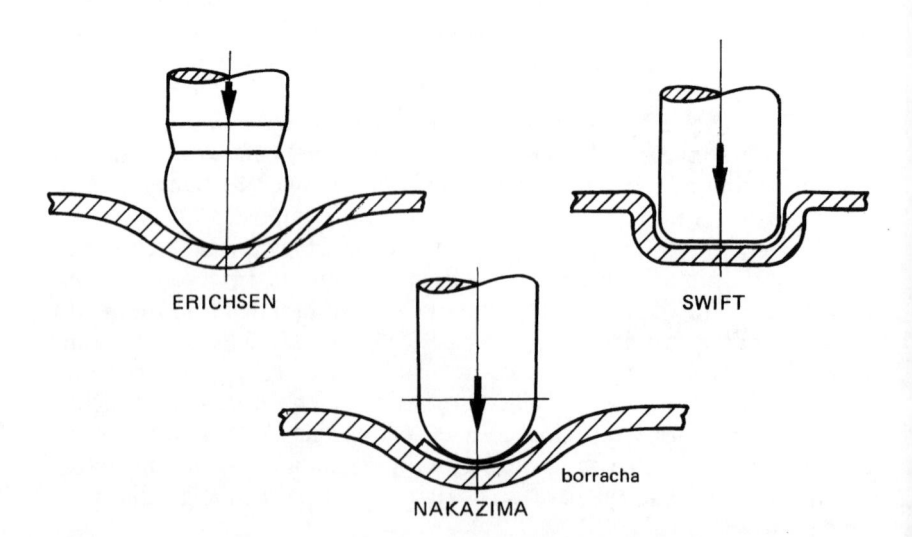

Figura 119. (a) Ensaio de embutimento Erichsen; (b) esquema do perfil da chapa durante os ensaios Erichsen, Swift e Nakazima (medidas em mm).

Algumas máquinas são equipadas também com dinamômetros, que medem a força aplicada pelo punção durante o ensaio. Assim, pode-se tomar a queda brusca da carga, no momento da ruptura do corpo de prova, como o fim do ensaio.

O ensaio Olsen é uma variante do ensaio Erichsen e emprega o corpo de prova na forma de um disco de 76 mm (3 polegadas) de diâmetro, sendo o processo análogo ao do ensaio Erichsen, apenas anotando-se a carga no momento da formação da trinca. Olsen justifica a necessidade de se medir a carga pois verificou que duas chapas, supostamente semelhantes, quando ensaiadas, deram a mesma medida da altura do copo (mesma ductilidade), porém uma delas necessitava do dobro da carga que a outra. Desse modo, a chapa que se rompeu com carga menor seria a preferida, pois, numa operação de estiramento da chapa mais resistente, ocorreria o dobro da deformação da prensa, o que poderia acarretar danos no equipamento, caso a operação estivesse sendo feita próximo da sua capacidade máxima.

Várias outras modificações foram introduzidas no ensaio de estiramento após o emprego do método de Erichsen, como, por exemplo, mudanças nas dimensões da matriz e do punção, no formato do corpo de prova ou na maneira de fixação da chapa. Daí surgiu uma grande variedade de outros ensaios similares.

Como o ensaio Erichsen é rápido, não necessita de preparação especial dos corpos de prova e dá uma boa indicação de grandes variações na ductilidade do material, ele é muito empregado. A largura da chapa a ser ensaiada é importante: deve-se usar a maior largura possível de se adaptar à máquina, para evitar algum arrastamento das beiradas na matriz durante o ensaio, o que ocasionaria erros no ensaio. A medida da altura do copo deve ser feita com bastante precisão, e sempre pelo mesmo processo nos diversos laboratórios.

Conforme já mencionado, a maior desvantagem do ensaio Erichsen é a sua má reprodutibilidade, devido ao emprego de pressões diferentes para fixação da chapa na matriz, a diferenças de rugosidades nas matrizes e nos punções das diversas máquinas existentes e, principalmente, devido à qualidade diversificada do lubrificante utilizado e à velocidade do ensaio, que muitas vezes dificulta o operador a parar o ensaio no momento correto, quando essa velocidade é muito alta. Atualmente existem máquinas modernas que aplicam a carga numa velocidade uniforme e adequada para cada espessura de chapa, eliminando essa última desvantagem.

No ensaio Nakazima, utilizam-se várias chapas de mesma altura e espessura, porém com larguras diferentes. O punção circular é forrado com borracha para atuar como lubrificante, eliminando praticamente o atrito [Fig. 119(b)]. Nesse ensaio, mede-se a profundidade do copo no momento em que aparece início de estricção localizada no topo do copo. Após serem ensaiadas várias chapas com larguras diversas, obtém-se um gráfico profundidade-estricção, importante para o estudo da estampabilidade de chapas metálicas. Esse ensaio não é padronizado pelas normas internacionais.

10.1.3. Ensaios de estampagem

Os ensaios de estampagem em geral empregam chapas circulares, e são medidas as relações entre o diâmetro da chapa e o diâmetro interno do copo formado ou o diâmetro do punção. No ensaio Swift, o punção é de fundo plano e lubrificado [Fig. 119(b)]; para cada espessura de chapa, utilizam-se matrizes de tamanhos diferentes. A chapa não é presa rigidamente com uma força muito grande, afim de se deixá-la deslizar entre as matrizes e, assim, simular a estampagem. Após serem estampadas várias chapas, de diâmetros crescentes em incrementos iguais, determina-se o diâmetro D_1, que é o maior diâmetro de um copo formado sem que haja ruptura ou estricção localizada. Se se empregasse um diâmetro maior da chapa, ocorreria fratura do copo. Esse valor D_1 deve ser repetido em pelo menos cinco ensaios. O diâmetro do punção permanece constante para cada espessura de chapa. Assim, obtém-se a relação entre o diâmetro D_1 e o diâmetro do punção D_2.

10.1.4. Correlação entre os ensaios simulativos e os índices *n* e *r*

Estudos feitos recentemente correlacionaram o índice Erichsen com o coeficiente de encruamento, *n*, verificando-se que entre eles há uma proporcionalidade direta, principalmente para chapas de aço de baixo carbono [40] (Fig. 120). Como o valor de *n* é mais importante

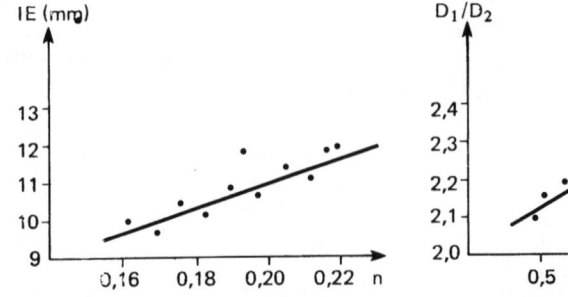

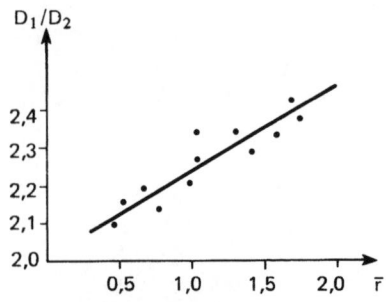

Figura 120. Gráfico índice Erichsen de embutimento-coeficiente de encruamento [39].

Figura 121. Gráfico D_1/D do ensaio Swift-anisotropia normal [39].

para o estiramento, essa proporcionalidade pode ser muito útil nas estamparias. Esse coeficiente controla a distribuição das deformações no estiramento.

Analogamente, existe uma correlação linear entre o ensaio Swift e a anisotropia normal, $\bar{r}$, para aços de baixo carbono [40], conforme a Fig. 121. O índice de anisotropia é muito importante para a operação de estampagem, a fim de determinar-se a relação limite de estampagem, que é a relação entre o diâmetro máximo da chapa que pode ser estampada para formar um copo sem ruptura e o diâmetro do punção.

10.2. Ensaio de pressão interna

Todo produto, metálico ou não, que necessite possuir uma certa estanqueidade é ensaiado por pressão interna. O fluido empregado pode ser água ou óleo (ensaio hidrostático), ou ar (ensaio pneumático). Válvulas, tubos, extintores de incêndio, recipientes para gás liqüefeito, mangueiras, cilindros, reservatórios e outros produtos são comumente submetidos a esse ensaio, principalmente com uso de água ou óleo. A aplicação da pressão interna tem os seguintes objetivos: verificar vazamento, verificar deformação plástica permanente, ou submeter o produto à pressão interna até a sua ruptura. Nos dois primeiros casos, tem-se uma prova de carga, onde se aplica uma pressão especificada (medida em bar ou em kgf/cm²), com a peça exposta ao ar, para verificação de vazamento, ou dentro de uma camisa d'água, para verificar deformação volumétrica permanente. A pressão é aplicada por meio de uma bomba, sendo mantida durante um certo tempo, que também é especificado. A camisa d'água é um equipamento que mede deformação permanente por meio da diferença de alturas do fluido em uma coluna graduada antes e após a aplicação da pressão. Essa coluna está conectada com a camisa d'água.

O ensaio de prova de carga é muito empregado para inspeção de produtos tubulares soldados, e consiste na aplicação de uma. pressão especificada durante alguns segundos (geralmente 5 s). Verifica-se a sanidade da solda pela existência de vazamento ou não, e a estanqueidade dos acoplamentos. Para recipientes cilíndricos especiais, a pressão deve ser mantida por tempo mais longo. A pressão interna indicada nas especificações geralmente é calculada a partir da fórmula de Barlow, $P = 2\sigma \cdot e/D$, onde P é a pressão a ser aplicada, arredondada em número inteiro, σ a tensão de fibra máxima permitida, ou seja, a tensão máxima permitida na parede do tubo, e a espessura nominal do tubo e D o diâmetro externo nominal do tubo. Quando a pressão calculada por essa fórmula é muito elevada, as especificações permitem o emprego de valores mais baixos, geralmente tabelados nas normas para cada valor de *D*. O valor da deformação residual após a aplicação da pressão especificada não pode exceder 5 ou 10%, na maioria dos casos. Essa determinação é feita através da camisa d'água, conforme já mencionado. Em algumas especificações, o valor de σ é de 60% do valor mínimo exigido para o limite de escoamento do material. Em todo caso, o valor da tensão de fibra depende da resistência do material empregado (geralmente aço).

O ensaio de ruptura é feito com a peça protegida, para não ocorrerem acidentes devido ao estilhaçamento, principalmente no caso de peças soldadas. As especificações determinam uma pressão mínima que a peça deve suportar sem ruptura.

Capítulo 11 ————————
Variáveis Metalúrgicas

11.1. Introdução

As propriedades mecânicas dos metais e ligas metálicas dependem essencialmente de sua estrutura interna. O presente capítulo trata de alguns tópicos, denominados variáveis metalúrgicas, que podem alterar essas propriedades dentro de limites bastante extensos. Uma mesma liga metálica pode apresentar propriedades mecânicas bem diversas, conforme for a sua estrutura interna final, que dependem não só dos fatores de conformação, como também das variações metalúrgicas que podem ser introduzidas nessa liga. Os fatores de conformação são aqueles que provêm do processo de confecção de uma peça metálica, ou seja, fundição ou trabalho a quente ou a frio (laminação, forjamento, extrusão, estampagem, trefilação, etc.). Os fatores metalúrgicos são aqueles que se relacionam principalmente com a composição química da liga e com os tratamentos metalúrgicos (tratamentos térmicos e superficiais) que a liga sofreu. O efeito importante da temperatura já foi tratado nos capítulos anteriores para cada tipo de ensaio.

O assunto deste capítulo é muito vasto e abrangeria um volume bastante grande de páginas para ser abordado com alguns detalhes, pois faz parte da Metalurgia Física, campo muito extenso, ministrado nos cursos de Engenharia Metalúrgica. Não sendo objetivo desta obra rever ou explicar todos os conceitos da Metalurgia Física aplicáveis ao caso, será feito apenas um breve resumo sobre alguns tópicos principais das variáveis metalúrgicas que influenciam as propriedades mecânicas dos metais e suas ligas.

Assim sendo, serão fornecidas apenas algumas noções sobre alguns tipos de endurecimento por solução sólida, precipitação, reações metalúrgicas do tipo eutetóides, reações martensíticas, encruamento, envelhecimento e refino de grão. O leitor poderá entrar em mais pormenores sobre esses assuntos, consultando obras especializadas em Metalurgia Física, algumas das quais são mencionadas na bibliografia [27] [28] [29] [33].

No título de alguns itens, será colocado o correspondente em inglês para facilitar ao leitor a consulta em livros especializados sobre o assunto.

11.2. Endurecimento por solução sólida (*solid — solution hardening*)

Solução é uma mistura homogênea simples de uma substância qualquer em uma ou mais substâncias formando uma só fase. Essa mesma definição se aplica à solução sólida, onde as duas substâncias são sólidas (sendo uma delas forçosamente um metal), mas que têm a capacidade de se misturarem homogeneamente a partir de uma certa temperatura. O conhecimento dos diagramas de equilíbrio das ligas metálicas ajuda a compreensão desse assunto, porque eles fornecem para cada par de elementos as temperaturas em que é possível termodinamicamente a solução sólida, além dos teores das duas substâncias (elementos químicos) na solução. Existem também diagramas de equilíbrio com três ou quatro elementos, onde podem ser encontrados todas as possíveis soluções sólidas entre esses elementos. O diagrama de equilíbrio é baseado na variação da energia livre de reação entre os elementos com a temperatura, sendo um "mapa" que indica o que acontece quando se misturam substâncias (mesmo não-metálicas) em quaisquer teores. Sobre esses diagramas ainda serão feitos outros comentários no decorrer desse capítulo.

Uma solução sólida é constituída, pois, de dois ou mais elementos. Considerando o caso particular de dois elementos, um deles é o solvente, isto é, o que está em maior teor e o outro é o soluto. O solvente é sempre um metal, no caso de solução sólida aplicada à Metalurgia e o soluto pode ser um outro metal (por exemplo, o zinco nas ligas cobre-zinco, dando a solução sólida denominada latão α) ou um não-metal (por exemplo, o carbono nas ligas ferro-carbono, ou seja, os aços-carbono, dando as soluções sólidas denominadas ferrita e austenita).

Um metal puro contém evidentemente na sua rede cristalina somente átomos desse metal. A introdução de átomos do soluto produz invariavelmente uma liga que é mais resistente que o metal puro. Os átomos do soluto podem substituir alguns átomos do metal puro, tomando o lugar desses na rede, caso o tamanho dos átomos do soluto seja equiparável aos átomos substituídos. Esse é o tipo chamado solução sólida substitucional. No caso dos átomos de soluto serem bem menores que os do solvente, eles irão ocupar posições intersticiais, ou seja, entre os átomos do solvente e tem-se então a solução sólida intersticial. Nessa categoria, geralmente os átomos intersticiais são os de carbono, oxigênio, nitrogênio, hidrogênio e boro. Os demais formam soluções substitucionais.

A explicação de como a resistência do metal puro é aumentada pela dissolução de outro elemento é sempre baseada em mecanismos que dificultam a movimentação das discordâncias no interior do cristal.

Essa movimentação das discordâncias, que é responsável pela deformação plástica, sendo dificultada, exige tensão maior para ser realizada. Já foi tratado na explicação sobre o limite de escoamento, que a "atmosfera de Cottrell" produzida pelo acúmulo de átomos intersticiais nas discordâncias é a responsável pelo limite superior de escoamento, além da teoria de Suzuki para o escoamento das ligas substitucionais. Os átomos substitucionais do soluto, agindo por fricção nas discordâncias pela perturbação causada, provocam também uma barreira para a movimentação das mesmas, deslocando a curva tensão-deformação na região plástica para cima. Algumas outras teorias principais propostas para esses mecanismos são as de Cottrell (1954), Friedel e outros (1956), Schoek e Seeger (1959), Mott e Nabarro (1948) e Fleischer (1963) [1] [27] [28] [29] [33].

A Fig. 122 dá um exemplo do aumento do limite de resistência causado no ferro pela adição de alguns elementos formadores de solução sólida [1]. Assim, por exemplo, se uma peça é feita de cobre puro e não suporta cargas muito altas, deformando-se excessivamente, ela poderá tornar-se mais resistente pela simples adição de um elemento de liga endurecedor. A Tab. 26 mostra alguns exemplos do aumento nas propriedades de tração e dureza por solução sólida, com relação ao metal puro [7].

Quanto às propriedades de fadiga, o efeito da solução sólida em relação ao metal puro segue aproximadamente o mesmo aumento observado nas propriedades de tração, conforme estudos de Epremian e Nippes (1948) para o ferro [1] e de Riches e outros (1952) para o alumínio [1].

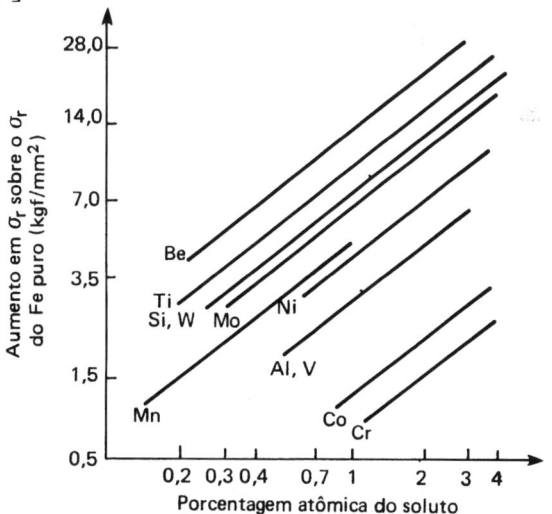

Figura 122. Aumento no limite de resistência do ferro devido a adições de elementos formadores de solução sólida [1].

Tabela 26. Exemplos de ligas comerciais que são soluções sólidas (cf. *M. Handbook,* 1948) [7]

Metal ou liga	σ_r (kgf/mm^2)	σ_e (kgf/mm^2)	Alongamento em 4D (%)	$HB^{(1)}$	HR	S_e (kgf/mm^2)
Al (99,0 %) recozido	9,1	3,5	45	23	–	3,5$^{(2)}$
Al-2,5 % Mg-0,25 % Cr	20,3	9,8	30	45	–	11,9$^{(2)}$
Cu (99,92 %) recozido	22,4	7,0	45	–	40F	7,7$^{(3)}$
Cu-5 % Zn	23,8	7,0	45	–	46F	–
Cu-10 % Zn	25,9	7,0	45	–	53F	–
Cu-20 % Zn	28,0	8,4	47	–	59F	–
Cu-30 % Zn	30,8	8,7	66	–	60F	9,1$^{(3)}$
Cu-1,5 % Si	28,0	10,5	50	–	55F	13,3$^{(4)}$
Cu-3 % Si	39,2	14,7	63	–	40B	11,2$^{(3)}$
Cu-5 % Al	39,9	14,0	69	124	–	13,3$^{(3)}$
Cu-45 % Ni	39,5	14,7	32	80	50B	–
Ni (99,95 % Ni + Co)	32,2	6,0	30	77	–	–
Ni-4,5 % Mn	59,2	23,8	40	147	70B	–

$^{(1)}$Carga de 500 kgf, esfera de 10 mm de diâmetro.
$^{(2)}$Flexão rotativa, 500 000 000 ciclos.
$^{(3)}$Flexão rotativa, 100 000 000 ciclos.
$^{(4)}$Flexão rotativa, 60 000 000 ciclos.

11.3. Endurecimento por precipitação (*precipitation hardening*)

Como pode ser deduzido pelo que foi exposto no item anterior, o principal efeito em se utilizar uma liga no lugar de um metal puro é o de aumentar o seu limite de escoamento ou prolongar a sua capacidade de encruamento, sem provocar muito fragilidade no material, quanto ao seu aspecto de resistência.

Quando uma solução sólida fica saturada, ela não pode mais receber adições de soluto a uma dada temperatura. Em certos tipos de diagramas de equilíbrio, verifica-se que uma solução sólida a uma temperatura, T, pode ficar saturada a uma temperatura, T', menor que T e resfriado a liga de T até T', ocorre então a precipitação de uma segunda fase com composição diferente da fase matriz. Isso acontece por exemplo nas ligas de alumínio contendo até cerca de 5 % de cobre ou cerca de 13 % de magnésio, nas ligas de cobre contendo até cerca de 2 % de berílio, nos aços extradoces e várias outras ligas.

Esse fenômeno causa uma modificação substancial nas propriedades mecânicas do material. A maneira como é feita a precipitação, isto é, como a solução sólida é resfriada influi consideravelmente nas propriedades. Para cada liga há um método ótimo para esse tratamento térmico e não caberia aqui entrar em detalhes sobre o assunto.

A temperatura e tempo iniciais de manutenção em solução sólida são importantes, bem como o tempo de envelhecimento em temperatura mais baixa (T'), que será visto mais adiante.

Os precipitados elevam bastante o escoamento da liga e a sua capacidade de encruamento, bem mais que no caso de solução sólida. Esse aumento depende no entanto da resistência, espaçamento, tamanho, forma, distribuição e coerência das partículas do precipitado. Quanto menos espaçadas e menores forem os precipitados, maior será a elevação das propriedades mecânicas da liga, sem perda excessiva da ductilidade (e às vezes aumentando mesmo as características de ductilidade). Esses fatores relacionados com o precipitado estão todos inter-relacionados, de modo que um deles não pode ser mudado sem afetar os outros. Assim, para uma dada fração volumétrica do precipitado, a redução do seu tamanho ou de sua forma diminui a distância entre as partículas. Quando os átomos do precipitado se ajustam perfeitamente com os átomos da matriz, diz-se que o precipitado é coerente com a matriz; caso contrário, ele é incoerente e em casos intermediários, é semicoerente. Isso é muito importante, porque o aumento da resistência da liga é, muitas vezes, função da coerência do precipitado, isto é, quando o precipitado perde a coerência, sua resistência não atinge o máximo possível, como é o caso muito conhecido das ligas alumínio-cobre, além de outras.

A resistência do precipitado com relação à matriz, também é importante. Se a matriz é mole (dúctil) e o precipitado é duro (frágil), as propriedades da liga vão depender da distribuição do precipitado. Caso a fase frágil estiver distribuída continuamente pelos contornos de grão da matriz, a liga se tornará frágil. Se a distribuição não for contínua, a fragilidade é menor e se a fase frágil estiver distribuída em todo o seio da fase mole, obter-se-á uma condição ótima de resistência e ductilidade. No primeiro caso, tem-se os exemplos das ligas cobre--bismuto sem oxigênio ou aços hipereutetóides; no segundo caso, as ligas cobre-bismuto oxidadas e nesse último caso, o melhor exemplo é o de um aço com estrutura de martensita revenida.

Se a segunda fase for muito pouco solúvel na matriz mesmo em temperaturas elevadas, tem-se o caso de endurecimento por dispersão (*dispersion hardening*) [1]. Nesse caso, as partículas são sempre incoerentes. Essas ligas são produzidas pela mistura de pós metálicos finamente divididos com as partículas da segunda fase (em geral, óxidos, carbonetos, nitretos, etc.) por técnicas da metalurgia do pó, tornando-se então, termicamente estáveis até temperaturas bem altas, além da segunda fase também ser estável quanto ao seu tamanho em qualquer temperatura.

A elevação das propriedades mecânicas em ligas contendo uma segunda fase é explicada pela interação das discordâncias com as partículas precipitadas. Essas partículas agem como obstáculos à movimentação das discordâncias, sendo então necessário fornecer maior energia para a transposição de tais obstáculos. Para transpor uma partícula precipitada, a discordância, que possui uma certa energia de tensão que tende a mantê-la em linha reta, precisa se curvar (Mott & Nabarro, 1940) [1] [29], o que significa um dispêndio extra de energia (Fig. 123). Ao passar pelo obstáculo, a discordância deixa em volta dele um anel de discordância que também dificultará aditivamente a passagem de outras discordâncias naquele local (Orowan, 1947) [1] [29], até que o esforço necessário para a transposição seja tal, que a partícula é cisalhada pelas discordâncias. Pela Fig. 123 verifica-se que o espaçamento λ entre as partículas é importante, pois, caso λ seja muito pequeno, o cisalhamento pode ocorrer mais facilmente do que a discordância se curvar e há um valor crítico de λ para cada liga, onde o endurecimento é o máximo possível. Para valores maiores de λ, a curvatura da discordância é pequena e não exige esforço muito grande para isso, o que faz com que o endurecimento da liga não seja tão intenso.

Em outros casos, a discordância pode evitar a partícula de precipitado mudando o seu plano de escorregamento (processo conhecido por *cross-slip*) ou por outro processo denominado "ascenção" (*climb*); esses processos são mais ativos em altas temperaturas, o que demonstra a menor resistência dessas ligas precipitáveis em temperaturas mais elevadas.

Uma deformação plástica anterior ao tratamento de precipitação melhora ainda mais as propriedades do material (Smith & Wagner, 1941) [15], conforme mostra a Fig. 124 para uma liga de cobre com 2,2% de berílio.

Nos manuais existentes sobre propriedades dos metais e ligas, pode-se confrontar as propriedades mecânicas de ligas precipitáveis, ligas com dispersão, com ligas não-precipitáveis (solução sólida, por exemplo) e com os metais puros (vide, entre outros, *Metals Handbook*, parte 1, 1961, da ASM) [7].

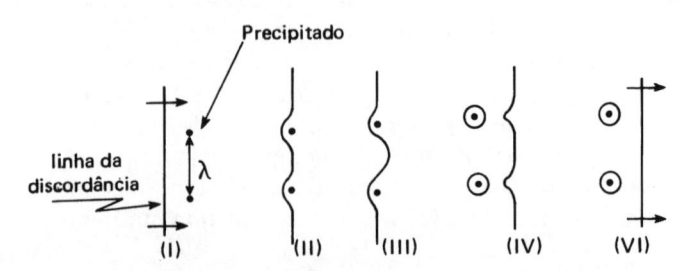

Figura 123. Estágios da passagem de uma discordância entre duas partículas de precipitado.

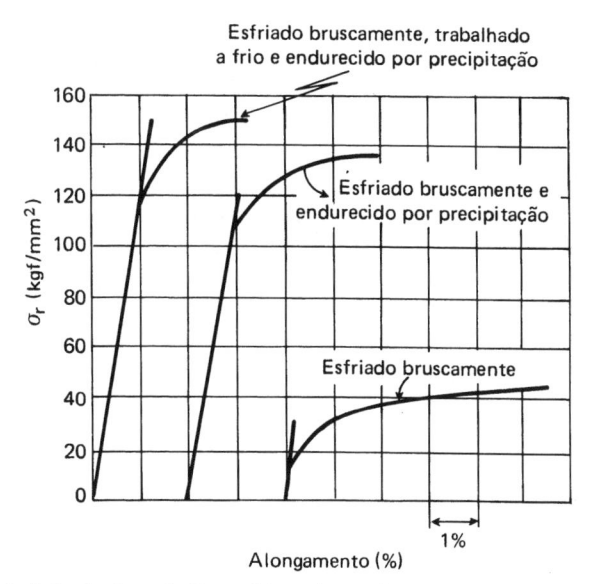

Figura 124. Influência do trabalho a frio e da precipitação sobre o limite de resistência de uma liga Cu-2,2% Be, esfriada bruscamente [15].

11.4. Reações eutetóides

A precipitação não é a única forma de coexistência de duas fases sólidas. No caso de latão $\alpha - \beta$ tem-se duas fases dúcteis, no caso dos bronzes tem-se uma fase dúctil em conjunto com uma fase frágil, etc. Além disso, há outros tipos de diagrama de equilíbrio que fornecem outros tipos de coexistência de duas ou mais fases metálicas.

O aumento da resistência causado por uma segunda fase é geralmente aditiva ao aumento produzido pela solução sólida, pois a segunda fase assegura que a matriz (fase contínua) está já saturada e, portanto, com máxima resistência. Pode ainda haver três ou mais fases em conjunto e daí o caso se complica, porque a contribuição de cada uma pode ser diferente das demais e um estudo mais extenso deve ser feito.

Uma forma peculiar da coexistência de duas fases aparece nas reações eutéticas e eutetóides. Uma reação eutética é aquela que aparece quando a liga no estado líquido tem uma composição tal que a sua solidificação se dá em uma só temperatura (temperatura eutética) e o sólido resultante consiste em duas fases dispostas em lamelas sucessivas. A reação eutetóide é análoga, quando se tem uma solução sólida no lugar do líquido e é essa solução sólida que se subdivide em duas fases lamelares quando a temperatura decresce, passando pela temperatura eutetóide.

A reação eutetóide é a responsável pela formação da perlita nos aços, formada por lamelas sucessivas de ferrita e cementita (Fe_3C) [34]. Essa reação também e encontrada em inúmeras ligas não-ferrosas.

A reação eutetóide confere às ligas propriedades mecânicas particulares inclusive nas propriedades de fadiga. No caso dos aços, a formação de perlita está obviamente ligada ao teor de carbono dos mesmos [34]. Quanto mais carbono mais duro será o aço. A quantidade e a forma da perlita tem grande importância nas propriedades mecânicas, podendo-se assim obter uma gama variada de propriedades mediante variações nos tratamentos térmicos. A Fig. 125 mostra as variações de dureza e das propriedades de tração que se podem conseguir quando se tem perlitas variadas [1]. Quanto mais rápido for o resfriamento na reação eutetóide, mais fina será a perlita e maiores serão os valores das propriedades mostradas na figura. Nessa mesma figura são mostradas também as propriedades dos aços quando se tem cementita esferoidizada no lugar da perlita (caso do item anterior). Se a composição do aço estiver à esquerda da temperatura eutetóide no diagrama de equilíbrio dos aços, o aço é chamado hipoeutetóide e se estiver à direita, o aço é hipereutetóide. No primeiro caso, tem-se ferrita + perlita e no segundo caso, perlita + cementita, sendo esse último um aço mais frágil que o aço hipoeutetóide.

Os tratamentos térmicos dos aços-carbono para a formação de perlita pura (aço eutetóide), ou perlita mais ferrita ou cementita (aço hipo ou hipereutetóide), recebem denominações diferentes, conforme for a velocidade de resfriamento ou o produto final, ou seja: recozimento, quando o resfriamento do campo austenítico é lento, produzindo per-

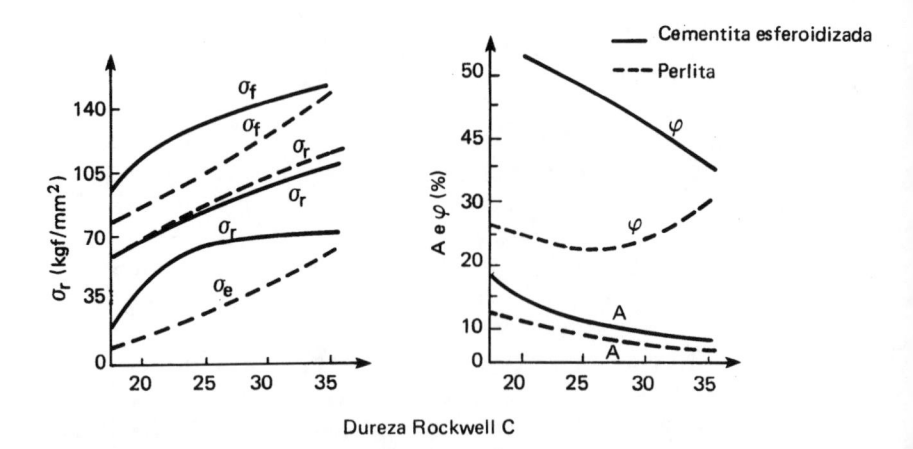

Figura 125. Propriedades mecânicas de um aço eutetóide, perlítico e esferoidizado (Bain, 1939) [1].

lita grosseira; normalização, quando esse resfriamento é mais rápido, produzindo perlita fina; e esferoidização, quando ocorre a globulização da cementita que faz parte da perlita. Esses tratamentos são mais empregados para aços de baixo carbono (menos de 0,3%).

11.5. Reações martensíticas nos aços

Perlita fina é obtida com resfriamento rápido, mas se esse resfriamento chegar a uma velocidade crítica, a reação perlítica não mais ocorre. Em seu lugar, aparece a reação martensítica, onde o constituinte formado tem aspecto acicular e estrutura tetragonal de corpo centrado, isto é, diferentes da dos aços resfriados mais lentamente. Essa fase é denominada martensita e pode ser considerada como uma estrutura intermediária entre as estruturas CFC e CCC.

A martensita é uma fase extremamente dura e frágil e, portanto, não constitui a microestrutura ideal para os aços. Ela é obtida pelo tratamento de têmpera, que é normalmente um resfriamento a partir da austenita (solução sólida de carbono no ferro de estrutura CFC) em água, embora em certos aços ela possa ser obtida com resfriamentos mais lentos [34]. A estrutura ideal é a martensita revenida, que é obtida pelo tratamento de revenido após a têmpera, o qual consiste em um aquecimento à temperatura baixa (abaixo da temperatura de formação da austenita).

A Fig. 126 [7] ilustra as durezas que se pode conseguir em um aço contendo em sua estrutura variadas porcentagens de martensita, conforme seu teor em carbono.

A temperatura de revenido tem grande importância nas propriedades mecânicas dos aços, conforme é mostrado na Fig. 127 que se refere a um aço SAE 4340, temperado e revenido [1]. Também quanto

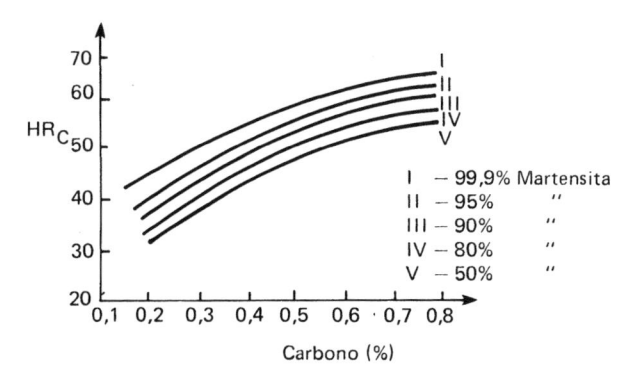

Figura 126. Dureza dos aços em função do teor de carbono e da porcentagem de martensita em sua estrutura [7].

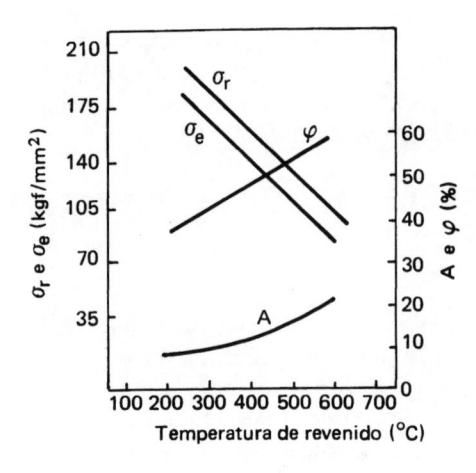

Figura 127. Propriedades de tração de um aço completamente endurecido na têmpera e depois revenido em várias temperaturas (aço SAE 4340) [1].

às propriedades de fadiga, uma estrutura martensítica revenida confere aos aços de baixa liga boa resistência, principalmente com temperaturas de revenido mais baixas; igualmente também conferem as melhores propriedades no ensaio de impacto, comparadas à estrutura perlítica.

A Fig. 128 mostra esquematicamente a dependência das propriedades de tração e dureza de aços de baixa liga, com relação ao limite de resistência, tendo estrutura de martensita revenida [1]. As proprie-

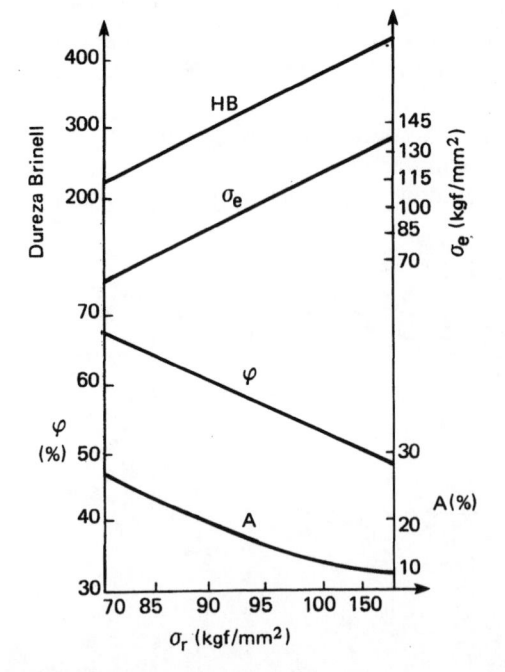

Figura 128. Relação entre o limite de resistência com a dureza Brinell e as demais propriedades de tração para um aço de baixa liga, temperado e revenido [1].

dades são as mesmas para diversos aços, porém o uso de cada aço em particular é limitado por exemplo pelas propriedades de impacto, que não são as mesmas para cada aço ou por outras características que os diferenciam.

Quando a reação martensítica não se realiza completamente durante a têmpera, fica na estrutura uma austenita retida que depois pode se transformar em bainita ou em perlita e ferrita (aços hipoeutetóides) ou perlita e cementita (aços hipereutetóides) conforme tratamento posterior [34]. Essas estruturas mais complexas resultam em resistência mais baixa e ductilidade mais alta no aço do que a estrutura martensítica. Em geral, os tratamentos de têmpera e revenido são realizados em aços de médio e alto carbono (acima de 0,3% de carbono) e em aços-liga (aços com teores variáveis de elementos de liga).

Finalmente, pode-se mencionar que o produto que se obtém nos aços, com resfriamentos intermediários entre a reação eutetóide e a reação martensítica, é denominado bainita, também de aspecto acicular mas diferentes da martensita e que possui propriedades mecânicas mais elevadas que um aço simplesmente perlítico, porém com propriedades de fadiga ainda muito elevadas [27] [28]. Com resfriamento contínuo usado nos tratamentos térmicos industriais, só se pode obter bainita pura no caso de certos aços-liga. A bainita pode ser classificada em bainita inferior e superior, conforme a velocidade de resfriamento for, respectivamente, maior ou menor. As propriedades mecânicas variam de acordo com a forma da bainita.

11.6. Encruamento (*strain hardening* ou *work hardening*) e envelhecimento (*aging*)

O encruamento já foi tratado no item 2.2.4(h) do ensaio de tração no que se refere à região plástica durante esse ensaio. Aqui, serão mencionados os efeitos que ocorrem nos metais, quando a deformação plástica é produzida no material para modificar suas propriedades mecânicas por meio de trabalho a frio, isto é, laminação, forjamento, trefilação, etc., a frio.

Quando um metal é trabalhado a frio, ou seja, abaixo da sua temperatura de recristalização, sua resistência aumenta consideravelmente pela formação de uma estrutura complexa de discordâncias no seu interior, que interagem entre si, dificultando sobremaneira a sua movimentação. Aquecendo-se o metal acima de uma temperatura, dita de recristalização, os grãos deformados pelo trabalho a frio dão lugar a novos grãos, livres de deformação, sem a estrutura complexa de discordâncias e o encruamento desaparece. Diz-se então que o metal foi recozido, pois sofreu o tratamento de recozimento, que geralmente emprega resfriamento brando. Qualquer outro aquecimento num metal trabalhado a frio em temperatura baixa é chamado alívio de tensões, caso não ocorram transformações na microestrutura da liga. No alívio de tensões, como a temperatura é mais baixa que no recozimento, desaparecem algumas das discordâncias da estrutura complexa, amolecendo então o material levemente, porque diminuem as tensões provenientes dessa estrutura, provocados pelo trabalho a frio. Note-se que o alívio de tensões pode ter vários graus de intensidade, dependendo da temperatura e do tempo de permanência nessa temperatura.

Todos esses tratamentos térmicos e mecânicos conferem diferentes propriedades mecânicas aos metais e ligas. O encruamento por trabalho a frio é empregado também para aumentar a resistência de ligas metálicas que não respondem a tratamentos térmicos endurecedores. A resistência de uma liga em solução sólida trabalhada a frio (encruada) é quase sempre maior que a do metal puro trabalhado a frio com o mesmo grau de deformação. A Fig. 129 mostra genericamente a variação da resistência e ductilidade dos metais e ligas pelo encruamento produzido pelo trabalho a frio. A resistência à fadiga porém diminui se o ensaio for realizado em ambiente corrosivo (item 8.7.3), porque o encruamento diminui a resistência do metal à corrosão. O encruamento por trabalho a frio aumenta também a temperatura de transição ao impacto [1].

Aquecendo-se um metal ou liga encruado por trabalho a frio a uma temperatura pouco acima da ambiente, pode ocorrer o processo chamado de envelhecimento por deformação (*strain aging*). Com esse tratamento, um aço, que devido ao trabalho mecânico a frio não possuía escoamento nítido, volta a apresentá-lo, porém com um valor mais alto do que o limite 0,2% que o metal teria se estivesse encruado. Essa volta do escoamento é explicada pelo retorno dos átomos intersticiais, nos aços, para as discordâncias pela sua maior velocidade de difusão, devido à temperatura mais alta a que o aço foi submetido (no caso, o envelhecimento acontece aquecendo-se o aço a cerca de 15 °C). O envelhecimento por deformação está relacionado com o efeito Portevin-Le Chatelier (item 2.6.2).

Outros efeitos provocados pelo envelhecimento são 1) grande aumento da temperatura de transição ao impacto para os aços doces (5 a 15 °C), mais que no caso do encruamento puro e 2) ligas metálicas, que sofrem o fenômeno de envelhecimento por deformação, sempre possuem um limite de fadiga bem definido (como por exemplo os aços de médio e baixo carbono, as ligas alumínio-magnésio etc.), conforme estudos de Rally e Sinclair em 1961 [1].

No caso de ligas não-ferrosas, o envelhecimento é explicado pelo fato dele provocar precipitações nas discordâncias, que fazem aumentar o escoamento dessas ligas, por oferecerem barreiras à movimentação dessas discordâncias.

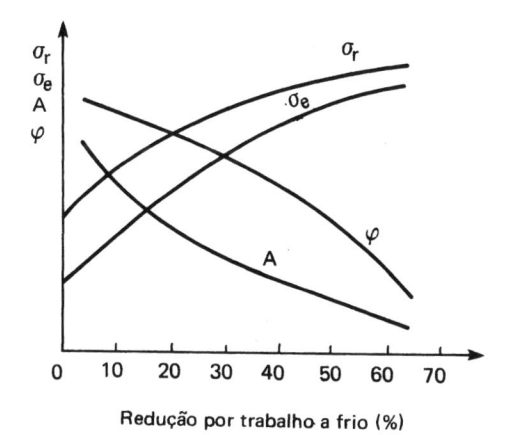

Figura 129. Variação das propriedades de tração em função da redução por trabalho a frio (esquemática).

Redução por trabalho a frio (%)

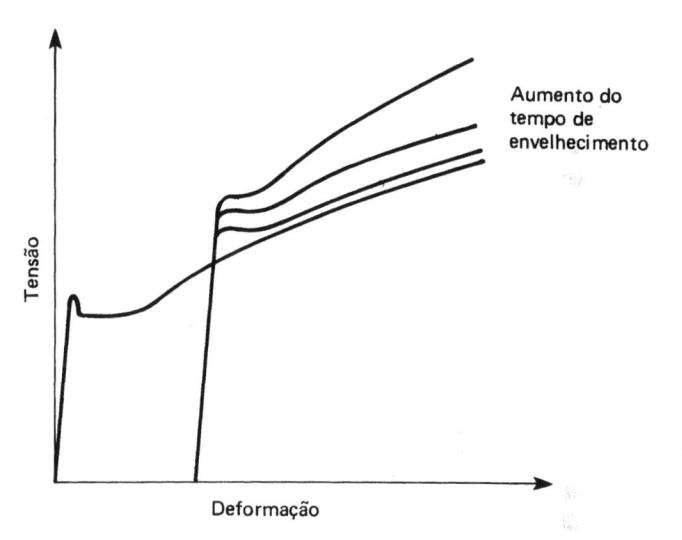

Figura 130. Efeito do tempo de envelhecimento sobre o limite de escoamento de um aço contendo 0,004% N em solução (Wilson & Russell, 1960) [15].

Quanto menor for a temperatura de envelhecimento, mais tempo será necessário para produzir um mesmo acréscimo das propriedades de resistência (limite de escoamento, por exemplo). Quanto maior for o tempo de envelhecimento, maior será o aumento da resistência da liga. A Fig. 130 mostra essa última afirmação para um aço com 0,004% de nitrogênio em solução (observa-se que o nitrogênio é um elemento intersticial no ferro) [15]. Entretanto, tempos muito longos acarretam um superenvelhecimento que diminui a resistência da liga, diminuindo principalmente o coeficiente de encruamento n e o limite de resistência (*overaging*) [1].

11.7. Refino de grão (*grain refining*)

Um material metálico fundido contém freqüentemente grãos grandes que não conferem as melhores propriedades mecânicas ao metal ou liga. Geralmente, nas fundições, quando se quer melhorar essas propriedades, costuma-se adicionar pequenos teores de elementos apropriados nas ligas ferrosas e não-ferrosas que têm a função de refinar o grão e assim melhorar as propriedades de tração, dureza e impacto (abaixar a temperatura de transição). Quanto à fadiga, o refino do grão não tem influência marcante. Assim, a presença de contornos de grão em maior quantidade promove o aumento da resistência nos metais.

Certos refinadores de grão também agem no tamanho de grão de ligas recristalizadas após terem sofrido um tratamento mecânico a frio (item anterior) não deixando os grãos recristalizados crescerem muito, como por exemplo o nióbio nos aços-carbono. Esse tratamento melhora as propriedades do material.

Hall e Petch determinaram uma relação empírica entre o limite de escoamento de vários metais e ligas com o tamanho de grão [1] [10] [27],

$$\sigma_e = \sigma_0 + K_y \, d^{-1/2}, \tag{130}$$

onde σ_0 é a tensão exigida para movimentar discordâncias livres contra a resistência (forças de fricção) oferecida por átomos de impurezas dispersos em solução ou em precipitados (além de outras discordâncias ou subestruturas), K_y é um fator, dado em $kgf/mm^{3/2}$, que dá a medida do bloqueamento das discordâncias pelos átomos do soluto e d é o diâmetro médio dos grãos, em milímetros.

A Expr. (130) foi primeiramente proposta para os aços-doces, sendo mais aplicada a esses materiais. Num gráfico com σ em ordenadas e $d^{-1/2}$ em abscissas, K_y é determinado pela inclinação da reta (tangente trigonométrica) e σ_0 pela extrapolação no eixo das ordenadas, fazendo-se $d = 0$. Para ligas não-envelhecidas, K_y praticamente independe da temperatura, ao passo que, para ligas envelhecidas, K_y diminui bastante com a temperatura [10]. σ_0 varia com a composição da liga e com a temperatura, porém, independe da tensão aplicada. Por essa expressão, verifica-se que quanto menor o valor de d, maior será σ_e. Essa expressão é atualmente considerada válida para vários metais e ligas.

O refino de grão aumenta o número e, portanto, a área dos contornos de grão, que agem como barreiras ao escorregamento dos átomos promovido pela tensão aplicada. A passagem do escorregamento de grão para grão é um processo mais difícil do que no interior de um grão, requerendo pois maior tensão, o que significa aumento da resistência do material.

Armstrong e colaboradores verificaram que a equação (130) pode ser aplicada para qualquer ponto da zona plástica, até o limite de resistência, apenas alterando σ_e por σ. Sempre que uma banda de escorregamento é bloqueada pelo contorno de grão, uma tensão adicional da forma $K_y d^{-1/2}$ é necessária para induzir a deformação plástica no grão adjacente, ou seja, ocorre o aumento do encruamento. Entretanto, em diversos metais e ligas não-ferrosas, o refino de grão aumenta bastante a ductilidade dos mesmos, por diminuir a velocidade de encruamento durante o ensaio.

Capítulo 12
Propriedades Mecânicas
Elásticas — Critérios de
Escoamento

12.1. Introdução

Os ensaios de tração, compressão, torção e flexão vistos nos capítulos anteriores, bem como um ensaio de cisalhamento puro em metais produzem esforços unidimensionais, ou seja, a carga aplicada introduz um estado simples de tensão na parte útil do corpo de prova ou do produto metálico ensaiado, pelo menos durante a zona elástica. Estes ensaios têm a principal utilidade de caracterizar um material, cujos resultados devem ser comparados com a especificação do mesmo, para se verificar se o material está obedecendo a referida norma. Para o caso do ensaio de tração, por exemplo, uma especificação de um material a ser utilizado em uma determinada aplicação exige valores mínimos ou intervalos de valores para as propriedades mecânicas de tração. Sendo assim, os resultados do ensaio são comparados com os valores dados na especificação do material para se constatar se esse material foi feito corretamente, podendo ser usado para finalidade desejada. Em caso positivo, fica subentendido que o material resistirá aos esforços a que irá ser submetido na prática.

Um produto metálico raramente é solicitado unidimensionalmente na prática. A sua utilização geralmente exige que ele seja submetido a esforços combinados de tensão, resultando em estados duplo ou triplo de tensões, como é o caso de eixos, vigas, recipientes sujeitos à pressão hidrostática, molas, chapas, etc. As deformações a que estarão sujeitos são também diferentes das deformações encontradas nos ensaios comuns de rotina.

Um material metálico sujeito a um estado combinado de esforços também sofre os mesmos fenômenos encontrados no estado simples de tensão, ou seja, existe igualmente a zona elástica, o escoamento, a zona plástica e o limite de resistência. Quando se deseja projetar um componente metálico para uma estrutura ou para um equipamento, pode não existir uma especificação que forneça as propriedades mecânicas obtidas unidimensionalmente e que possam ser empregadas quando o mesmo for submetido a esforços combinados. Nesse caso, deve-se calcular quais as tensões máximas que podem ser aplicadas para que o material não entre em escoamento e, conseqüentemente, em deformação plástica. Analogamente, para componentes que possam, na prática, entrar em regime plástico, deve-se conhecer as tensões máximas que poderiam ser aplicadas, a fim de que o material não atinja o seu limite de resistência.

Existem várias teorias para prever os limites de escoamento e de resistência nos casos de esforços combinados e que são baseadas nas propriedades mecânicas calculadas pelos ensaios unidimensionais já vistos. Desse modo, pode-se avaliar o comportamento do material sujeito a esforços bi- ou tridimensionais, ensaiando-o unidimensionalmente. Essas teorias em vários casos têm sido satisfatoriamente confirmadas na prática, embora não haja evidência teórica alguma que assegue suas hipóteses iniciais.

As teorias baseadas no limite de escoamento com carga uniaxial são as mais confirmadas na prática e por essa razão, as teorias baseadas no limite de resistência com carga uniaxial não serão discutidas nesse livro.

Os critérios de escoamento servem, portanto, para caracterizar o produto acabado, com a utilização direta das tensões a que ele vai ser submetido na prática, uma vez que é muito difícil e dispendioso a realização de um ensaio de rotina empregando-se esforços bi- ou triaxiais, que sejam fiéis às condições da prática.

12.2. Resumo de resistência dos materiais

Neste capítulo, serão apresentadas algumas expressões obtidas no campo da resistência dos materiais, que são imprescindíveis no cálculo dos critérios de escoamento a serem vistos no capítulo seguinte e no cálculo das deformações encontradas na prática. Para uma melhor compreensão do que virá a seguir, é necessário ao leitor um conhecimento prévio de resistência dos materiais.

12.2.1. Tração, compressão e cisalhamento — tensões

(*a*) *Estado simples de tensão*

Uma barra sujeita a cisalhamento puro significa que nela está agindo somente uma força cortante Q (Fig. 131) e admite-se que as tensões de cisalhamento que aparecem numa secção transversal da barra se distribuam uniformemente, isto é, que em cada ponto da secção a tensão τ seja:

$$\tau_p = \frac{Q}{S_0}. \tag{131}$$

Analogamente, se a única força agindo for a força N de tração ou de compressão, já foi visto (Expr. 1) que $\sigma_0 = N/S_0$. Numa secção plana AB (Fig. 131) inclinada de um ângulo α em relação ao eixo da barra, em cada ponto da secção agirão duas tensões: normal à secção $AB(\sigma)$ e tangencial, ou de cisalhamento, contida em seu plano (τ), ou seja,

$$\sigma = \sigma_0 \operatorname{sen}^2\alpha,$$

$$\tau = \frac{\sigma_0}{2} \operatorname{sen} 2\alpha. \tag{132}$$

Numa secção perpendicular à secção AB, as duas tensões dadas em (132) serão σ^* e τ^*, de modo que:

$$\sigma + \sigma^* = \sigma_0$$
$$\tau + \tau^* = 0 \tag{133}$$

(*b*) *Estado duplo de tensão — Tensão plana* (plane stress)

Quando uma das dimensões de um corpo sujeito a esforços externos for muito pequena em comparação com as outras duas, tem-se o caso da tensão plana. O estado de tensões no corpo é sempre per-

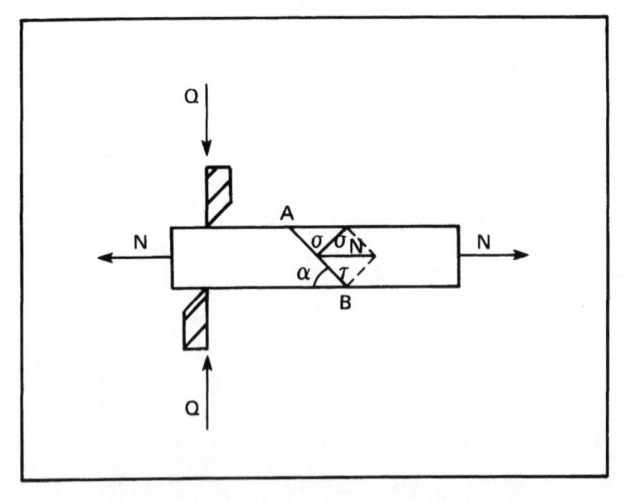

Figura 131. Barra submetida a esforço de cisalhamento ou de tração.

feitamente restabelecido, se do corpo for retirado um elemento de dimensões *ds* infinitamente pequenas, aplicando em suas faces esforços iguais às tensões que nela atuavam. As tensões em torno de um ponto *P* dentro desse elemento ficam definidas, quando se conhecem as tensões que agem em dois planos perpendiculares *AP* e *PB* quaisquer (Fig. 132). Nessa figura, supõem-se conhecidas as tensões σ_0, τ_0, σ_0^* e τ_0^*. As tensões σ e τ que atuam num plano inclinado de um ângulo α, serão

$$\sigma = \frac{\sigma_0^* + \sigma_0}{2} + \frac{\sigma_0^* - \sigma_0}{2}\cos 2\alpha - \tau_0 \text{sen } 2\alpha,$$

$$\tau = \frac{\sigma_0 - \sigma_0^*}{2}\text{ sen } 2\alpha - \tau_0\cos 2\alpha,$$

e, conforme (133),

$$\tau_0 = -\tau_0^*.$$

As tensões σ e τ variam conforme o ângulo α, passando por um máximo e um mínimo. As tensões σ e τ, nesses pontos, são chamadas tensões principais e valem:

$$\sigma_1 = \frac{\sigma_0 + \sigma_0^*}{2} + \sqrt{\left(\frac{\sigma_0 - \sigma_0^*}{2}\right)^2 + \tau_0^2}\,;$$

$$\sigma_2 = \frac{\sigma_0 + \sigma_0^*}{2} - \sqrt{\left(\frac{\sigma_0 - \sigma_0^*}{2}\right)^2 + \tau_0^2}\,;$$

$$\tau_{max} = -\tau_{min} = \sqrt{\left(\frac{\sigma_0 - \sigma_0^*}{2}\right)^2 + \tau_0^2} = \frac{\sigma_1 - \sigma_2}{2}. \qquad (134)$$

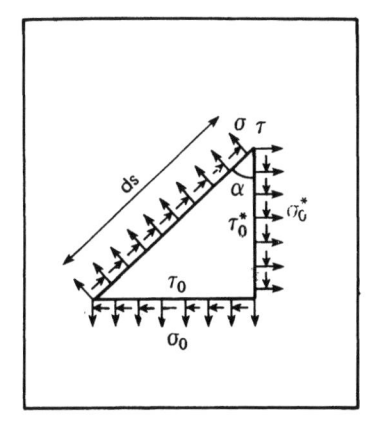

Figura 132. Tensões em torno de um ponto *P* de um material tensionado sob uma tensão plana.

Nota-se que σ_1 e σ_2 atuam em dois planos ortogonais, onde não há tensões de cisalhamento. Igualmente τ_{max} e τ_{min} também atuam em dois planos ortogonais. Pode-se notar ainda que

$$\sigma_1 = \frac{\sigma_0 + \sigma_0^*}{2} + \tau_{max},$$

$$\sigma_2 = \frac{\sigma_0 + \sigma_0^*}{2} - \tau_{max}, \qquad (135)$$

$$\sigma_0 + \sigma_0^* = \sigma_1 + \sigma_2.$$

Quando uma das tensões principais é nula, tem-se o estado simples de tensão; quando nos planos onde agem τ_{max} e τ_{min} se tem $\sigma = 0$, ocorre o cisalhamento simples e, quando $\sigma_1 = \sigma_2$ tem-se a tensão uniforme.

(c) *Estado triplo de tensão*

Quando nenhuma das dimensões do corpo tensionado é desprezível, existe o estado triplo de tensão e, nesse caso, há três tensões normais principais σ_1, σ_2 e σ_3, em três planos ortogonais, perpendiculares entre si, duas das quais não sendo ultrapassadas por qualquer outra tensão normal agente sobre os planos que passam pelo ponto considerado.

As tensões principais de cisalhamento agem também em três planos ortogonais, perpendiculares entre si e valem:

$$\tau_1 = \frac{\sigma_2 - \sigma_3}{2};$$

$$\tau_2 = \frac{\sigma_3 - \sigma_1}{2} = \tau_{max};$$

$$\tau_3 = \frac{\sigma_1 - \sigma_2}{2}. \qquad (136)$$

Nos planos onde agem σ_1, σ_2 e σ_3, as tensões de cisalhamento são nulas. Quando $\sigma_1 = \sigma_2 = \sigma_3$, tem-se o estado hidrostático ou esférico de tensões. Quando somente duas tensões forem iguais, tem-se o estado cilíndrico de tensões. As tensões normais variam entre os limites de σ_1 e σ_3 e as de cisalhamento, entre $-\tau_2$ e $+\tau_2$. Na sua forma geral, os valores de σ_1, σ_2 e σ_3 são as raízes da equação cúbica da Expr. (137). A soma de τ_1, τ_2 e τ_3 é igual a zero.

$$\sigma^3 - (\sigma_x + \sigma_y + \sigma_z)\sigma^2 + (\sigma_x\sigma_y + \sigma_y\sigma_z + \sigma_x\sigma_z - \tau_{xy}^2 - \tau_{yz}^2 - \tau_{xz}^2)\sigma -$$
$$- (\sigma_x\sigma_y\sigma_z + 2\tau_{xy}\tau_{yz}\tau_{xz} - \sigma_x\tau_{yz}^2 - \sigma_y\tau_{xz}^2 - \sigma_z\tau_{xy}^2) = 0 \qquad (137)$$

onde σ_x, σ_y, σ_z são as tensões normais e τ_{ij} são as tensões de cisalhamento (Fig. 133).

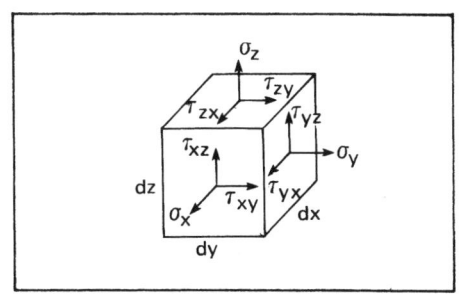

Figura 133. Elemento de um corpo tensionado, cortado por planos paralelos aos planos dos eixos cartesianos x, y e z.

12.2.2. Tração, compressão e cisalhamento — deformações

(*a*) *Estado simples de tensão*

A Expr. (2) dá a deformação longitudinal ε na tração ou compressão simples e a Expr. (12) dá a deformação transversal ε'.

(*b*) *Estado triplo de tensão*

As deformações ε_1, ε_2 e ε_3 (deformações principais) nas três direções ortogonais de um corpo sujeito a um estado triplo de tensões são dadas pela Expr. (138) sendo positivo o valor de σ na tração e negativo na compressão.

$$\varepsilon_1 = \frac{\sigma_1}{E} - v\frac{\sigma_2}{E} - v\frac{\sigma_3}{E} = \frac{1}{E}\left[\sigma_1 - v(\sigma_2 + \sigma_3)\right],$$

$$\varepsilon_2 = \frac{\sigma_2}{E} - v\frac{\sigma_1}{E} - v\frac{\sigma_3}{E} = \frac{1}{E}\left[\sigma_2 - v(\sigma_3 + \sigma_1)\right],$$

$$\varepsilon_3 = \frac{\sigma_3}{E} - v\frac{\sigma_1}{E} - v\frac{\sigma_2}{E} = \frac{1}{E}\left[\sigma_3 - v(\sigma_1 + \sigma_2)\right]. \qquad (138)$$

Nos materiais compressíveis, a variação de volume ε_v é dada por:

$$\varepsilon_v = \frac{1 - 2v}{E}(\sigma_1 + \sigma_2 + \sigma_3), \qquad (139)$$

que é quase sempre desprezada nos cálculos normais de critério de escoamento.

Da Expr. (138), pode-se tirar os valores de σ_1, σ_2 e σ_3 que produzem as deformações ε_1, ε_2 e ε_3.

$$\sigma_1 = \frac{E}{1 + v}\left(\varepsilon_1 + \frac{v}{1 - 2v}\,\varepsilon_v\right),$$

$$\sigma_2 = \frac{E}{1 + v}\left(\varepsilon_2 + \frac{v}{1 - 2v}\varepsilon_v\right),$$

$$\sigma_3 = \frac{E}{1 + v}\left(\varepsilon_3 + \frac{v}{1 - 2v}\varepsilon_v\right). \tag{140}$$

Quando uma das dimensões pode ser desprezada, tem-se a deformação plana (*plane strain*).

O caso do cisalhamento já foi tratado no item 6.2.3 para o caso de deformações de cisalhamento produzidas por um momento de torção. No caso da deformação por força cortante, há apenas um deslocamento relativo, desprezível na maioria das aplicações.

12.2.3. Torção — tensões

O momento de torção M_T produz tensões de cisalhamento, cujos momentos em relação ao centro de gravidade da secção do material tensionado têm resultante igual a M_T. Essas tensões, no caso mais simples da secção circular ou coroa de círculo, já foram vistas no item 6.2.2. Quando a secção for não-circular, a tensão máxima de cisalhamento depende do módulo de resistência à torção (e não do momento polar de inércia). O valor desse módulo depende da forma da secção e não caberia, neste resumo, entrar em detalhe sobre o assunto. O leitor poderá se aprofundar na matéria em livros sobre Resistência dos Materiais.

12.2.4. Torção — deformações

A deformação por torção θ já foi vista nos itens 6.2.3. e 6.2.4 no caso da secção circular ou coroa de círculo. No caso de secção não-circular:

$$\theta = \frac{M_T l}{G \cdot J_t}, \tag{141}$$

onde J_t é uma quantidade análoga a J_p e que, multiplicada por G, dá o produto de rigidez transversal da secção não-circular (veja o item 6.2.4). Seu valor é encontrado em tabelas nos livros sobre Resistência dos Materiais.

12.2.5. Flexão — tensões

No caso de um corpo sujeito a esforços de flexão, diz-se que ele está sob flexão pura, quando sobre ele age somente um momento fletor M e as tensões resultantes são de tração e de compressão com as respectivas resultantes de igual intensidade, mas de sentidos opostos, formando um binário de momento igual a M. Quando a M é adicionada uma força cortante Q, o corpo está sujeito a uma flexão simples. As considerações anteriores não se alteram com a presença de Q, ou seja, flexão pura = flexão simples, com $Q = 0$. Quando a M é adicionada uma força normal F de tração ou compressão, o corpo fica sob estado de flexão composta.

Para o caso de flexão simples normal:

$$\sigma = \frac{M}{J}\, y, \tag{142}$$

onde J é o momento de inércia da secção em relação ao eixo (linha neutra) que passa pelo centro de gravidade do corpo; y é a distância entre o eixo acima e a secção do corpo considerada, perpendicular ao plano de M. Os valores extremos de y são as flechas y' e y''.

Para o caso de flexão simples oblíqua:

$$\sigma = \frac{M\,\mathrm{sen}\,\alpha_0}{J_x}\, y + \frac{M\cos\alpha_0}{J_y}\, x, \tag{143}$$

onde α_0 é o ângulo que o traço de M faz com G_x (linha do centro de gravidade que passa pelo eixo dos x); y e x são as coordenadas do ponto considerado, em que atua σ.

Para o caso de flexão composta normal:

$$\sigma = \frac{F}{S} + \frac{M}{J}\, y. \tag{144}$$

Na flexão composta oblíqua, entram as mesmas considerações angulares referentes à flexão simples oblíqua (veja Resistência dos Materiais).

12.2.6. Flexão — deformações

Praticamente, o cálculo das deformações de um corpo sujeito a esforços de flexão se resume principalmente na determinação da flecha y produzida pelo momento fletor. Existe, para cada caso, uma expressão própria para o cálculo de y, não sendo, portanto, considerado aqui. O leitor poderá encontrar as diversas expressões para o caso apropriado nos compêndios de Resistência dos Materiais. A Expr. (80), já vista, é um exemplo do valor de y para o caso de uma carga aplicada no centro de uma barra simplesmente apoiada.

12.2.7. Energia de deformação elástica

Para que será exposto no próximo capítulo, é necessário também conhecer-se o valor da energia de deformação elástica W, para o caso de tensões combinadas. A energia de deformação ou o trabalho interno é a soma do trabalho fornecido pelas três tensões principais ou a soma do valor médio das tensões, multiplicado pelas deformações correspondentes.

$$W = \frac{\sigma_1 \varepsilon_1}{2} + \frac{\sigma_2 \varepsilon_2}{2} + \frac{\sigma_3 \varepsilon_3}{2} \qquad (145)$$

ou, somente em termos de tensão (para o caso de tensão plana, $\sigma_3 = 0$):

$$W = \frac{1}{2E} \left[\sigma_1^2 + \sigma_2^2 + \sigma_3^2 - 2v(\sigma_1\sigma_2 + \sigma_2\sigma_3 + \sigma_3\sigma_1) \right]. \qquad (146)$$

12.3. Critérios de escoamento

Foi visto nos itens 2.2.2, 5.5, 6.2.5 e 7.2 que, durante um ensaio mecânico com esforço uniaxial, o escoamento determina o início da plasticidade nos materiais metálicos. O mesmo é verdadeiro no caso de esforços combinados, que ocasionam um estado complexo de tensões no interior do material; porém, as relações matemáticas que calculam o valor da tensão, o qual provoca o início do escoamento, não estão ainda estabelecidas. Os critérios de escoamento existentes são empíricos e relacionam o escoamento com as tensões principais, no caso do corpo estar sujeito a tensões bi- ou tridimensionais. Não é válido tomar unicamente a tensão principal máxima para os cálculos, pois várias experiências mostraram que essa tensão máxima é influenciada no escoamento pelas outras duas tensões principais. As teorias que serão aqui expostas relacionam as tensões principais com o limite de escoamento obtido no ensaio de tração ou compressão, e são baseadas em vários conceitos físicos sobre o escoamento em materiais sujeitos a esforços combinados [2].

12.3.1. Teoria da tensão máxima (teoria de Rankine)

O escoamento de um elemento de um corpo sujeito a tensões combinadas ocorre quando o carregamento atinge um valor tal, que uma das tensões principais torna-se igual à tensão de escoamento na tração simples (σ_c') ou na compressão simples (σ_c''). Dependendo de

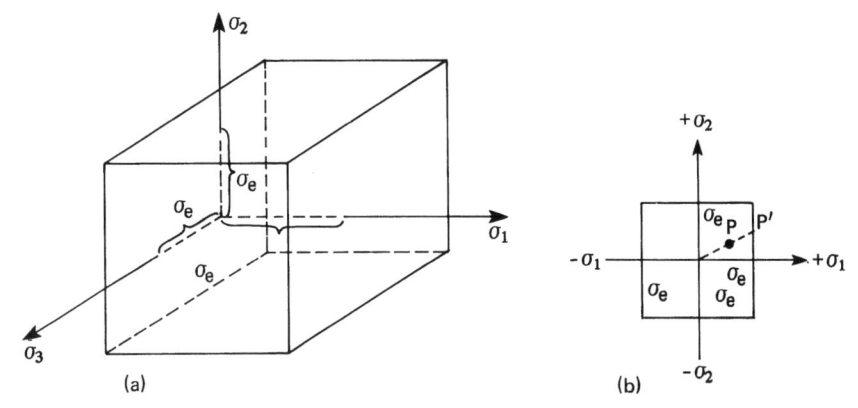

Figura 134. Teoria da tensão máxima: (a) tensões triaxiais; (b) tensões biaxiais.

qual das três tensões principais atinja o valor do escoamento na tração ou na compressão, as equações seguintes são aplicáveis:

$$\sigma_1 = \sigma'_e, \text{ ou } \sigma_1 = \sigma''_e;$$
$$\sigma_2 = \sigma'_e, \text{ ou } \sigma_2 = \sigma''_e; \qquad (147)$$
$$\sigma_3 = \sigma'_e, \text{ ou } \sigma_3 = \sigma''_e.$$

Para tensões bidimensionais, $\sigma_3 = 0$ (tensão plana). Para materiais com mesmo limite de escoamento na tração e na compressão: $\sigma_1 = \pm \sigma_e$ ou $\sigma_2 = \pm \sigma_e$.

Essa teoria contradiz de certa maneira o que foi dito no item 12.3, porém foi mencionada, porque representa uma primeira tentativa de se admitir um critério de escoamento. Se o ponto *P* da Fig. 134 representar, por exemplo, as tensões circunferencial σ_1 e longitudinal σ_2 num recipiente cilíndrico de parede fina com extremidades fechadas, sujeito à pressão interna, caso a pressão seja aumentada, as tensões serão representadas pelos pontos ao longo de *PP'*. Quando o ponto *P'* for atingido, ocorrerá o escoamento do material, de acordo com essa teoria.

Para certas combinações de tensões, a teoria não chega a resultados reais. Pode-se usar essa teoria, quando a influência das tensões combinadas não é considerada e a tensão principal máxima é assumida como o valor determinante para definir o escoamento.

12.3.2. Teoria do cisalhamento máximo (teoria de Coulomb ou critério de Tresca)

O escoamento ocorrerá sob tensões combinadas, quando a tensão máxima de cisalhamento atinge um valor crítico igual ao valor da tensão de cisalhamento máxima no escoamento sob tensão unitária (simples) na tração ou na compressão.

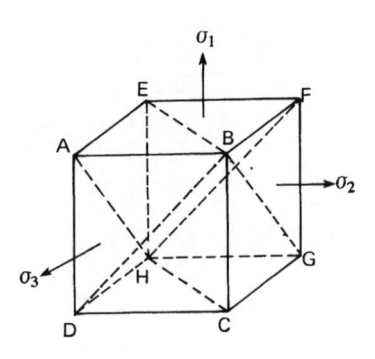

Figura 135. Tensões principais tridimensionais (cf. Fig. 133).

De acordo com a Fig. 135, o cisalhamento máximo ocorre em um dos três planos diagonais *ABGH*, *EBCH* e *BFHD* mostrados na própria figura. Os valores das tensões principais de cisalhamento são dados pelas equações da Expr. (136). Para tração ou compressão simples, o valor da tensão principal de cisalhamento é obtido através de (136) fazendo-se $\sigma_2 = \sigma_3 = 0$ e $\sigma_1 = \sigma_e$.

Pela Expr. (136) ou pela terceira equação da Expr. (134), o cisalhamento máximo no escoamento para tração ou compressão simples é $\tau_{max} = \pm \sigma_e/2$. Assim, por esta teoria, o escoamento sob tensões combinadas é definido pelo equacionamento das tensões máximas de cisalhamento dadas pela Expr. (136) com a tensão máxima de escoamento igual a $\pm \sigma_e/2$. Portanto,

$$\sigma_1 - \sigma_2 = \pm \sigma_e,$$
$$\sigma_2 - \sigma_3 = \pm \sigma_e, \tag{148}$$
$$\sigma_3 - \sigma_1 = \pm \sigma_e.$$

A equação que governa o escoamento depende dos valores relativos das três tensões principais, isto é, aplica-se a equação que fornecer o maior valor para σ_e. Para o caso de tensão plana: $\sigma_3 = 0$ e, daí,

$$\sigma_1 - \sigma_2 = \pm \sigma_e,$$
$$\sigma_2 = \pm \sigma_e, \tag{149}$$
$$\sigma_1 = \pm \sigma_e.$$

Por essa teoria, conclui-se que o escoamento tem sempre o mesmo valor, tanto para a tração simples, como para a compressão simples. Para materiais dúcteis, a teoria se confirma aproximadamente com os resultados práticos, sendo, portanto, usada por projetistas. Essa teoria está representada graficamente na Fig. 136.

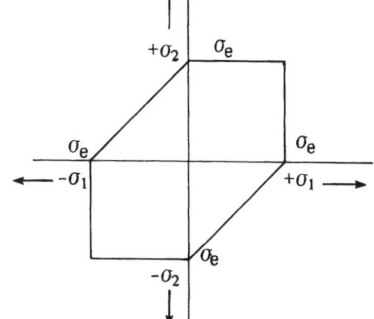

Figura 136. Teoria do cisalhamento máximo.

12.3.3. Teoria da deformaçaq máxima (teoria de St. Venant)

O escoamento sob condições de tensões combinadas ocorre, quando o valor máximo das deformações principais iguale o valor da deformação no escoamento na tração ou compressão simples (que é igual a aproximadamente $\pm \sigma_e/E$). Assim, pela Expr. (138):

$$\sigma_1 - v\sigma_2 - v\sigma_3 = \pm \sigma_e,$$
$$\sigma_2 - v\sigma_3 - v\sigma_1 = \pm \sigma_e, \qquad (150)$$
$$\sigma_3 - v\sigma_1 - v\sigma_2 = \pm \sigma_e.$$

Para o caso de tensão plana, $\sigma_3 = 0$ e, portanto,

$$\sigma_1 - v\sigma_2 = \pm \sigma_e,$$
$$\sigma_2 - v\sigma_1 = \pm \sigma_e. \qquad (151)$$

A Fig. 137 representa graficamente esta teoria e foi traçada usando-se $v = 0,35$ na Expr. (151). Esta teoria é usada para o projeto de armas, uma vez que os resultados obtidos em cilindros de paredes grossas conferem com ela.

12.3.4. Teoria da máxima energia de deformação

O escoamento ocorre quando a energia total de deformação para um elemento do volume unitário sujeito a tensões combinadas iguale a energia de deformação por unidade de volume no escoamento ocasionado pela tração ou compressão simples.

Pela Expr. (146), colocando-se $\sigma_2 = \sigma_3 = 0$ e $\sigma_1 = \sigma_e$, obtém-se que a energia de deformação no escoamento é $W_e = \sigma_e^2/2E$. Daí, resulta:

$$\sigma_1^2 + \sigma_2^2 + \sigma_3^3 - 2v(\sigma_1\sigma_2 + \sigma_2\sigma_3 + \sigma_3\sigma_1) = \dot\sigma_e^2 \qquad (152)$$

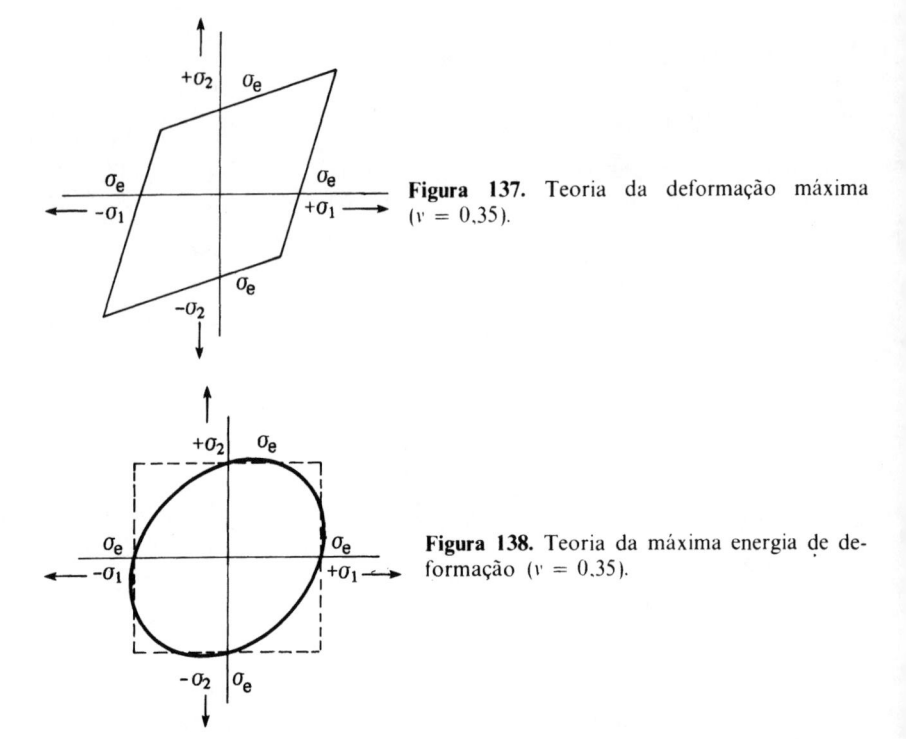

Figura 137. Teoria da deformação máxima ($v = 0,35$).

Figura 138. Teoria da máxima energia de deformação ($v = 0,35$).

Para o caso de tensões bidimensionais (tensão plana), $\sigma_3 = 0$. A Fig. 138 é a representação gráfica desta teoria em tensão plana, usando-se $v = 0,35$.

Para materiais dúcteis, esta teoria é satisfatória.

12.3.5. Teoria da energia de distorção (teoria de Von Mises-Hencky)

O escoamento começa quando a energia de distorção, produzida em um elemento unitário sujeito a tensões combinadas, se torna igual à energia de distorção para um elemento unitário sujeito à tração simples.

As expressões idênticas (159) e (154) definem esta teoria. A demonstração dessas expressões é um tanto longa e não necessita ser aqui exposta. O leitor poderá encontrá-la bem explicada nas duas primeiras referências da bibliografia indicada neste livro.

$$\sigma_1^2 + \sigma_2^2 + \sigma_3^2 - \sigma_1\sigma_2 - \sigma_2\sigma_3 - \sigma_3\sigma_1 = \sigma_e^2, \tag{153}$$

$$\sigma_e = \frac{1}{\sqrt{2}}\left[(\sigma_1 - \sigma_2)^2 + (\sigma_2 + \sigma_3)^2 + (\sigma_3 - \sigma_1)^2\right]^{\frac{1}{2}}. \tag{154}$$

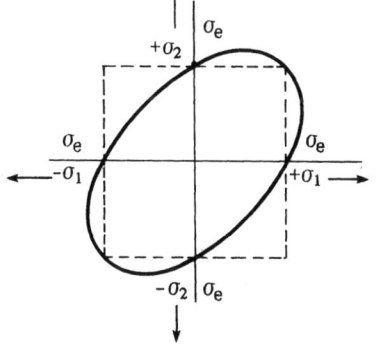

Figura 139. Teoria da energia de distorção.

Para o caso de tensão plana, $\sigma_3 = 0$, portanto,

$$\sigma_1^2 - \sigma_1\sigma_2 + \sigma_2^2 = \sigma_e^2. \tag{155}$$

A Fig. 139 dá a representação gráfica desta teoria. A maioria dos resultados experimentais para materiais metálicos dúcteis indica ser esta teoria a que mais se adapta às condições da prática, sendo, pois, a teoria mais aceita atualmente. Apenas como exemplo, para a condição simples de cisalhamento puro, $\tau = \sigma$ e, portanto, conforme esta teoria (Expr. 153):

$$\sigma_e^2 = \sigma_1^2 + \sigma_3^2 - \sigma_1\sigma_3,$$

pois, $\sigma_2 = 0$ no cisalhamento puro. No escoamento:

$$\sigma_1 = \tau_e \ \text{e} \ \sigma_3 = -\sigma_e.$$

Daí,

$$\sigma_e^2 = \tau_e^2 + \tau_e^2 + \tau_e^2 = 3\tau_e^2,$$

ou

$$\tau_e = 0,577\,\sigma_e.$$

Em comparação, na teoria do cisalhamento máximo (Expr. 148):

$$\sigma_3 - \sigma_1 = \pm\,\sigma_e,$$

ou seja,

$$-\sigma_e = -\tau_e - \tau_e.$$

Portanto,

$$\tau_e = 0,50\,\sigma_e.$$

Segundo as experiências, verificou-se que, no cisalhamento puro, a tensão de escoamento fica entre 0,5 e 0,6 do valor da tensão de escoamento na tração (limite de escoamento). Assim, observa-se que o critério de Von Mises neste caso é mais próximo da realidade que o critério de Tresca. Em conclusão, a teoria da energia de distorção é a recomendada para definir o escoamento de materiais metálicos sujeitos a tensões combinadas.

12.3.6. Comparação das teorias e outras teorias

Com exceção das teorias da tensão máxima e da energia de distorção, as demais assumem que o limite de escoamento na tração seja igual ao limite de escoamento na compressão. Embora essa afirmação seja aproximadamente correta para vários materiais, existem vários outros que têm limites de escoamento na tração e na compressão bem diferentes. As teorias da deformação máxima, da energia máxima de deformação e da energia de distorção levam em consideração a lei de Hooke, enquanto que as outras duas não o fazem.

Devido à afirmação muitas vezes incorreta de que os limites de escoamento na tração e na compressão simples são iguais, outras teorias foram criadas para contornar o problema. Assim, existem: a) a teoria da fricção interna, que se baseia no fato de que a tensão crítica de cisalhamento, onde ocorre o escoamento, é influenciada pela presença de forças de fricção interna; b) a teoria de Mohr, da qual a teoria de fricção interna é um caso particular, onde o escoamento é definido pelo envelope dos círculos de Mohr que representam o escoamento para os diferentes estados de tensão (se o envelope for uma linha reta, tem-se a teoria da fricção interna), e c) a teoria da fricção interna, baseada na relação quadrática de escoamento para a tensão crítica de cisalhamento. Essas três teorias estão expostas de maneira muito clara no livro *Mechanical Behavior of Engineering Materials*, [2].

A comprovação experimental das teorias expostas só pode ser feita, evidentemente, através de ensaios com tensões combinadas. Como esses ensaios exigem em sua grande maioria equipamentos complicados, existem poucos resultados experimentais para a comprovação. Além disso, ainda não foi possível arranjar-se um método conveniente de tensionamento para certas combinações de tensões, a fim de proporcionar um estado de tensões uniforme. A maioria dos resultados para comprovação das teorias foi obtida por meio de ensaios em tubos cilíndricos com paredes finas sujeitos à tração axial simultaneamente com pressão hidráulica interna, ensaios esses que não exigem aparelhamento muito especial, apenas uma máquina universal de tração e uma bomba hidráulica comercial. Outro ensaio mais fácil de realização é o de tracionar um tubo cilíndrico de paredes finas, juntamente com uma torção do tubo. Um ensaio triaxial satisfatório para materiais de baixa ductilidade ainda não foi idealizado [2].

12.3.7. Exercícios ilustrativos das teorias

1. Um eixo circular de aço com 250 mm de diâmetro tem um limite de escoamento na tração igual a 60 kgf/mm^2. Baseando-se nas teorias da tensão máxima, do cisalhamento máximo e da energia de distorção, calcular o momento de torção necessário para escoar o material.

Solução. O momento de torção produz tensões de cisalhamento $\tau_0 = \dfrac{M_T r}{J_p}$

conforme a Expr. (87). Como para o círculo $J_p = \dfrac{\pi d^4}{32}$, $\tau_0 = \dfrac{16 M_T}{\pi d^3}$ nas fibras externas do eixo. (Fig. 140).

Como neste caso $\sigma_0 = \sigma_0^* = 0$, pela Expr. (134): $\sigma_1 = \tau_0$ e $\sigma_2 = -\tau_0$.

Assim, os momentos de torção, para cada teoria, correspondentes ao escoamento são:

a) Teoria da tensão máxima (1.ª equação da Expr. 147):

$$\sigma_1 = \sigma_c = \tau_0 = \frac{16 M_T}{\pi d^3} \text{ ou}$$

$$M_T = \frac{\pi d^3 \sigma_c}{16} = \frac{\pi \cdot 250^3 \cdot 60}{16} \text{ ou } M_T \cong 1,84 \times 10^5 \text{ kgf} \cdot \text{m}$$

b) Teoria do cisalhamento máximo (1.ª das Exprs. 148 ou 149):

$$\sigma_1 - \sigma_2 = \sigma_c \text{ ou } \tau_0 + \tau_0 = \sigma_c = 2 \frac{16 M_T}{\pi d^3}$$

Portanto, $M_T = \dfrac{\pi d^3 \sigma_c}{32} = \dfrac{\pi \cdot 250^3 \cdot 60}{32}$ ou $M_T \cong 9,20 \times 10^4$ kgf $\cdot$ m.

c) Teoria da energia de distorção [Expr. (155)]:

$$\sigma_1^2 - \sigma_1 \sigma_2 + \sigma_2^2 = \sigma_c^2$$

ou

$$\tau_0^2 + \tau_0^2 + \tau_0^2 = \sigma_c^2.$$

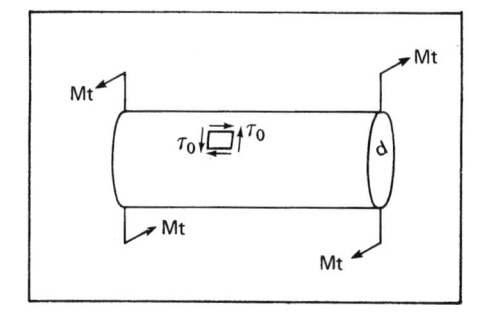

Figura 140. Eixo submetido a torção.

Portanto,

$$\sigma_e = \tau_0 \sqrt{3} = \sqrt{3} \cdot \frac{16M_T}{\pi d^3},$$

ou

$$M_T = \frac{\pi d^3 \sigma_c}{16 \sqrt{3}} = \frac{\pi \cdot 250^3 \cdot 60}{16 \sqrt{3}},$$

ou

$$M_T \cong 1{,}28 \times 10^5 \text{ kgf} \cdot \text{m}.$$

2. Um recipiente cilíndrico de aço, de paredes finas e fechado nas extremidades, e sujeito a uma pressão hidráulica interna. O aço usado tem um limite de escoamento de 30 kgf/mm^2 e o recipiente tem 300 cm de diâmetro interno e 7 cm de espessura. Desprezando-se as tensões nas extremidades do recipiente, determinar a pressão necessária para produzir escoamento no mesmo, baseando-se na teoria de tensão máxima, na teoria do cisalhamento máximo e na teoria da energia de distorção.

Solução. Segundo alguns autores, um recipiente é considerado de paredes finas, quando a espessura do mesmo é igual ou menor que 1/10 do seu raio interno. Quando esses recipientes são sujeitos à pressão interna, aparecem três tensões em seu interior, a saber: a) tensão radial ou normal (σ_r); b) tensão axial ou longitudinal (σ_a); c) tensão circunferencial ou tangencial (σ_c).

As expressões que dão os valores dessas tensões são as seguintes:

$$\sigma_c = \frac{pr}{e} = \frac{pd}{2e},$$

$$\sigma_a = \frac{pr}{2e} = \frac{pd}{4e},$$

$$\sigma_r = p;$$

onde

p = pressão aplicada,
r = raio interno,
d = diâmetro interno,
e = espessura.

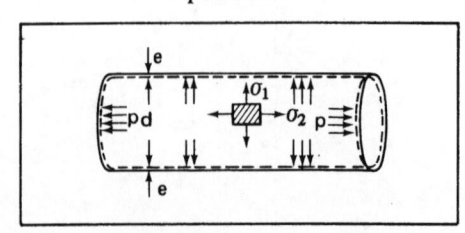

Figura 141. Pressão interna num recipiente cilíndrico de paredes finas.

No caso do problema exposto (Fig. 141), verifica-se que $\sigma_c = \sigma_1$ e $\sigma_a = \sigma_2$. Portanto, como $\sigma_1 > \sigma_2$, pela teoria da tensão máxima, usando-se a primeira equação da Expr. (147), tem-se:

$$\sigma_1 = \sigma_c = \frac{pd}{2e}$$

ou seja: $p = \dfrac{2\sigma_c \cdot e}{d} = \dfrac{2 \times 3\,000 \times 7}{300}$; $p = 140,0\ \text{kgf/cm}^2$

A teoria do cisalhamento máximo dá o mesmo valor para p, uma vez que σ_1 e σ_2 são tensões de tração (mesmo sinal); usando-se, então, a terceira equação da Expr. (149), tem-se também $p = 140,0\ \text{kgf/cm}^2$.

Pela teoria da energia de distorção, usa-se a Expr. (155):

$$\left(\frac{pd}{2e}\right)^2 - \left(\frac{pd}{2e}\right)\left(\frac{pd}{4e}\right) + \left(\frac{pd}{4e}\right)^2 = \sigma_c^2,$$

ou

$$p = \frac{4e\sigma_c}{\sqrt{3} \cdot d} = \frac{4 \times 7 \times 3\,000}{\sqrt{3} \cdot 300}; \quad p = 194,4\ \text{kgf/cm}^2.$$

3. Um tubo de liga de alumínio com parede fina tem um diâmetro interno de 5 cm e uma espessura de parede de 0,2 cm. O tubo é inicialmente submetido a uma pressão interna de 140 kgf/cm². O limite de escoamento da liga é de 25 kgf/mm² na tração. Qual é a carga de tração que pode ser superposta à pressão interna para que ocorra o escoamento do material?

Solução. As tensões principais são

$$\sigma_1 = \sigma_c = \frac{pd}{2e} = \frac{140 \cdot 5}{2 \cdot 0,2} = 1\,750\ \text{kgf/cm}^2;$$

$$\sigma_2 = \sigma_a + \sigma = \frac{pd}{4e} + \frac{Q}{\pi e(d+e)} = \frac{140 \cdot 5}{4 \cdot 0,2} + \frac{Q}{\pi \cdot 0,2(5+0,2)},$$

ou seja,

$$\sigma_2 = 875 + \frac{Q}{3,27} = 875 + 0,31Q,$$

sendo que o valor de σ foi calculado pela Expr. (1).

Resolvendo pela teoria da energia de distorção, pela Expr. (155):

$$(1\,750)^2 - [1\,750(875 + 0,31Q)] + (875 + 0,31Q)^2 = (2\,500)^2$$

o que resulta em $Q \cong 6\,287\ \text{kgf}$.

4. O tubo de paredes finas mostrado na Fig. 142 é submetido a um momento de torção M_T, à pressão interna p e a uma carga de tração P. Considerando que a espessura e do tubo seja inferior a $1/10$ de seu raio interno (d é o diâmetro interno do tubo), determinar as tensões principais que agem no mesmo.

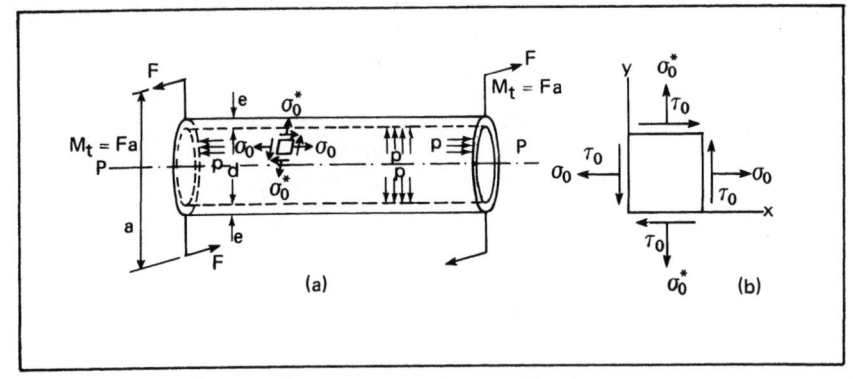

Figura 142. Tensões combinadas.

Solução. As tensões que agem num pequeno elemento do tubo são as seguintes: tensão de cisalhamento τ_0, produzida pelo momento de torção M_T; tensão circunferencial $\sigma_c = \sigma_0^*$, produzida pela pressão interna p; e a tensão axial $\sigma_a = \sigma_0$, produzida pela pressão interna p e pela carga axial P. Assim:

$$\tau_0 = \pi e(d + e)\left(\frac{d}{2}\right) = M_T,$$

ou

$$\tau_0 = \frac{2M_T}{\pi d e(d + e)},$$

$$\sigma_0^* = \frac{pd}{2e},$$

$$\sigma_0 = \frac{P}{\pi e(d + e)} + \frac{pd}{4e}.$$

As tensões principais $\sigma_1 \cdot \sigma_2$ e τ_{max} são dadas pela Expr. (134). Observação. O cálculo de τ_0 pode também ser feito pela Expr. (87), dando o mesmo resultado.

5. Um eixo circular de aço com diâmetro de 10 cm é submetido a um momento de flexão M_f de 1 500 kgf · m e a um momento de torção M_T. O limite de escoamento do aço na tração é de 30 kgf/mm^2

e na compressão é de $35\,\text{kgf/mm}^2$. Determinar o valor de M_T necessário para produzir escoamento no eixo, baseando-se nas teorias da máxima tensão, máximo cisalhamento, deformação máxima, máxima energia de deformação e energia de distorção. Considerar o coeficiente de Poisson igual a 0,3.

Encaminhamento do problema: Para a aplicação das teorias, é necessário calcularem-se as tensões principais σ_1 e σ_2, o que pode ser feito aplicando-se a Expr. (134). Para isso, deve-se primeiramente determinar as tensões σ_0, σ_0^* e τ_0. Considere-se um elemento do eixo situado no meio da sua parte inferior e paralelo à linha neutra do eixo. O momento de torção provoca nesse elemento tensões de cisalhamento τ_0 calculadas pela Expr. (87). Assim,

$$\tau_0 = \frac{M_T \dfrac{d}{2}}{J_p} = \frac{16 M_T}{\pi d^3}.$$

Nesse mesmo elemento, agem as tensões de tração provocadas pelo momento de flexão. Essas tensões são dadas pela Expr. (142), onde $y' = d/2$.

$$\sigma_0 = \frac{M_f \dfrac{d}{2}}{J} = \frac{32 M_f}{\pi d^3}$$

e

$$\sigma_0^* = 0.$$

Anexo I. EXERCÍCIOS

Como a grande maioria das máquinas de ensaio existentes no Brasil possui, ainda, suas escalas de força graduadas em kgf e as escalas de energia de impacto em kgf · m, os exercícios estão dados com essas unidades. Para conversão das mesmas, utilizar a Tab. 1 do item 1.3.

TRAÇÃO

1. Uma barra de aço para construção civil, contendo nervuras longitudinais, foi ensaiada à tração, sendo colocado um extensômetro de braço de 200 mm para a determinação do limite convencional de escoamento $0,2\%$ e apresentou os seguintes resultados

Carga (kgf)	Deformação (mm)	Carga (kgf)	Deformação (mm)
1 490	0,050	15 360	0,650
3 000	0,100	15 700	0,700
4 420	0,150	16 100	0,750
5 920	0,200	16 240	0,800
7 450	0,250	16 500	0,850
8 900	0,300	16 600	0,900
10 350	0,350	16 700	0,950
11 900	0,400	16 800	1,000
12 800	0,450	16 820	1,050
13 750	0,500	16 850	1,100
14 400	0,550	16 900	1,150
15 000	0,600	17 050	1,200

Diâmetro nominal da barra: 19 mm
Peso do segmento de barra ensaiado: 1,735 kg
Comprimento do segmento de barra ensaiado: 78,2 cm
Carga máxima atingida no ensaio: 20 100 kgf
Calcular: a) Limite convencional de escoamento $0,2\%$, uma vez que a barra não acusou escoamento nítido.
      b) Limite de resistência
      c) Limite de proporcionalidade aproximado
      d) Estimativa do módulo de elasticidade
      e) Alongamento em 10 diâmetros, supondo que a distância final, L, medida após o ensaio seja igual a 215,2 mm.

Solução

Para o cálculo das quatro primeiras questões é necessário determinar a secção média da barra, a qual é feita por intermédio da densidade e do peso por unidade de comprimento, desde que o valor dado do diâmetro nominal da barra não pode ser usado, porque a amostra contém nervuras longitudinais, não tendo, portanto, diâmetro constante. Sendo a densidade do aço igual a 7,85 kgf/dm³, a secção média em mm² será

$$S_0 = \frac{\frac{1,735}{0,782}}{0,00785}, \text{ donde } S_0 = 282,62 \text{ mm}^2.$$

a) Limite 0,2%. Construindo-se o gráfico carga-deformação em papel milimetrado, pode-se achar a distância x no eixo das deformações de onde se deve traçar a reta paralela à parte reta do gráfico.

Fazendo-se 5 mm do papel equivalerem a 0,050 mm de deformação a partir do ponto de origem, multiplicando-se o valor do braço por 0,2% e dividindo-se o resultado por 100, obtém-se

5 mm do papel equivalem a 0,050 mm.

$$\text{Distância } x \text{ equivale a } \frac{200 \cdot 0,2}{100},$$

donde $x = 40$ mm.

Traçando-se pois a reta paralela à parte reta do gráfico a partir do ponto do eixo das abscissas distanciada de 40 mm da origem, obtém-se a carga $Q_{0,2\%}$ correspondente ao limite 0,2%, na intersecção com a curva do gráfico. O valor de $Q_{0,2\%}$ será de 16 700 kgf. Portanto

$$\sigma_{0,2\%} = \frac{16\ 700}{282,62} \text{ ou seja } \sigma_{0,2\%} = 59,0 \text{ kgf/mm}^2.$$

b) Limite de resistência.

$$\sigma_r = \frac{20\ 100}{282,62} \text{ ou seja } \sigma_r = 71,1 \text{ kgf/mm}^2.$$

c) Limite de proporcionalidade aproximado. O ponto onde termina a parte reta do gráfico está situado aproximadamente no valor $Q_P = 11\ 900$ kgf, portanto,

$$\sigma_P = \frac{11\ 900}{282,62} \text{ ou seja } \sigma_P = 42,1 \text{ kgf/mm}^2.$$

d) Módulo de elasticidade

$$E = \frac{\sigma}{\varepsilon} = \frac{Q \cdot \text{braço do extensômetro}}{S_0 \cdot \text{deformação na carga } Q}$$

Tomando-se a carga Q igual a 1 490 kgf e 11 900 kgf (dados retirados da tabela fornecida) da parte reta do gráfico, tem-se

$$E_1 = \frac{1\ 490 \times 200}{282,62 \times 0,050} = 21\ 088,4$$

$$E_2 = \frac{11\ 900 \times 200}{282,62 \times 0,400} = 21\ 053,0.$$

Portanto, $E = 21\ 070,7$ kgf/mm².

e) Alongamento em $10\,D$.

O valor de $L_0 = 19 \times 10 = 190\,mm$, portanto,

$$A = \frac{215,2 - 190}{190} \times 100 \text{ ou seja } A = 13,2\%.$$

Obs. O cálculo da estricção não deve ser feito, porque o diâmetro da barra ensaiada não é constante.

2. Usando-se os dados do primeiro exercício, calcular o módulo de resiliência elástica aproximado e o número índice de tenacidade para aquele ensaio, ambos por unidade de volume

Solução

Da Expr. (11) mudando-se σ_P por $\sigma_{0.2\%}$ tem-se

$$U_R = \frac{59,0^2}{2 \times 21\,070,7} \text{ ou seja } U_R = 0,083 \text{ kgf/mm}^2 \text{ por unidade de volume.}$$

Da Expr. (20) vem $U_T = 71,1 \times 0,132$ ou seja $U_T = 9,385 \text{ kgf/mm}^2$ por unidade de volume.

3. Ao ensaiar uma barra de liga de alumínio de 22 mm de diâmetro, cujo σ_r presumido é de aproximadamente 25 kgf/mm², qual a escala da máquina que se deve usar? Suponha uma máquina de tração (Fig. 143) com capacidade de 50 tf e com escalas de 5, 10, 25 e 50 tf.

Figura 143. Máquina de tração.

Solução

$$Q_r = \sigma_r S_0 = 25 \cdot \frac{\pi 22^2}{4} \cong 9\,500 \text{ kgf}$$

Como a barra deverá romper após ser atingida uma carga aproximadamente 9 500 kgf, não é aconselhável o emprego da escala de 10 000 kgf, pois o ensaio poderá ultrapassar essa carga, caso o σ_r da barra seja ligeiramente maior que 25 kgf/mm². Assim, para efeito de segurança e para não perder o ensaio, esse deverá ser feito usando-se a escala de 25 000 kgf.

4. Um corpo de prova de aço de baixo carbono recozido de 10,02 mm de diâmetro na parte útil tem alongamento em 50 mm igual a 31 % e estricção de 55 %. Qual foi a leitura no paquímetro para a determinação de A e de φ desse ensaio de tração?

Solução

Como o corpo de prova de 10 mm de diâmetro é um corpo de prova igual ao exigido pelo método MB-4 da ABNT, sabe-se que $L_0 = 50$ mm. Portanto,

$$A = 31 = \frac{L - 50}{50} \cdot 100 \text{ ou seja } L = 65,5 \text{ mm},$$

$$\varphi = \frac{S_0 - S}{S_0} \cdot 100 \text{ ou } \varphi = \frac{D_0^2 - D^2}{D_0^2} \cdot 100;$$

portanto, $55 = \dfrac{10,02^2 - D^2}{10,02^2} \cdot 100$ ou seja $D = 6,72$ mm.

5. Qual a diferença existente na medida do alongamento de um corpo de prova metálico tendo-se o comprimento inicial, L_0, igual a 50 mm e 200 mm? Se o alongamento em 50 mm for também medido fora da zona de estricção, seu valor será maior, igual ou menor que o alongamento em 50 mm dentro da parte estrita?

Solução

O alongamento em 50 mm dentro da zona estrita será maior que o alongamento em 200 mm. A medida do alongamento fora da zona de estricção sempre dá um valor menor que o alongamento na região que contenha a zona estrita.

6. Num ensaio de tração foi usado um corpo de prova de aço de secção circular, tendo um diâmetro inicial de 9,14 mm. Ao serem atingidas as cargas de 2 224 kgf e 2 905 kgf, os diâmetros medidos foram de 8,69 mm e 8,33 mm respectivamente. Calcular a tensão real e a deformação real para as duas cargas dadas, além dos coeficientes k e n, assumindo como válida a Expr. (37).

Solução

Conforme a Expr. (22) $\sigma_R = \dfrac{4 \times 2\,224}{\pi \times 8,69}$ ou seja $\sigma_R = 37,50 \text{ kgf/mm}^2$.

Conforme a Expr. (25) $\delta = 2\ln\dfrac{9,14}{8,69}$ ou seja $\delta = 0,103 \text{ mm/mm}$.

Analogamente $\sigma_R = \dfrac{4 \times 2\,905}{\pi \times 8,33^2}$ ou seja $\sigma_R = 53,30 \text{ kgf/mm}^2$;

$$\delta = 2\ln\frac{9,14}{8,33} \text{ ou seja } \delta = 0,185 \text{ mm/mm}.$$

$$37,50 = k\,(0,103)^n,$$
$$53,30 = k\,(0,185)^n,$$

portanto, $\dfrac{53,30}{37,50} = \left(\dfrac{0,185}{0,103}\right)^n$

ou

$$n = 0,598$$
$$37,50 = k\,(0,103)^{0,598} \quad \text{ou} \quad k = 207,800 \text{ kgf/mm}^2.$$

7. Um corpo de prova de liga de alumínio com 12,83 mm de diâmetro foi tracionado, tendo o comprimento útil para a medida das deformações igual a 50 mm. Com a carga de 5 448 kgf, o alongamento total foi de 2 mm e ao ser atingida a carga máxima de 6 810 kgf, o alongamento total foi de 15 mm. Determinar os valores da tensão real com a carga de 5 448 kgf, do limite de resistência real e os seus correspondentes valores das deformações reais. Verificar a validade da Expr. (37).

Solução

Da Expr. (26) obtém-se $\sigma_R = \dfrac{Q}{S_0}(1 + \varepsilon)$ ou seja,

$\sigma_R = \dfrac{4 \times 5\,448 \times 1,040}{\pi 12,83^2}$,   resultando $\sigma_R = 43,82 \text{ kgf/mm}^2$;

$\sigma_m = \dfrac{4 \times 6\,810 \times 1,300}{\pi 12,83^2}$,   resultando $\sigma_m = 68,48 \text{ kgf/mm}^2$.

Obs. Os valores 1,040 e 1,300 foram achados da seguinte maneira

$$1 + \varepsilon = 1 + \frac{52 - 50}{50} = 1,040;$$
$$1 + \varepsilon = 1 + \frac{65 - 50}{50} = 1,300.$$

Da Expr. (24) vem

$$\delta = \ln 1,040 \qquad \text{ou seja} \qquad \delta = 0,0392;$$
$$\delta_m = \ln 1,300 \qquad \text{ou seja} \qquad \delta_m = 0,2625.$$

DUREZA

1. Ao se determinar a dureza Brinell [Fig. 144(a)] de uma amostra de cobre, usou-se esfera de 2 mm e carga de 120 kgf. Os diâmetros da impressão, medidos a 180° um do outro, foram de 1,11 mm e 1,20 mm. Essa medida de dureza Brinell está correta?

Solução

A variação dos diâmetros da impressão é de 1,20 − 1,11 ou seja 0,9 mm, considerada excessiva, mostrando que a impressão ficou ovalada. Assim, a medida da dureza com a carga de 120 kgf é incorreta.

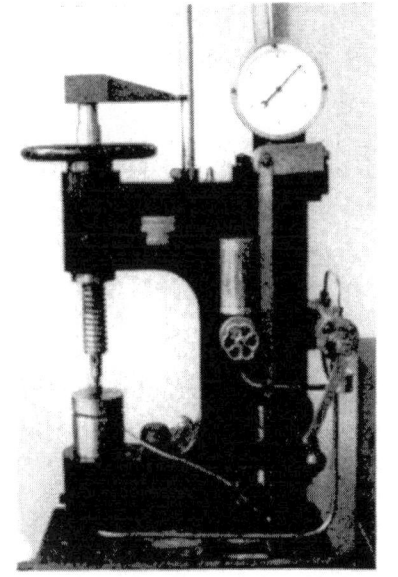

Figura 144. (a) Máquina de dureza Brinell; (b) máquina de microdureza.

Usando-se a mesma esfera, deve-se diminuir a carga para se obter uma impressão redonda. Como no caso anterior usou-se a relação $P = 30D^2$, deve-se agora utilizar a relação $P = 10D^2$. Assim, a carga será de 40 kgf. Efetuando-se a medida da dureza com essa relação, obter-se-á uma impressão com diâmetros de, por exemplo, 0,67 e 0,69 mm, o que dá uma média de 0,68 mm. Aplicando-se a fórmula da dureza Brinell (Expr. 51) ou usando-se as tabelas apropriadas, verifica-se que a dureza dessa amostra de cobre é de 105 *HB*.

2. Deseja-se confirmar a dureza Rockwell C de uma lâmina de aço de dureza suposta 31 HR_C, mas verificou-se que a impressão atravessou a lâmina, invalidando o ensaio. Como fazer para determinar a dureza do material?

Solução

a) Caso a espessura da lâmina seja suficiente para poder suportar o ensaio de dureza Rockwell superficial, pode-se usar a escala N e verifica-se que se o resultado estiver em torno de 75 HR_{15-N} ou 51 HR_{30-N} ou ainda 32 HR_{45-N} (conforme a carga usada), a dureza Rockwell C da amostra estará realmente em torno de 31, conforme as tabelas de conversão de dureza.

b) Se a lâmina for tão fina que não suporte também a dureza Rockwell superficial, deve-se fazer a medição na escala Vickers de microdureza [Fig. 144(b)] a dureza Rockwell C, igual a 31, convertida, dará 310 HV, independentemente da carga usada nessa escala.

DOBRAMENTO

1. Foram ensaiadas à tração quatro barras de aço de construção civil e apresentaram os seguintes resultados

	Diâmetro (mm)	σ_r (kgf/mm²)	σ_e (kgf/mm²)	$\sigma_{0,2\%}$ (kgf/mm²)	Alongamento em 10D (%)
Barra A	25,0	35	22	–	38
Barra B	20,0	70	51	–	14
Barra C	10,0	81	–	60	11
Barra D	8,0	73	–	70	3

Qual a previsão para os resultados do ensaio de dobramento a 180° nessas barras, utilizando-se como norma a especificação brasileira EB-3 da ABNT? Qual o diâmetro do cutelo a ser usado em cada ensaio?

Solução

Consultando-se a EB-3 da ABNT, verifica-se que as barras B e C obedecem aos requisitos exigidos pela norma, quanto aos resultados dos ensaios de tração. Sendo assim, o ensaio de dobramento dessas barras terão grande possibilidade de obedecer também a EB-3, isto é, não deverão apresentar fendas ou fissuras na zona tracionada. A barra B está enquadrada na categoria CA-50A (escoamento nítido) e a barra C, na CA-50B. A barra A não obedece a EB-3, como sendo da categoria CA-25, porque seu σ_e está abaixo do mínimo exigido que é de 25 kgf/mm²; seu alongamento está muito alto, confirmando os baixos valores de σ_e e σ_r. A barra D é o caso contrário da barra A, isto é, a relação σ_r/σ_e é menor que 1,05 e o alongamento é menor que 5%, conforme exige a EB-3. Assim, no ensaio de dobramento, a barra A passará por ser muito dúctil, mas a barra D deverá apresentar defeitos como fendas, fissuras ou mesmo ruptura na zona tracionada.

No ensaio de dobramento, ainda conforme a EB-3, o diâmetro do cutelo para cada barra deverá ser: barra A, 4 vezes o diâmetro da barra; barra B, 6 vezes; barra C, 4 vezes e barra D, 5 vezes.

2. Um ferro fundido cinzento com 30 kgf/mm^2 de limite de resistência foi submetido a ensaio de dobramento transversal. O corpo de prova era uma barra de secção uniforme, tendo 60 mm de comprimento e 10 mm de diâmetro. A ruptura se deu dentro da zona elástica, ao ser atingida a carga de 392 kgf. Calcular seu módulo de ruptura e comparar as cargas de tração e de dobramento.

Solução

Da Expr. (78), tem-se

$$M_r = \frac{2,546 \times 392 \times 60}{10^3} \cong 60 \text{ kgf/mm}^2.$$

Supondo um corpo de prova para tração tendo 10 mm de diâmetro na parte útil, a carga de ruptura seria

$$Q = 30 \cdot \frac{\pi 10^2}{4} \cong 2\ 356 \text{ kgf.}$$

Assim, a carga de ruptura na tração é cerca de 6 vezes a carga de ruptura no dobramento, para esse tipo de ferro fundido.

IMPACTO

1. Sendo $-70\,°C$ a temperatura média de transição de um aço, a $0\,°C$ sua ruptura teria caráter dúctil ou frágil? E a $-100\,°C$?

Solução

A $0\,°C$ sua ruptura teria caráter dúctil. A $-100\,°C$, dependendo do tamanho do intervalo das temperaturas de transição, sua ruptura pode ter caráter totalmente frágil ou com alguma deformação nítida, isto é, caráter dúctil.

2. Ao se fazer um ensaio de impacto em um corpo de prova, não se observou ruptura total do mesmo. Que fazer para que outro corpo de prova do mesmo material se rompa totalmente?

Solução

O segundo corpo de prova, de mesmo tamanho e tipo que o primeiro, deverá ser ensaiado com o martelo da máquina numa posição mais elevada que no ensaio anterior, para garantir a ruptura. Se o martelo já estiver na altura máxima, deve-se reduzir o tamanho do corpo de prova, conforme as normas técnicas de impacto, ou mudar o tipo do entalhe para um outro mais severo, que exija menor energia para se romper.

TORÇÃO

1. Um tubo de duralumínio, tendo 38 mm de diâmetro, 2 mm de espessura e 340 mm de comprimento útil, foi ensaiado à torção. Calcular a tensão máxima de cisalhamento no instante em que o momento de torção era de 57 600 kgf · mm (zona elástica) e a deformação na superfície externa do corpo de prova, quando o ângulo de torção θ registrado na máquina era de 50° (zona plástica).

Solução

Da Expr. (89) tem-se

$$\tau = \frac{16 \times 57\,600 \times 38}{(38^4 - 34^4)}, \qquad \text{donde} \qquad \tau = 14,89 \text{ kgf/mm}^2.$$

Da Expr. (91), vem

$$\gamma = \frac{19 \times 50\,(\pi/180)}{340}, \qquad \text{portanto,} \qquad \gamma = 0,049.$$

2. Supondo que o ângulo de torção θ aplicado ao tubo do exercício anterior era de 0,7°, quando o momento de torção era de 57 600 kgf · mm, dar uma estimativa do módulo de elasticidade transversal.

Solução

Desde que apenas um ponto da curva τ-γ seja insuficiente para a determinação de G, uma estimativa desse valor será

$$(\text{Expr. 95}) \quad G_{est} = \frac{57\,600 \times 340}{2\pi 36^3 \times 2 \times 0,7\,(\pi/180)} = 2\,734,05 \text{ kgf/mm}^2.$$

O valor obtido está viável, pois o valor de G para esses materiais está em torno de 2 700 kgf/mm².

COMPRESSÃO

1. Uma placa de ferro fundido cinzento, medindo $250 \times 250 \times 60$ mm é submetida a ensaio de compressão com carga distribuída uniformemente. O limite de resistência à compressão do material é de 24 kgf/mm^2 e a deformação medida no instante da ruptura foi de 0,05 mm/mm. Calcular a carga total para produzir a ruptura no corpo de prova e contração do mesmo.

Solução

$Q = \sigma \cdot S_0$ ou seja $Q_{total} = 24 \times 250 \times 250$, portanto $Q_{total} = 1\,500\,000$ kgf.

$\varepsilon = \dfrac{\Delta L}{L_0}$ ou seja $\Delta L = 0,05 \times 60$, portanto $\Delta L = 3$ mm.

2. Assumindo que a curva tensão-deformação do exercício anterior seja parabólica, calcular a energia total de deformação para romper o material.

Solução

$$U = \frac{2}{3} \sigma_r \cdot \varepsilon_{total} \cdot V, \text{ sendo } V \text{ o volume do corpo de prova. Então,}$$

$$U = \frac{2}{3} 24 \times 0,05 \times 250 \times 250 \times 60 = 3\,000\,000 \text{ kgf} \cdot \text{mm, ou seja,}$$

$$U = 3\,000 \text{ kgf} \cdot \text{m.}$$

3. Um corpo de prova de ferro fundido cinzento com 18 mm de diâmetro e 50 mm de comprimento foi comprimido através de uma carga axial. A fratura ocorreu com a carga de 23 500 kgf por cisalhamento em um plano inclinado de 37° do eixo longitudinal do corpo de prova. Calcular a tensão máxima de cisalhamento no plano da fratura, desprezando qualquer alteração no diâmetro do corpo de prova.

Solução

$$\tau = \frac{Q \cos 37}{\dfrac{S_0}{\cos(90 - 37)}} = \frac{23\,500}{\dfrac{\pi \times 18^2}{4}} \times 0,798 \times 0,602$$

ou seja

$$\tau = 44,36 \text{ kgf/mm}^2.$$

FADIGA

1. O momento aplicado por uma máquina de fadiga por flexão rotativa é diretamente proporcional ao diâmetro menor do corpo de prova e à tensão de flexão que se deseja impor na secção mínima. Supondo que o momento aplicado num corpo de prova de aço estivesse no máximo da capacidade da máquina e que ainda assim o corpo de prova não se rompesse após 10 milhões de ciclos, como se determinaria o limite de fadiga desse aço com essa máquina?

Solução

Com esse tipo de corpo de prova não é possível determinar o limite de fadiga por flexão rotativa, porque o limite de fadiga é superior à tensão máxima usada que corresponde à capacidade máxima da máquina. Deve-se, portanto, iniciar nova série de ensaios, usando-se corpos de prova com diâmetro mínimo menor que os da série anterior, desprezando-se todos os resultados obtidos anteriormente. O novo diâmetro deverá ser tal que permita romper os corpos de prova, ao serem aplicadas as tensões maiores, a fim de que se possa determinar o limite de fadiga, abaixando a tensão até o σ_e do material, conforme explicado no item 8.2.

2. Um corpo de prova metálico, com 8 mm de diâmetro mínimo, foi submetido a ensaio de fadiga com carga média de 500 kgf. Sabendo-se que esse material tem um limite de fadiga de 28 kgf/mm² quando submetido a um ciclo reverso e o seu limite de escoamento é de 35 kgf/mm², calcular qual a carga de fadiga, Q_r, para um ciclo completamente reverso capaz de romper o corpo de prova.

Solução

$$S_m = \frac{500}{\dfrac{\pi 8^2}{4}} = 9{,}95 \text{ kgf/mm}^2;$$

$$S_r = \frac{Q_r}{\dfrac{\pi 8^2}{4}} = \frac{Q_r}{50{,}26}.$$

Usando-se a Expr. (127), tem-se

$$\frac{S_r}{S_e} + \frac{S_m}{\sigma_e} = 1$$

ou seja

$$\frac{\dfrac{Q_r}{50{,}26}}{28} + \frac{9{,}95}{35} = 1,$$

donde

$$Q = 1\,013{,}24 \text{ kgf.}$$

3. Usando-se os dados do exercício anterior, calcular a tensão S no ciclo completamente reverso depois de 2 horas, sabendo-se que o ciclo completo leva 2 segundos para se realizar.

Solução

Pela Expr. (119)

$$S = S_m + S_a \operatorname{sen} \frac{2\pi t}{T} \qquad \text{ou seja} \qquad S = 9,95 + \frac{S_r}{2} \operatorname{sen} \frac{2\pi}{2} \frac{120}{}$$

Como

$$S_r = \frac{1\,013,24}{50,26} = 20,16 \text{ kgf/mm}^2, \text{ tem-se que}$$

$$S = 12,87 \text{ kgf/mm}^2.$$

Critérios de escoamento (ver item 12.3.7).

Anexo II. PROPRIEDADES MECÂNICAS DE METAIS E LIGAS

Neste Apêndice serão dados os valores das propriedades mecânicas de alguns metais e ligas comerciais encontrados na prática, e que são obtidos pelos ensaios descritos neste livro. Os materiais metálicos possuem uma enorme variação de propriedades mecânicas, conforme o tratamento – mecânico, térmico e superficial – a que foram submetidos. Sua aplicação prática determina as propriedades desejadas para cada caso, ou seja, para uma dada resistência mecânica, pode-se encontrar um metal ou liga com o tratamento adequado que satisfaça às exigências.

Em geral, os metais são conformados por dois processos principais: fundição ou trabalho (conformação) mecânico a frio ou a quente. Após ser obtida a forma do material, pode-se, na maior parte dos casos, variar ou alterar enormemente suas propriedades mecânicas por meio de tratamentos térmicos ou superficiais. Assim, um produto fundido pode ser utilizado no estado bruto de fusão ou tratado termicamente; um metal trabalhado a quente ou a frio já tem suas propriedades modificadas em relação ao produto inicial, podendo-se modificá-los ainda mais com um posterior tratamento térmico. O tratamento superficial altera as propriedades da superfície do produto, não afetando o núcleo da peça.

A seguir, serão indicadas algumas propriedades mecânicas típicas de ligas ferrosas e de algumas ligas não-ferrosas (ligas de alumínio e de cobre) para o leitor ter uma idéia dos valores encontrados na maioria dos casos. A lista apresentada evidentemente não esgota o assunto, pois a variedade de ligas metálicas existentes na prática é imensa e não caberia aqui cobri-las todas. O leitor poderá encontrar a lista completa ou quase completa em compêndios ou manuais que tratam do assunto, como, por exemplo, o *Metals Handbook* da ASM [7], inclusive de ligas não-ferrosas não mencionadas aqui (ligas de chumbo, magnésio, estanho, níquel, zinco, etc.).

Com o intuito de abreviar este Apêndice, fica subentendido que os valores de σ_r (limite de resistência), σ_e (limite de escoamento) e S_e (limite de fadiga) são dados sempre em kgf/mm^2; alongamento (A) e estricção (φ) são dados em porcentagem; energia absorvida no impacto (W) é dada em kgf·m; e as durezas Brinell ou Rockwell são indicadas como HB ou HR. Observe-se ainda que os símbolos σ_e pode representar tanto o limite de escoamento como o limite $0,2\%$ ou $0,5\%$ (caso das ligas de cobre). A conversão para as unidades do Sistema Internacional é dada na Tab. 1, no item 1.3.

AÇOS

a) *Aços-carbono trabalhados a quente.* São produtos (barras, chapas ou perfis) trabalhados a quente, isto é, acima de sua temperatura de recristalização e que são utilizados sem um posterior trabalho a frio ou tratamento térmico. As propriedades mecânicas desses produtos são principalmente influenciadas pelo seu teor de carbono e, em menor grau, devido aos processos de desoxidação, temperatura final de trabalho a quente, dimensões finais do produto e presença de elementos de liga residuais. Assim, uma barra trabalhada a quente (forjada, por exemplo), de diâmetro entre 20 e 30 mm, pode ter σ_r na faixa de 35 a 85, σ_e entre 15 e 50 e A variando de 30 a 10, conforme o teor de carbono esteja entre 0,1 e 0,9 %. Especificando, um aço com 0,3 % C possui $\sigma_r = 50$, $\sigma_e = 25$ e $A = 22$. Para se manter σ_e constante aumentando-se a seção do produto, deve-se aumentar o teor de carbono.

Quando o diâmetro ou a espessura do produto fica muito pequeno (abaixo de 20 mm), a resistência aumenta levemente e a ductilidade cai, devido ao maior grau de trabalho a quente e à maior rapidez de resfriamento do produto.

As propriedades de fadiga estão correlacionadas com as propriedades de tração, e são também afetadas pelo acabamento e descarbonetação superficiais. Nesses produtos, S_e fica em torno de $0,4\sigma_r$. A temperatura de transição ao impacto está também relacionada com a composição química do aço e com o tamanho de grão da ferrita. Um valor médio para o valor da energia absorvida na temperatura de transição desses produtos é de 5,6 kgf · m.

b) *Aços-carbono trabalhados a frio*. São produtos (barras, chapas ou lâminas) cujas dimensões finais são obtidas com trabalho mecânico realizado abaixo da temperatura de recristalização do aço.

Conforme a redução a frio da espessura ou diâmetro do produto esteja entre 5 e 80 %, para um aço de baixo carbono (0,10 a 0,20 % C), as propriedades são as seguintes: $\sigma_r = 50$ a 90, $\sigma_e = 0,6$ a $0,9\%\sigma_r$, $A = 40$ a 10 e $\varphi = 70$ a 35. Com 0,40 a 0,60 % C, pode-se obter $\sigma_r = 65$ a 100, $\sigma_e = 0,6$ a $0,8\%\sigma_r$, $A = 25$ a 5 e $\varphi = 50$ a 30. O tratamento de alívio de tensões modifica as propriedades, tornando o produto menos resistente, porém mais dúctil.

As demais propriedades mecânicas típicas para aço de baixo carbono são as seguintes, igualmente conforme o mesmo intervalo de redução a frio mencionado: $HB = 125$ a 225, W à temperatura ambiente = 24 a 11, e $S_e = 21$ a 45. O aumento do teor de carbono altera o intervalo de HB para 200 a 270 e o intervalo de W para 4 a 2,5, pouco afetando o valor de S_e.

As barras de aço para construção civil são laminados a quente ou a frio. Uma laminação a quente produz um aço, no ensaio de tração, acusando um escoamento nítido, variando o σ_e de 25 a 60, sendo $\sigma_r = 1,8$ a $1,1\sigma_e$ e $A = 35$ a 8. Quando o produto for terminado por laminação a frio, a resistência aumentará e σ_e não é acusado pela máquina de ensaio, sendo necessária a determinação de $\sigma_{0,2\%}$, o que acontece também quando se trata de fios de aço para construção civil.

c) *Aços estruturais de alta resistência*. São aços com teor de carbono mais alto ou com elementos de liga (aços-liga) para proporcionar maior resistência. Propriedades mínimas obtidas em produtos laminados são as seguintes: $\sigma_r = 50$ a 42, $\sigma_e = 35$ a 30, $A = 18$ a 24, conforme a espessura ou o diâmetro do produto final seja de 20 a 40 mm. Quando esses aços são tratados termicamente (temperado e revenido), também com a mesma variação dimensional, as propriedades ficam entre $\sigma_r = 80$ e 75, $\sigma_e = 70$ e 60, $A = 18$ e 16. No caso de produtos apenas normalizados, as propriedades σ_r e σ_e ficam intermediárias entre os valores acima citados, variando mais os valores de A, dependendo também do elemento de liga. Exemplificando, um aço com $0,12\%$ C, $0,60\%$ Mn, $1,4\%$ Ni, 1% Cr e $0,25\%$ Mo possui, no estado normalizado, $\sigma_r = 50$, $\sigma_e = 40$, $A = 36$, $\varphi = 70$ e HB $= 160$.

As propriedades de impacto são superiores, e a temperatura de transição (igual a cerca de $-50\,^{\circ}$C para os aços-liga) é mais baixa que a dos aços-carbono estruturais comuns ($10\,^{\circ}$C).

d) *Aços-liga.* Quando elementos de liga são adicionados ao aço, suas propriedades mecânicas são bastante alteradas. Um aço Cr-Ni-Mo temperado e revenido possui a seguinte gama de variação na tração, conforme a dureza Brinell esteja entre 200 e 500: $\sigma_r = 70$ a 190, $\sigma_e = 45$ a 160, $A = 28$ a 15 e $\varphi = 65$ a 40.

e) *Tubos de aço.* São produtos obtidos por conformação mecânica, podendo ser encontrados com ou sem costura e confeccionados em aços-carbono ou aços--liga.

Para tubos de aço-carbono, $\sigma_r = 55$ a 30, $\sigma_e = 38$ a 20 e $A = 10$ a 35, conforme o teor de carbono. Existem tubos sem costura com alta resistência, obtendo-se σ_r e σ_e superiores aos intervalos mencionados. A dureza Brinell fica em torno de 120, e W é de cerca de $6,5$ à temperatura ambiente.

Para tubos de aço-liga, os valores típicos são: $\sigma_r = 37$ a 45, $\sigma_e = 18$ a 25, $A = 30$ aproximadamente, HB $= 140$ aproximadamente, e W, à temperatura ambiente, fica entre $6,3$ a $7,3$.

f) *Arames de aço-carbono.* Esses produtos são fabricados por meio de trefilação e, conforme o teor de carbono, são classificados em baixo ($0,15$ a $0,25\%$), médio ($0,25$ a $0,50\%$) e alto-carbono ($0,50$ a $1,00\%$). A resistência varia de $\sigma_r = 35$ (baixo-carbono) até 245 (alto-carbono, tipo corda de piano). As propriedades variam, portanto, com a composição do aço, bem como com os tratamentos mecânicos e térmicos sofridos pelo produto.

g) *Aço-manganês austenítico.* São aços caracterizados por alta resistência, alta ductilidade e excelente resistência ao desgaste. Possuem composição nominal de $1,0$ a $1,4\%$ C e 12 a 13% Mn como elementos essenciais. O tipo padrão desses aços possui $\sigma_r = 70$ a 100, $\sigma_e = 35$ a 40, $A = 30$ a 65, $\varphi = 30$ a 40, HB $= 185$ a 210, W à temperatura ambiente de 12 a 30 no estado fundido. Laminado, suas propriedades são: $\sigma_r = 92$ a 100, $\sigma_e = 35$ a 45, $A = 40$ a 60, $\varphi = 35$ a 50, HB $= 170$ a 200, $W = 12$ a 20. Esses aços têm, em geral, S_e em torno de 27.

h) *Aços inoxidáveis.* São aços em que o cromo está presente em altos teores, sempre com baixo-carbono. São divididos em três categorias: austeníticos ($0,08$ a $0,20\%$ C, 16 a 24% Cr, 6 a 15% Ni), martensíticos ($0,15\%$ max C, embora em certos casos possa ter até $1,20\%$ C, e 11 a 18% Cr) e ferríticos ($0,08$ a $0,20\%$ C, 11 a 27% Cr), com outros elementos de liga em teores bem limitados.

Os aços austeníticos possuem, em geral, no estado recozido, $\sigma_r = 55$ a 65, $\sigma_e = 24$ a 42, $A = 70$ a 50, $\varphi = 70$ a 50, HB $= 130$ a 185. Quando laminado a frio, $\sigma_r = 70$ a 120, $\sigma_e = 35$ a 100, $A = 50$ a 10, HB $= 180$ a 330.

Os aços ferríticos recozidos possuem, em geral, $\sigma_r = 50$ a 56, $\sigma_e = 25$ a 40, $A = 30$ a 20, $\varphi = 55$ a 40, HB = 145 a 185. Quando laminado a frio, $\sigma_r = 60$ a 85, HB = 185 a 250.

Os aços martensíticos recozidos possuem, em geral, $\sigma_r = 45$ a 60, $\sigma_e = 25$ a 40, $A = 35$ a 25, $\varphi = 75$ a 60, HB = 160 a 190. Quando tratados termicamente, $\sigma_r = 70$ a 140, $\sigma_e = 55$ a 120, $A = 25$ a 15, $\varphi = 70$ a 60, HB = 200 a 375. σ_r e HB são ainda aumentados com laminação a frio até cerca de 154 para σ_r e 450 para HB.

i) *Aços fundidos.* Como os aços trabalhados, podem ser aços-carbono ou aços--liga. Valores típicos para os aços-carbono (baixo C) são: $\sigma_r = 46$, $\sigma_e = 26$, $A = 34$, $\varphi = 60$. Para médio-carbono: $\sigma_r = 50$ a 62, $\sigma_e = 30$ a 44, $A = 30$ a 26, $\varphi = 50$. Para alto-carbono: $\sigma_r = 60$ a 75, $\sigma_e = 28$ a 50, $A = 26$ a 20, $\varphi = 40$. Os aços-liga fundidos são mais resistentes, sem perda de ductilidade. Valores típicos: $\sigma_r = 55$ a 115, $\sigma_e = 30$ a 100, $A = 27$ a 10, $\varphi = 60$ a 25. Analogamente aos aços trabalhados, os aços fundidos são tratados termicamente para se obterem as propriedades mecânicas adequadas ao uso.

FERROS FUNDIDOS

a) *Ferro fundido cinzento.* A maioria dos ferros fundidos cinzentos comerciais tem σ_r entre 14 e 45, HB entre 130 e 290, $S_c = 0,4$ a $0,6\sigma_r$.

b) *Ferro maleável.* São ferros fundidos em que predomina a ferrita ou a perlita, ambos com grafita na forma globular, em vez de flocular, como no caso anterior. Para ferro maleável ferrítico, os valores mais encontrados são: $\sigma_r = 35$ a 40, $\sigma_e = 20$ a 30, $A = 25$ a 10, HB = 110 a 145, $S_c = 0,5\sigma_r$. Os ferros maleáveis perlíticos possuem, em geral: $\sigma_r = 50$ a 80, $\sigma_e = 35$ a 70, $A = 5$ a 10, HB = 163 a 235, e W, à temperatura ambiente, de 1,2 a 0,5. Pode-se notar a ductilidade acentuadamente maior desses ferros com relação aos ferros cinzentos.

c) *Ferro nodular.* São ferros fundidos em que o carbono está presente na forma nodular em matriz ferrítica ou perlítica. São usados tanto no estado bruto de fusão, como tratados termicamente. São ligas com ductilidade também relativamente elevada, podendo em alguns casos substituir os aços-carbono.

Os ferros nodulares no estado bruto de fusão possuem σ_r com valores de até 50 ou mais, σ_e com mais de 45, e A mínimo de 3. Com tratamento térmico, o alongamento pode atingir até 15%. O limite de fadiga fica em torno de 15 a 20 para os ferros nodulares ferríticos e entre 18 e 30 para os perlíticos. A energia absorvida no impacto, W, à temperatura ambiente, está geralmente entre 0,3 e 1,2 kgf · m.

d) *Ferros fundidos brancos.* São ferros fundidos onde o carbono está combinado na forma de cementita (Fe_3C). São materiais muito duros, com HB entre 400 e 550.

ALUMÍNIO E SUAS LIGAS

a) *Alumínio comercialmente puro*. Quando em produtos trabalhados, esse material pode estar sob a forma recozida ou encruada. No primeiro caso, podem-se conseguir os seguintes valores típicos: $\sigma_r \cong 9$, $\sigma_e \cong 4$, $A = 35$ a 45, $HB \cong 23$. Na forma encruada, dependendo do grau de encruamento, $\sigma_r = 10$ a 17, $\sigma_e = 9$ a 20, $A = 38$ a 15, $HB = 28$ a 44.

b) *Ligas alumínio-cobre*. São ligas que possuem boa resistência mecânica e possíveis de se tratar termicamente. Podem ser obtidas por fundição ou por conformação mecânica (laminação, forjamento, etc.). As ligas fundidas e tratadas termicamente possuem $\sigma_r = 22$ a 30, $\sigma_e = 11$ a 20, $A = 9$ a 2, $HB = 60$ a 95. As ligas trabalhadas recozidas têm $\sigma_r = 20$ a 30, $\sigma_e = 7$ a 12, $A = 20$ a 30, $HB = 30$ a 40. Quando essas ligas são tratadas termicamente, os valores se alteram para $\sigma_r = 35$ a 50, $\sigma_e = 25$ a 30, $A = 14$ a 20, $HB = 40$ a 120. Adições de elementos de liga afetam severamente as propriedades mecânicas, melhorando-as, conforme o caso.

c) *Ligas alumínio-silício*. Do mesmo modo que as ligas alumínio-cobre, essas ligas podem ser fundidas ou trabalhadas, além de serem passíveis de sofrer tratamento térmico. As ligas fundidas apresentam $\sigma_r = 20$ a 26, $\sigma_e = 7$ a 14, $A = 6$ a 9, $HB = 40$ a 45. As ligas trabalhadas podem apresentar, após tratamento térmico, as seguintes propriedades: $\sigma_r = 33$ a 40, $\sigma_e = 20$ a 30, $A = 8$ a 20, $HB = 100$ a 125. Também nessas ligas adições de elementos de liga afetam grandemente as propriedades mecânicas, melhorando-as, conforme o caso.

d) *Ligas alumínio-magnésio*. São outras ligas de alumínio muito utilizadas na prática pela sua baixa densidade e boas propriedades mecânicas. As ligas fundidas apresentam $\sigma_r \cong 17$, $\sigma_e \cong 18$, $A \cong 9$, $HB \cong 50$ como valores típicos. As ligas trabalhadas recozidas possuem $\sigma_r \cong 20$, $\sigma_e \cong 10$, $A \cong 25$, $HB \cong 45$ em geral; as ligas simplesmente encruadas podem conseguir os seguintes valores: $\sigma_r = 24$ a 30, $\sigma_e = 18$ a 25, $A = 18$ a 7, $HB = 60$ a 85. Quando essas ligas são ainda tratadas termicamente, os valores sobem para $\sigma_r = 25$ a 35, $\sigma_e = 20$ a 30, $A = 22$ a 10, $HB = 30$ a 95. As propriedades podem ainda ser alterada com adições de elementos de liga para conferirem valores adequados para a utilização da liga.

Outras ligas de alumínio possuem propriedades semelhantes, podendo mesmo, em certos casos, atingir σ_r em torno de 60 e σ_e em torno de 50, como no caso de ligas alumínio-zinco-magnésio-cobre.

COBRE E SUAS LIGAS

a) *Cobre puro* ("*tough pitch*"). Esse material contém cerca de 99,92% Cu com 0,04% O. Conforme o grau de trabalho mecânico sofrido, σ_r pode variar entre 20 e 45, σ_e entre 7 e 30, A entre 4 e 55, HR na escala F entre 40 e 90. Os valores mais baixos do alongamento correspondem a cobre extraduro, e os valores mais altos a, respectivamente, graus 1/8, 1/4 ou 1/2 duro (denominações comerciais). O cobre desoxidado, isto é, cobre com um teor de fósforo residual de 0,02% possui propriedades intermediárias às do cobre puro, dependendo também do trabalho mecânico sofrido.

b) *Latões* (*ligas cobre-zinco*) *e bronzes fosforosos* (*ligas cobre-estanho*). As propriedades mecânicas típicas desses materiais no estado fundido são as seguintes: σ_r = 25 a 30, σ_e = 10 a 18, A = 20 a 30, φ = 20 a 30, HB em torno de 55.

As ligas produzidas por trabalho mecânico possuem uma gama enorme de propriedades mecânicas. Assim, por exemplo, conforme o grau de encruamento do material, o alongamento pode ir de 3 a 50 %. Analogamente, os valores de resistência e de dureza têm valores muito variados: σ_r de 25 a 60, σ_e de 7 a 45, HR na escala F de 50 a 70 ou na escala B de 40 a 80. Entretanto pode-se afirmar que, quanto maior o teor de zinco nos latões ou de estanho nos bronzes, maior resistência se consegue, em sacrifício da ductilidade. O chumbo nessas ligas é freqüentemente adicionado para melhorar a usinabilidade, mas em detrimento das propriedades mecânicas.

c) *Bronzes de alumínio* (*ligas cobre-alumínio*) *e alpacas* (*ligas cobre-níquel-zinco*). As primeiras podem ser constituídas por Cu-Al-Fe ou simplesmente Cu-Al e as alpacas não admitem outros elementos em teores significativos. Essas ligas são mais resistentes e mais dúcteis que os bronzes fosforosos, possuindo igualmente uma grande gama de propriedades mecânicas de tração, dureza e impacto, conforme o grau de encruamento do material, o tratamento térmico sofrido e os elementos de liga (no caso dos bronzes de alumínio), podendo ainda ser fornecidas no estado fundido. Nos bronzes de alumínio, o ferro adicionado nas ligas fundidas e o níquel promovem uma melhor resistência e ductilidade.

d) *Bronzes de manganês* (*latões de alta resistência*). São ligas fundidas de alta resistência e boa ductilidade. Embora sejam comercialmente denominados bronzes, são ligas cobre-zinco com elementos de liga para produzirem alta resistência. Propriedades mecânicas típicas: σ_r = 45 a 50, σ_e = 20 a 25, A = 18 a 30, φ = 20 a 30, H = 80 a 125, W, à temperatura ambiente, variando entre 3 e 6 kgf · m.

Existem inúmeras outras ligas de cobre, como as cupro-níqueis, as ligas de cobre de alta condutividade, etc., que podem apresentar limites de resistência e de escoamento ainda mais altos, sem perda da ductilidade.

Bibliografia

As referências numeradas de 1 a 5 correspondem aos livros nos quais foram baseados os Caps. de 2 a 9 deste trabalho. Às demais referências, fizeram-se consultas variadas de tópicos de interesse.

[1] Dieter, G. E., *Mechanical Metallurgy*, McGraw-Hill, Inc., New York, EUA, 1961 e 1976
[2] Marin, J., *Mechanical Behavior of Engineering Materials*, Prentice-Hall, Inc., EUA, 1962
[3] Lessells, J. M., *Strength and Resistance of Metals*, John Wiley & Sons, Inc. New York, EUA, 1954
[4] Autores diversos, *Measurement of Mechanical Properties*, Vol. 5, Parte 1, John Wiley & Sons, Inc. New York, EUA (Editor: R. F. Bunshah), 1971
[5] Idem, idem, Parte 2
[6] Samans, C. H., *Engineering Metals and Their Alloys*, Macmillan Co., New York, EUA, 1957
[7] American Society for Metals (ASM), *Metals Handbook*, 1948 e 1961 Vol. 1, EUA
[8] MaClintock, F. & Argon, A. S., *Mechanical Behavior of Materials*, Addison-Wesley Co., Inc., EUA, 1966
[9] Hall, E. O., *Yield Point Phenomena in Metals & Alloys*, Macmillan, Londres, Inglaterra, 1970
[10] Tegart, W. J. McGregor, *Elements of Mechanical Metallurgy*, Macmillan Co., New York, EUA, 1966
[11] Tetelman, A. S. & McEvily, A. J., *Fracture of Structural Materials*, John Wiley & Sons, Inc. New York, EUA, 1967
[12] Cintra, J. A., *Curso sobre Estampagem de Aços*, Ponto 3, Associação Brasileira de Metais, ABM, 1971
[13] Johnson, R. F., *The Measurement of Yield Stress*, The Iron and Steel Institute, Londres, Inglaterra, 1968
[14] Keeler, S. P., *Mach. Mag.*, julho a setembro, 1968
[15] McLean, D., *Mechanical Properties of Metals*, John Wiley & Sons, Inc. New York, EUA, 1962
[16] Tabor, D., *J. Inst. Metals*, (79), 1, 1951
[17] American Society for Testing and Materials (ASTM), *Annual Standards*, EUA, Parte 2, e Parte 10, 1978
[18] Peek, R. L. & Ingerson, W. E., *ASTM Proc.* (39), 1 270, 1939
[19] Crow, T. B. & Hinsley, J. F., *J. Inst. Metals*, (72), 461, 1946
[20] Ingerson, W. E., *ASTM Proc.*, (39), 1 281, 1939
[21] Tarasov, L. P. & Thibault, N. W., *Trans. ASM*, (38), 331, 1947
[22] Lysight, V. E., *Metal Progr.*, (78), 93, 1960
[23] Williams, S. R., *Hardness and Hardness Measurements*, ASM, EUA, 1942

[24] ASME Handbook, *Metals Engineering Design*, McGraw-Hill, Inc., New York, EUA, 1965

[25] Welding Qualifications – ASME, *Boiler and Pressure Vessel Code* – Sec. 9, 1980

[26] Teed, P. L., *The Properties of Metallic Materials at Low Temperature*, Chapman & Hall, Ltd., EUA, 1950

[27] Smallman, R. E., *Modern Physical Metallurgy*, Butterworths, Londres, Inglaterra, 1970

[28] Reed-Hill, R. E., *Physical Metallurgy Principles*, Van Nostrand Reinhold Co., New York, EUA, 1970

[29] Cahn, R. W., *Physical Metallurgy*, John Wiley & Sons Inc., EUA, 1965

[30] Hull, D., *Introduction to Dislocations*, Pergamon Press, Inglaterra, 1965

[31] ASTM, *Manual on Fatigue Testing*, Spec. Techn. Publication, n.º 91, 1949

[32] Timoshenko, S. & Noronha, A. A., *Resistência dos Materiais*, Vol. 1 e 2, Ed. Gertum Carneiro; Rio de Janeiro, Brasil, 1945

[33] Honeycombe, R. W. K., *The Plastic Deformation of Metals*, Edward Arnold Ltd., Inglaterra, 1968

[34] Colpaert, H., *Metalografia dos produtos siderúrgicos comuns*. Editora Edgard Blücher Ltda., São Paulo, Brasil, 1951

[35] American Society for Metals (ASM), *Metals Handbook Supplement*, 1955, EUA.

[36] Böhm H., *Zeitschrift für Metallkunde*, (61), Dezembro 1970, pág. 947 (Band 61, Heft 12)

[37] Johnson W. & Mellor P. B., *Plasticity for Mechanical Engineers*, D. Van Norstrand Company Ltd., London, UK, 1962

[38] Cetlin, P. R. & Pereira da Silva, P. S., *Análise de fraturas*, ABM, 1979

[39] ASTM, Wullaert, R. A., "Applications of the Instrumented Charpy Test" *Spec. Techn. Publication* n.º 466, 1969

[40] Lorente, G. F., *Fundamentos de ensaios mecânicos de metais*, ABM, Cap. 9, 1979

[41] American Society for Metals (ASM), *Metals Handbook*, Vol. 10, EUA, 1978

Índice